全国专业技术人员新职业培训教程

物联网工程技术人员 中级

物联网系统集成与管理

人力资源社会保障部专业技术人员管理司　组织编写

中国人事出版社

图书在版编目（**CIP**）数据

物联网工程技术人员：中级．物联网系统集成与管理 / 人力资源社会保障部专业技术人员管理司组织编写．北京：中国人事出版社，2025．-- ISBN 978-7-5129-2047-7

Ⅰ．TP393.4；TP18

中国国家版本馆 CIP 数据核字第 2024Y731W0 号

中国人事出版社出版发行

（北京市惠新东街 1 号　邮政编码：100029）

*

北京瑞禾彩色印刷有限公司印刷装订　　新华书店经销

787 毫米 ×1092 毫米　16 开本　21 印张　316 千字

2025 年 3 月第 1 版　　2025 年 3 月第 1 次印刷

定价：60.00 元

营销中心电话：400-606-6496

出版社网址：https://www.class.com.cn

本书编委会

指导委员会

主　　任：梅　宏

副 主 任：刘明亮　于　琨

委　　员：谭志彬　郑　磊　丁恩杰　金　莹　张　晖　周治平

编审委员会

总 编 审：程　卓

副总编审：龚玉涵　于　盟

主　　编：郝志强

副 主 编：操晓春　徐艺文

编写人员：隋天举　杨永杰　赵　虎　丁同禹　何　昕　冯为嘉
肖国增　刘　治　卢盛荣

主审人员：杨　光　李广义

出版说明

当今世界正经历百年未有之大变局，我国正处于实现中华民族伟大复兴关键时期。在全球经济低迷，我国加快形成以国内大循环为主体、国内国际双循环相互促进的新发展格局背景下，数字经济发挥着提振经济的重要作用。党的十九届五中全会提出，要发展战略性新兴产业，推动互联网、大数据、人工智能等同各产业深度融合，推动先进制造业集群发展，构建一批各具特色、优势互补、结构合理的战略性新兴产业增长引擎。党的二十届三中全会强调，健全促进实体经济和数字经济深度融合制度，加快构建促进数字经济发展体制机制，完善促进数字产业化和产业数字化政策体系。数字技术、数字经济是世界科技革命和产业变革的先机。数字经济发展速度之快、辐射范围之广、影响程度之深前所未有，成为我国推动高质量发展的核心动力。

近年来，人工智能、物联网、大数据、云计算、数字化管理、智能制造、工业互联网、虚拟现实、区块链、集成电路、机器人、增材制造、数据安全、密码等数字技术领域新职业不断涌现，这些新职业从业人员通过不断学习与探索，将推动科技创新、释放巨大能量，推动人们生产生活方式智能化、智慧化、数字化，推动传统产业转型升级，为经济高质量发展注入强劲活力。我国在技术、消费与应用领域具备数字经济创新领先优势，但还存在数字技术人才供给缺口较大、关键核心技术领域自主创新能力不足、数字经济与实体经济融合的深度和广度不够等问题。发展数字经济，推进数字产业化和产业数字化，推动数字经济和实体经济深度融合，急需培育壮大数字技术工程师队伍。

人力资源社会保障部会同有关行业主管部门陆续制定颁布数字技术领域国家职业标准，坚持以职业活动为导向、以专业能力为核心，遵循人才成长规律，对从业人员的理论知识和专业能力提出综合性引导性培养标准，为加快培育数字技术人才提供基本依据。根据《人力资源社会保障部办公厅关于加强新职业培训工作的通知》（人社厅发〔2021〕28 号）要求，为提高新职业培训的针对性、有效性，进一步发挥新职业培训促进更好就业的作用，人力资源社会保障部专业技术人员管理司组织相关领域的专家学者编写了全国专业技术人员新职业培训教程，供相关领域开展新职业培训使用。

本系列教程依据相应国家职业标准编写，划分初级、中级、高级三个等级，有的职业划分若干职业方向。教程紧贴数字技术人员职业活动特点，定位于全国平均水平，且是相关数字技术人员经过继续教育或岗位实践能够达到的水平，突出该职业领域的核心理论知识、主流技术及未来发展要求，为教学活动和培训考核提供规范和引导，将帮助广大有意或正在从事数字技术职业的人员改善知识结构、掌握数字技术、提升创新能力。

希望本系列教程的出版，能够在加强数字技术人才队伍建设、推动数字经济快速发展中发挥支持作用。

目 录

第一篇 物联网系统规划与设计

第二篇　物联网设备安装与调试

第三篇　物联网系统部署与配置

第四篇　物联网系统运行与维护

第五篇　物联网技术咨询与服务

第一篇 物联网系统规划与设计

物联网系统规划与设计是指在物联网系统开发过程中，对系统进行全面的研讨与布局，以确保物联网系统能够有效地实现相应的功能需求。物联网系统规划与设计涉及多个方面，包括网络拓扑、现场勘查、环境部署、实施计划制定等。在物联网系统规划阶段，需要明确系统的目标和需求，勘查系统所在现场环境，编制相关的网络环境部署文档。在物联网系统设计阶段，需要考虑系统的实施计划、进度计划、施工计划等。在整个系统的规划与设计结束后，还需要配套相应的售后服务方案，包括售后服务方案的制定，设备使用规范和应急预案的制定。物联网系统规划与设计需要综合考虑多个方面，通过合理的设计，可以建立高效且安全的物联网系统，实现预期的功能和效果，这将为物联网系统的成功实施奠定基础，并为用户带来更好的应用体验。

第一章
物联网系统方案设计

伴随着通信技术的快速发展，诞生了以互联网为基础，集成了射频识别技术、传感器技术、嵌入式系统技术和无线通信技术等信息技术的物联网系统。物联网系统方案设计包括网络环境部署和现场实施方案设计。网络环境方案设计主要包括网络拓扑结构的设计、网络环境的现场勘查、勘查数据的图纸会审与优化和网络环境部署文档的编制。现场实施方案是指正式开始物联网系统项目实施前制定的方案，用以确定项目的实施计划。现场实施方案包含项目实施计划制订、里程碑目标计划、安全施工方案和进度调整与优化四部分。

- **职业功能：**物联网系统规划与设计。
- **工作内容：**网络环境方案设计、现场实施方案设计。
- **专业能力要求：**能根据系统功能，完成网络拓扑结构的规划与设计；能组织现场勘查，完成勘查报告的编写；能组织图纸会审，检查并优化设计；能根据项目实施方案，编写网络环境部署文档；能根据项目需求，制订项目的范围、成本、风险、质量等实施计划；能根据项目进度计划表，完成里程碑目标计划制订；能根据安全防范工程技术规范，制订安全施工方案；能根据项目实施进度，完成项目进度计划调整与优化。
- **相关知识要求：**网络拓扑结构的规划与设计知识、勘查知识、图纸会审知识、项目管理知识、安全防范工程技术规范知识。

第一节　网络拓扑结构设计

考核知识点及能力要求：

- 了解网络拓扑结构的相关概念。
- 了解物联网系统中的常见设备。
- 掌握网络性能参数的概念与计算公式。
- 掌握网络拓扑结构的设计原则。
- 能够根据要求完成网络拓扑结构的规划。

一、网络拓扑结构的设计基础

网络拓扑结构是指在网络中用传输媒介将各种设备连接起来的物理布局。作为网络中通信节点和线路连接所构成的几何形状结构，它能够表示出各节点之间的结构关系。网络拓扑结构作为决定网络性能的主要因素，对整个网络的功能设计、可靠性和通信费用等方面都起着重要作用。常见的物联网系统拓扑结构有总线形结构、环形结构、星形结构、树形结构、混合结构和 Mesh 网络结构。

（一）开放系统互联参考模型

开放系统互联（open system interconnection，OSI）参考模型是国际标准化组织为了促使全球范围内的计算机可以进行开放式通信而制定的七层协议框架，在标准协议下，实现了不同的通信系统间的通信。OSI 参考模型中每一层都使用下层提供的服务来实现本层协议，进而向上层提供服务，各层间功能相对独立，逻辑较为完整。七个层次由低到高依次为物理层、数据链路层、网络层、传输层、会话层、表示层和应用层，如图 1–1 所示。

（二）网络设备

网络设备是用来将各类服务器、计算机、应用终端等节点相互连接，构成信息网络通信的专用硬件设备。包括信息网络设备、通信网络设备、网络安全设备等。常见网络设备包括中继器、集线器、网桥、交换机和路由器等。

（三）网络性能参数

网络性能参数，即网络性能指标，是衡量网络性能好坏的标准。常用的网络性能指标有速率、带宽、时延、吞吐量等。

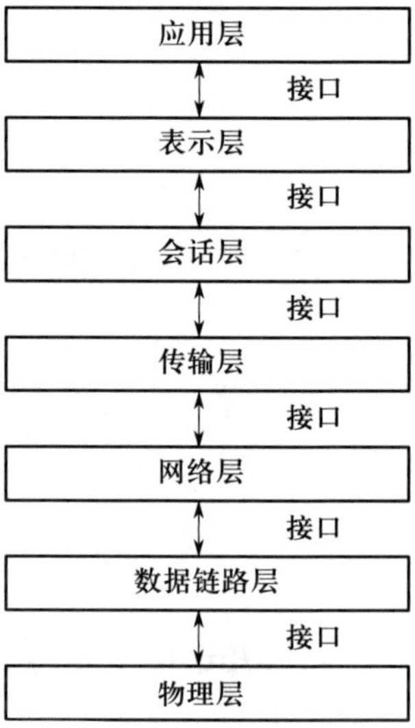

图 1–1　开放系统互联参考模型的分层结构

二、网络拓扑结构的设计原则

网络拓扑结构是指通过传输介质将计算机等各种设备互相连接起来的物理布局，即网络互相连接的过程中构成的几何图形，网络服务器、工作站的网络配置和它们相互之间的连接都可以用其表示。网络拓扑结构设计有以下几个原则：

（一）实用性原则

实用性原则是物联网系统网络环境搭建的首要原则。在设计网络拓扑结构时应采用成熟可靠的技术和设备，在满足当前使用需求的同时，兼顾未来的业务需求。

（二）开放性原则

在设计网络拓扑结构时，采用开放性接口，保证系统可以兼容不同软件、硬件平台，与外部系统进行灵活的互联和数据共享。

（三）先进性原则

在设计网络拓扑结构时，采用符合国际国内标准和信息技术发展趋势的、主流且较成熟的先进技术，硬件系统和软件系统选择先进、稳定、兼容性高的设备和平台，应用的开发在满足业务要求的基础上遵循易升级、易改造的原则。

（四）可靠性原则

高可靠性是构建网络拓扑结构必不可少的重要需求。在设计网络拓扑结构时应选择稳定、成熟的技术和产品，采用先进的容错技术，及时完成数据的备份或存储，以保证物联网系统具有故障自愈的能力。

（五）安全性原则

物联网系统中传输、处理着大量传感设备收集的数据，设备和数据的安全性在网络拓扑结构设计时需要着重考虑。

（六）可扩展性原则

可扩展性是指物联网系统适应变化的能力，包括在基本配置上直接扩充硬件数量、内存容量等能力，以及在当前软件系统上进行升级、扩张的能力。

（七）可管理维护性原则

设备和系统应当易于安装、管理和维护。在设计网络拓扑结构时，确保通过网络拓扑结构可以直观地了解平台运行状况，对各种基础数据进行管理和维护。

三、网络拓扑图的绘制

网络拓扑图的绘制是指以图片为载体将设备的连接方式表现出来，将原本抽象的网络拓扑结构清晰地展示。网络拓扑图的绘制主要是以图标和箭线的方式组成，绘制的原则包括：在拓扑图中不能出现循环路线；非终端节点的前后都必须有箭线连接；不同连接方式用不同颜色粗细的线条加以区分；对各种连接线所代表的含义有统一的说明；图标的大小、标示位置要合理等。

（一）典型的三层网络拓扑结构

典型的三层网络拓扑结构是当前各领域广泛采用的模型，将整个网络划分为核心层、汇聚层和接入层三层。各层专注于某些功能的实现，分工明确，便于管理。在复杂的物联网系统中，某一环节的变动可能会影响其他环节，采用这种分层设计不仅可以方便扩展网络、隔离故障，还可以节约成本。

（二）高效的扁平网络拓扑结构

随着物联网技术的发展，设备对网络流量的需求逐渐增大，传统的三层网络拓扑结构存在网络阻塞、信息延迟及冗余不足的问题，而网络拓扑结构中每减少一个网络层次，时延就会相应缩短。为了提高网络传输效率，扁平网络拓扑结构基于典型三层网络拓扑结构进行优化，允许更多路径通过网络，从而实现缩短时延、提高带宽的目的。扁平网络拓扑结构是将汇聚层与接入层功能简化为二层通信功能，集中提供端口隔离、路由管理、安全策略等功能，提高了整体网络的可扩展性和可管理维护性。

（三）网络拓扑图示例

网络拓扑图的绘制可以采用 Microsoft Office Visio 和 Edraw Max 等绘制软件进行设计。以图片绘制的形式将各种计算机、网络设备和传感设备等相互连接的方式展示出来，使得网络拓扑结构设计更加生动形象、简单明了。

1. 绘图注意事项

为了准确规范绘图，需注意以下事项：

（1）精简绘制网络拓扑图，不要过于烦琐，不需要呈现所有网络元素。

（2）在绘制网络拓扑图时尽量使用形象、具体的图标表示网络元素。

（3）网络拓扑图要符合实际要求。

2. 网络拓扑图示例

某智能化住宅小区以智能控制中心为核心层，为社区居民提供计算机网络、智能家居、物业服务和管理、电子商务平台、社区信息服务等全方位网络信息服务，实现家居生活信息化和智能化的多媒体综合信息服务系统。物联网系统在智能化住宅小区的应用中尤为突出，人们可以通过手机、计算机等设备远程控制家中的电器或其他设施，实现家居自动化管理与使用。另外，小区网络可以与自来水公司、电力公司和燃气公司服务器连接，利用采集器和集中器完成水、电、气的数据的采集与传输，住户通过手机端可以查看水表、电表、气表的相关数据。物联网系统让人们生活更加智能、便捷和多元化。本示例假设目标小区有 7 幢楼 900 个住户，这对网络设备要求很高，既要使各用户能快速接入网络，也要保证网络的升级扩展性。根据小区网络的特点和需求采用如下的设计方案：

（1）住户家庭的网络设计。虽然小区内的住户房型不尽相同，但其设计思路相同。住宅内用以太网布线，若客厅有智能电视等需求，则额外部署有线或无线的千兆位路径。

（2）楼层的网络设计。在同一楼层的网络设计中，采用超五类双绞线与接入层交换机进行连接。需要注意划分虚拟局域网的问题，交换机的每一个端口都进行一个虚拟局域网的划分，避免同一楼层两个住户之间可能出现的干扰问题。

（3）整栋楼的网络设计。根据实际情况，楼内采用单模光纤作为主干线缆，把每一楼层的接入层交换机连接到汇聚层交换机上，以实现高速联网。

（4）中心机房设计。本示例中的智能控制中心机房内的设备包括核心交换机、服务器、网络存储、计算机等。核心交换机与接入交换机连接，控制监控、门禁、广播，保证用户生活的安全和便捷。

该智能化住宅小区的网络拓扑图设计如图 1–2 所示。

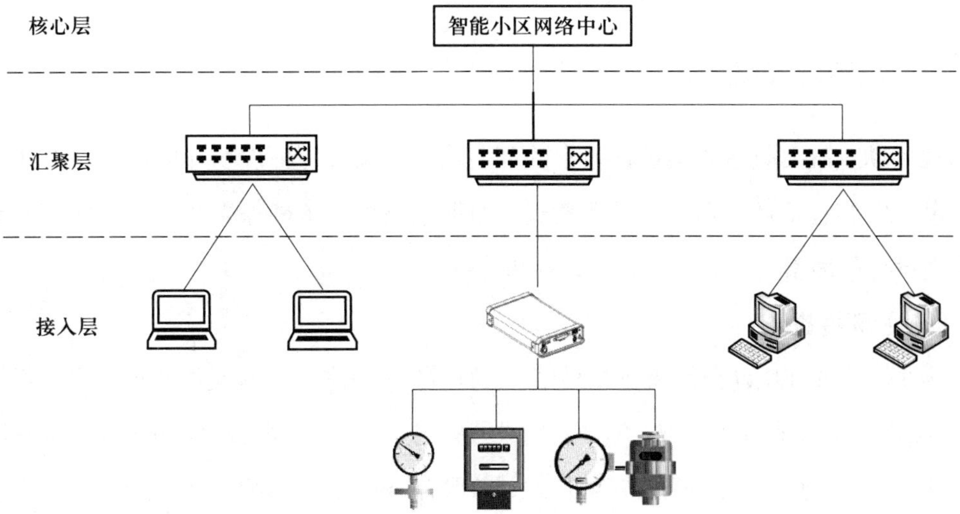

图 1–2　网络拓扑图示例

第二节 现 场 勘 查

考核知识点及能力要求：

- 了解现场勘查的内容。
- 掌握现场勘查的流程。
- 掌握勘查报告的编制要点。
- 能够根据勘查结果完成勘查报告的编写。

一、勘查内容和流程

现场勘查既要收集方案设计要求的环境信息，又要评估现场环境对方案设计的影响。勘查内容包括环境勘查和设备勘查，对勘查结果要求确保真实性，并详细记录影响方案设计的因素，为后续方案设计提供指导。

（一）环境勘查

物联网系统环境勘查是指通过照片、视频等方式完整真实地记录现场状况，若与用户提供的结构信息存在不一致，需要特别进行标记。通过现场勘查，物联网系统方案设计人员可以进一步了解现场周围的环境情况，获取有用的信息，为下一步图纸会审做准备。

（二）设备勘查

物联网系统的设备勘查是指在工程正式施工前对一些必要的基础设施进行勘查，根据现有的设备进一步设计网络环境部署。主要包括：

1. 通信线路勘查

通信线路包括机房的通信线路、接入通信线路、数据中心网络线路，勘查现场是否已存在通信线路或者预留了线路的安装孔洞。

2. 电源设备勘查

物联网系统的绝大部分设备都需要供电工作，同时要确保工作在稳定电源输出的环境下。勘查是否存在供电电压不稳定和停电的不确定性情况，是否需要增加不间断电源系统，并且检查现场的配电柜中输入开关、输出开关、电压 / 电流的指示仪表等情况。

3. 制冷 / 通风设备勘查

物联网系统机房中计算机、存储器、网络设备、电源等设备的运行需要在低温且干燥的环境，如果现场环境不具备相关条件，则需要考虑在后期加装空调和排风设备，同时确认加装设备对其他环节的影响。

（三）勘查流程

为使勘查任务顺利进行，确保每一阶段的任务都按时完成，需要对勘查流程进行规范化。整个勘查流程如图 1–3 所示。

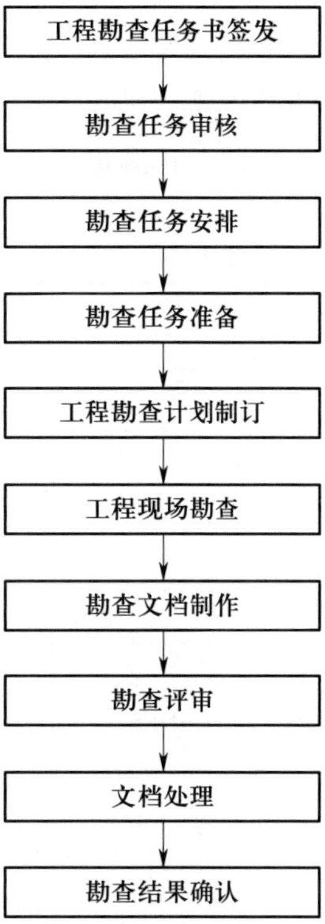

图 1–3　勘查流程

二、勘查报告编制

勘查报告编制是整合现场勘查结果的过程，为之后的图纸会审做准备。勘查报告作为物联网系统项目现场勘查的最终成果，是物联网系统项目设计和施工的重要依据。勘查报告内容反映了物联网系统设备与现场环境的特点，关系到物联网系统项目设计与施工能否达到安全可靠、措施合理、经济适用等要求。

（一）报告编制要点

物联网系统项目的现场勘查报告内容要具有针对性、实用性、科学性的特点。同时要做到原始数据准确无误，结论依据可靠，图表简单明了。编制要点主要包含：

（1）要根据规范进行，得到的结论需要具体详细，不允许有模棱两可的结论。

（2）根据现场实际环境的勘查结果进行编制，不允许存在弄虚作假的内容。

（3）报告编制内容要完整，防止后期出现需要再次勘查的问题。

（4）要与用户协商完成，对于有特殊需求的用户，要及时协商并解决，防止产生不必要的纠纷。

（二）报告示例

以物联网系统项目中机房的现场勘查报告为例，针对现场环境，主要查看机房不间断电源（uninterruptible power supply，UPS）、重点设备的供电、机柜空间、机房布线系统、环境温度与湿度等内容。勘查报告示例见表 1–1。

表 1–1　勘查报告示例

项目号					
用户名称			地址		
联系人姓名			联系电话		
项目实施内容					
基础环境调查					
内容	就绪	基本就绪	未就绪	就绪时间	说明与建议
机房 UPS					
重要设备双路					
机柜空间					
机柜附件					
机房布线系统					
楼层布线系统					
空调 / 温度 / 湿度					
设备情况					
内容	就绪	基本就绪	未就绪	就绪时间	说明与建议
设备到货					
设备加电测试					
设备软件部署					
设备基本配置					
WAN 线路					
铜缆及光纤					
网络工具					
搬迁车辆等					
其他问题与建议					
甲方工程师签名			乙方工程师签名		
时间			时间		

第三节　图纸会审与优化

考核知识点及能力要求：

- 了解图纸会审的概念与流程。
- 掌握图纸会审的内容。
- 掌握图纸检查、核对与优化的原则。
- 能够对项目的图纸进行会审。
- 能够根据会审内容完成图纸会审的优化。

一、图纸会审

图纸会审是指在网络环境部署前，网络建设单位、监理单位、施工单位等相关单位在确认网络施工设计文件合格后，在设计确定前讨论和确认图纸的活动。

（一）会审目的

图纸会审是为了使物联网系统建设的相关人员理解设计目的，熟悉设计内容，并通过讨论施工图纸中是否存在错误和不合理的地方，最终达到优化设计、提升图纸质量、保障工程质量等目的。

（二）会审人员

图纸会审需要物联网系统项目建设中所有环节的参建单位都派人参加，包括建设单位、监理单位、设计单位和施工单位的代表人员。各单位相关人员应熟悉工程设计文件，并参加由建设单位主持的图纸会审会议，建设单位应及时主持、组织监理单位、施工单位等相关人员进行图纸会审。

（三）会审时间限制

设计图纸分发后3个工作日内由监理单位负责组织建设、设计、监理，而施工单位及其他相关单位进行设计交底。设计交底后15个工作日内由建设单位或监理单位负责组织上述单位进行图纸会审。会审各环节中应在设计图纸上注明图纸会审时间。

（四）会审内容

为使会审内容翔实准确，应确保会审内容满足以下要求：

（1）确认物联网系统项目施工单位的手续是否齐全，提交的图纸是否符合现行有关法规规定。

（2）确认设计图纸是否齐全，图纸的说明是否准确详细，图纸的内容是否满足施工的需要，现行的技术是否满足图纸设计的要求。

（3）确认施工图纸采用的材料是否符合物联网系统传感设备的技术要求，材料的供应有无保证，是否有备用的供应商，设计中的新方法、新技术、新材料是否可以在实际的施工中落实。

（4）确认图纸中传感设备的安装位置是否合理，网络布线设计是否安全可靠，建筑是否符合抗震要求。

（5）确认多家设计单位之间提交的内容有无互相矛盾之处，建筑图的参数标注是否正确，是否考虑通风设备、电线等的安装。

（6）确认防火设计是否满足有关规章要求，建筑是否有安全保障，环境卫生有无保障。

（7）对设计文件和图纸中的疑问进行再次讨论，对图纸中不明确部分提出补充和澄清。

二、图纸检查、核对与优化

图纸检查、核对与优化是项目施工前必须开展的工作，对于物联网系统项目这种需要安装多种精密传感设备的工程，施工图的偏差往往会影响设备射频行为和无线通信行为的有效运转。在开工前进行图纸检查、核对与优化可以最大限度地纠正施工图偏差，减少因设计内容与实际现场不符导致的损失，对保证工程质量、控制工程造价具有重要意义。

（一）检查、核对与优化原则

物联网系统项目图纸的检查、核对与优化要注重实用性和工程性，需要核对图纸与造价的关系，处理好核对优化、完善功能和控制投资三者之间的关系，主要原则如下：

（1）图纸的规范性。

（2）网络功能的实现。

（3）规划的合理性。

（4）整体的安全性。

（5）设备替换的可能性。

（6）各专业协调一致的情况。

（7）施工的可行性。

（二）检查、核对与优化主要内容

物联网系统项目的检查、核对与优化主要是查看原设计图有无可改进的地方，建设单位或者施工单位可否提出既比常规做法更优又能加快施工进度的建议。

检查、核对与优化主要内容包括：

（1）设计中是否没有注重细节问题，导致设计漏洞，影响设计优化的执行。

（2）设计中是否存在着不遵守国家规范因素。

（3）设计是否结合实际的施工要求。

（4）设计中是否重视成本控制和工艺要求。

第四节　网络环境部署文档编制

考核知识点及能力要求：

- 了解网络环境部署的原则。
- 了解网络环境部署文档的分类。
- 了解网络环境资源分配的要求。
- 能够判断网络环境部署是否合理。
- 能够根据环境要求完成网络环境部署文档的编写。

在网络设备部署过程中，会生成设备连线标识文档、设备配置文档、网络设备的使用文档等。在服务器配置部署过程中，会生成安装使用手册、服务器使用手册等。网络环境部署文档可以分为三类：设计文档、管理文档和用户文档。

1. 设计文档

设计文档作为网络环境部署前期产生的文档，主要包括网络部署的需求报告分析、网络部署设计方案等。

2. 管理文档

管理文档作为在网络环境部署过程中产生的文档，如项目实施、测试验收、管理维护阶段产生的文档。

3. 用户文档

用户文档作为网络设计人员为后期用户准备的文档，包括网络环境的使用、操作、管理、维护等相关资料。

一、网络环境部署文档编制原则与要求

（一）编制原则

网络环境部署文档编制是在前期勘查内容和图纸会审的基础上总结系统部署方案并编制成的文档。编制原则包括系统性原则、法规性原则、可操作性原则和规范性原则。

（二）编制要求

网络环境部署文档编制的要求可能会因具体部署情况而异，主要包括内容清晰明确、易于理解、可靠性高、格式规范、可维护性强等。

二、网络环境部署文档编制示例

物联网系统的网络环境部署往往需要配置网络中心，它既是连接网络的接入口，又是部署业务平台和服务平台。

（一）网络环境资源分配

1. 机房资源的分配

就整个物联网系统项目的网络环境部署而言，机房相当于“心脏”的地位。机房中各种设备对温度、湿度、含尘量等指标要求很高。机房资源的分配包括机房的布线、机房配供电、空调与新风系统等。

2. 网络设备资源的分配

网络设备资源的分配在于网络设备的选型，不同型号的网络设备价格和性能都不一样。

（1）交换机是用于区域划分最常用的设备，不同应用场景使用的交换机对于性能的要求不同，工业现场使用的交换机更注重稳定性和安全性。另外，交换机品牌繁多，选型应当尽可能选择同一家的产品，例如华为、锐捷和神州数码等。

（2）路由器的选择因素包括品牌、路由器结构、性能参数等。大型物联网系统项目对于路由器的要求较高，要选择中兴、锐捷等大品牌产品。

（二）部署文档示例

以某物联网系统为例，网络的拓扑结构采用的是分层模式，网络环境部署如图 1–4 所示，核心层网络采用光纤接入，速度可达到万兆级。汇聚层采用三层交换机，以减小核心层路由的压力，汇聚层与核心层的连接模式采用的是多端口串联模式，用于缓解网络瓶颈问题，提高网络速度。接入层分别用 100 Mbit/s 的端口连接到用户桌面，汇聚层交换机与接入层交换机之间的连接也采用多端口串联模式来缓解网络瓶颈问题。

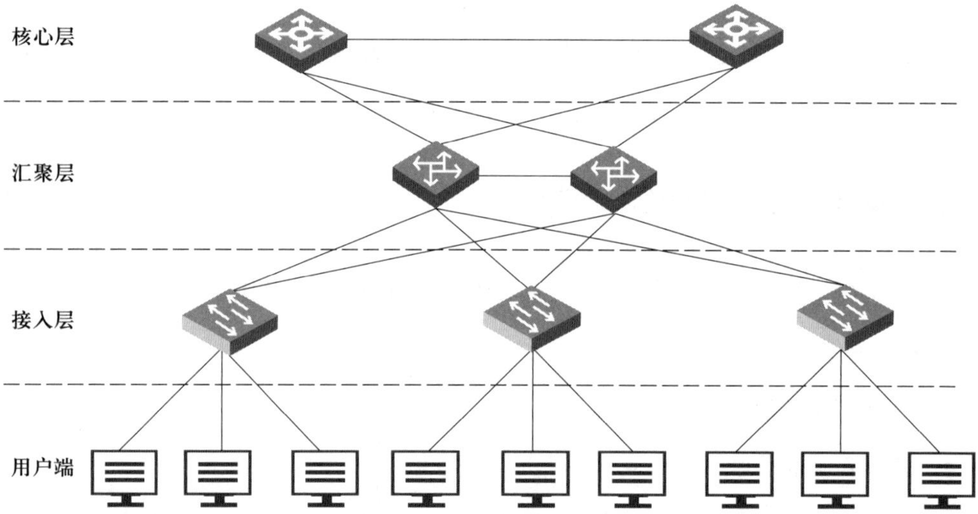

图 1–4　网络环境部署

考虑小区网络的快速性、稳定性和可拓展性，核心层的设备以华为 S5700–28C–HI 交换机为例，应具备可扩展性，可以提供丰富的流量控制服务，实现网络安全的控制，能最大限度地满足小区网络的需求。汇聚层的设备以华为 S3700–26C–HI 交换机为例，应具有可支持千兆以太网、配备两个千兆光电复用口、支持存储转发方式的传输性能（或者功能），最大限度地满足小区网络的精细化设计与统一化管理，让接入网络达到安全性高、性能好的要求。接入层的设备选择华为 S1720–20GFR–4TP，端口数量有 22 个，有 2 个千兆光电复用口，支持三层静态路由功能。网络环境部署设备功能见表 1–2。

表 1–2　网络环境部署设备功能

层次	核心层	汇聚层	接入层
功能	接入外网	连接核心层与接入层	用户接入

第五节　项目管理计划制订

考核知识点及能力要求：

- 了解如何管理项目范围、项目成本、项目风险、项目质量及项目进度。
- 了解项目范围的定义，并能对范围进行分解。
- 能够进行成本的预估及控制。
- 掌握应对风险的措施。
- 能够根据项目需求制订项目的范围、成本、风险、质量等实施计划。

一、项目范围管理

物联网系统项目范围管理是指在项目执行过程中识别和控制项目的工作范围，确保物联网系统项目在预定的计划范围内完成，并达到预期的结果。物联网系统项目组在收集到相关用户的需求后，根据需求设计能够实现相应功能的产品。需求会随着项目实施发生变化，项目范围管理也会将这种变化纳入管理。要进行项目范围管理，主要分为制订范围管理计划、范围定义、创建工作分解结构、范围确认四个部分。

（一）制订范围管理计划

范围管理计划是项目管理中的关键文件，用于描述该团队如何定义项目范围、制订详细的范围说明书、定义和编制工作分解结构，以及验证和控制范围。在制订范围管理计划时，物联网系统项目管理团队要结合实际工作，考虑各种制约因素。例如，编制计划时要分析准备采取的行动是否存在违背既定方针的可能性，活动之间是否存在必然的联系等。

（二）范围定义

范围定义是明确项目管理范围，涉及项目要进行的工作、交付物和可交付成果的详细描述和界定。通过范围定义，确保项目团队能够明确理解项目的目标和范围。

（三）创建工作分解结构

创建工作分解结构是指把复杂的物联网系统项目逐层分解为更易于管理的工作的过程，可以使得项目成员更方便地进行规划、组织和控制。工作分解结构是组织管理工作的主要依据和项目管理工作的基础。工作结构的分解能够使项目的概况和组成明确、清晰、透明、具体，保证了项目结构的系统性和完整性。对于物联网系统项目而言，项目的全部工作都必须包含在工作分解结构中。

（四）范围确认

范围确认是指在物联网系统项目结束前，接受方对已经完成的工作成果重新进行审查，查核项目计划规定范围内的各项工作或活动是否完成，应交付成果是否符合预期。

二、项目成本管理

在物联网系统项目中，成本是指在项目时间范围内为实现项目预期目标而付出的全部代价，项目成本管理是项目管理中的重要组成部分。项目成本管理要确保在批准的预算内完成项目，按照制订成本管理计划、成本估算、成本预算、成本控制这四个过程来完成。

（一）制订成本管理计划

成本管理计划是指用于规划、估算、跟踪和控制项目的成本，包含项目预算、成本控制与风险管理的具体规划，可以帮助控制项目实施过程中成本。制定项目成本管理计划的结果是生成成本管理计划，成本管理计划给出了项目成本结构、项目估算、预算和控制的标准并列出模板。

（二）成本估算

成本估算是指估算物联网系统项目每项活动所需资源的近似成本。成本估算要考虑项目使用的所有资源，包括（但不限于）人工、材料、设备、服务、设施和特殊条目（如通货膨胀准备金和应急准备金）等。除了项目直接成本外，项目估算还需要考虑非直接成本、项目完成时限、质量要求和储备等因素。

（三）成本预算

成本预算是指把估算的总成本分配到各个工作细目，以建立预算、标准和检测系统的过程，是衡量项目绩效情况的基准。项目成本预算有计划性、约束性和控制性等特征，制定项目成本预算应遵循以下四条原则：

（1）项目成本预算要以项目需求为基础。

（2）项目成本预算要与项目目标紧密联系，必须同时考虑项目质量目标和进度目标。

（3）项目成本预算要切实可行。

（4）项目成本预算要有弹性。

（四）成本控制

成本控制是对项目过程中发生的各种耗费进行计算、调节和监督的过程，用以确保成本在预算估计范围内。成本控制一般分为确定控制标准、衡量工作成效、分析衡量结果和纠正偏差行动四个步骤。成本控制的基本原则包括全面介入原则、例外管理原则和经济效益原则。

三、项目风险管理

项目风险管理是指通过风险识别、风险分析和风险评价去认识项目的风险，并以此为基础采用风险应对措施、管理方法和手段来控制项目风险的过程。进行项目风险管理有利于识别可能影响项目目标的特定因素，量化每个因素的可能影响，对于不可控的项目风险给定一个底线，并对可控的项目风险进行缓解。

（一）风险的含义及其特征

物联网系统项目风险是指可能导致项目损失的不确定性。风险具有以下主要特征：

（1）项目风险的存在具有客观性和普遍性。

（2）具体项目风险的偶然性和规模化项目风险的必然性。

（3）风险具有多样性和层次性。

（4）风险的动态变化性。

（二）应对风险的基本措施

应对风险的基本措施包括综合考虑影响项目风险的各种要素，判断风险等级，采取相应的对应措施。常用的风险应对措施有以下四种：

1. 风险规避

风险规避是指在考虑到某项活动存在风险损失的可能性较大时，采取主动放弃或停止与该风险相关的物联网系统项目计划，以避免与该项活动相关的风险和减少损失的策略。通过项目组政策、限制性制度和标准，减少高风险操作行为的发生。

2. 风险转移

风险转移是指将风险的后果及对应的责任以正当理由转移给他方。将自己不擅长或自己开展风险较大的一部分业务出售或外包给他方，集中力量在自己的核心业务上，从而有效转移风险。

3. 风险减轻

风险减轻是指在风险损失发生之前，采取积极的风险处理措施以减少损失发生的可能或降低损失严重程度。这种方式比较适合本身可控的风险，可以利用政策或采取措施把风险降低到可接受的水平。

4. 风险接受

当无法找到其他更优策略，或应对风险的代价太高时往往采取接受风险维持现有的风险水平。接受风险分为主动或被动方式：主动接受风险的方式是建立应急储备，应对潜在的威胁或机会；被动接受风险的方式则是不采取行动，待风险发生时再视情况采取相应措施。

（三）制订风险管理计划

为了尽可能消除风险或减少风险危害，需要制订一份结构完备、内容全面且互相协调的风险管理策略文件来实现对风险的管理，这就是风险管理计划。风险管理计划对于能否有效管理风险、能否完成项目目标至关重要。

1. 风险管理计划的基本内容

项目风险管理计划的基本内容包括风险管理的方法、参与人员、预算、时间周期、可能出现的风险类别、风险概率和影响矩阵、基准、汇报格式及风险跟踪。

（1）方法。确定实施项目风险管理可使用的方法、工具及数据来源。

（2）参与人员。确认风险管理计划中每项活动的领导、成员及其职责。

（3）预算。估算风险管理所需费用并将其计入项目成本基线。

（4）时间周期。确定在项目整个生命周期中实施风险管理过程的次数和频率，以及纳入项目进度计划的风险管理活动。

（5）可能出现的风险类别。风险分类为风险管理工作提供了一个框架，风险分解结构是对风险进行分类的常用方式。不同的风险分解结构适用于不同类型的项目和组织，这种特征能够提醒风险识别人员，风险产生的原因是多种多样的。

（6）风险概率和影响矩阵。通过借用对照表或风险概率和影响矩阵形式进行风险优先排序，据此可确定相应风险应对规划。

（7）基准。明确定义由谁以何种方式采取风险应对行动。

（8）汇报格式。规定风险登记单及其他风险报告的内容和格式。

（9）风险跟踪。规定以何种方式记录项目进行中风险及风险管理的过程。

2. 风险管理计划的其他内容

风险管理计划的其他内容包括风险分析定义，低风险、中等风险和高风险的风险限界值，进行项目风险管理所需的成本和时间，等等。除了制订风险管理计划，大多数项目还有应急计划和应急储备。

四、项目质量管理

项目质量管理是指对整个项目质量进行把控、管理的过程。项目质量管理是为了满足项目需要，提高产品质量，增加用户满意度与信任度，获得更高的经济效益。项目质量管理由质量管理基础、制订质量管理计划、质量保证和质量控制组成。

（一）质量管理基础

物联网系统质量管理基础由质量管理基本原则、质量管理目标和质量管理流程组成。

1. 质量管理基本原则

质量管理基本原则是指项目最高管理者用于领导组织进行业绩评价、改进的指导原则。

2. 质量管理目标

物联网系统项目本质是商品，质量管理的目标就是符合顾客的期望，提高顾客的满意度。对于物联网系统项目的质量管理，纠正质量缺陷的成本远远大于预防质量缺陷的成本，所以要做到防患于未然，保证质量问题都有相应的预防工作。

3. 质量管理流程

规范的质量管理流程有助于控制项目成本，建立标准并明确实现这些标准的步骤，还能降低产品失败或用户不满意的风险。

（二）制订质量管理计划

制订项目质量管理计划是推动项目成功的必要步骤，其目的是确保项目质量达到预期质量要求。质量管理的目的是确保项目按照规定的要求完成，建设符合规范、标准的产品，满足用户的使用要求。制订项目质量管理计划的主要内容包括：

（1）了解物联网系统项目的基本情况，收集资料。

（2）编制项目质量计划。包括项目中所涉及的产品质量计划、项目质量管理和作业策划及编制质量计划。

（3）制订项目质量奖惩规则，建立必要的激励机制。

（4）形成项目质量计划书。

（三）质量保证

质量保证是指为使用户确信该物联网系统提供的服务能够满足规定的质量而进行的有计划、有系统的全部活动，是对于质量管理流程的整体把握。

（四）质量控制

质量控制是指对项目质量实施情况的监督和管理。项目质量控制的内容包括：掌控项目质量实际情况，将项目质量实际与项目质量标准进行比较，找出项目质量误差与问题，分析项目质量问题的原因和采取纠偏措施来消除项目质量差距与问题。

五、项目进度管理

项目进度管理需要采用科学的方法进行进度目标的确定，编制进度计划进行进度控制，并且要做到与质量、费用目标相协调。项目进度管理的主要目标是在规定的时间内，制订合理的进度计划，然后在该计划的执行过程中，检查实际进度与计划进度是否相一致，保证项目按时完成。

（一）项目进度管理概述

物联网系统项目进度管理是指在项目实施过程中对各阶段的进展程度和项目最终完成的期限所进行的管理。项目进度管理包括六个主要过程：

（1）定义活动。识别并记录为完成项目可交付成果而需采取的所有活动，工作包分解为活动，作为对项目工作进行估算、进度规划、执行、监督和控制的基础。

（2）排列活动顺序。对各个项目活动进行排序，帮助理解项目间的逻辑关系，以便在现有的制约因素下获取最高效率。

（3）估算活动资源。估算每一项活动所需的材料、设备和参与人员等。

（4）估算活动持续时间。根据资源估算的结果，估算完成单项活动所需工作时段数。

（5）制订进度计划。考虑影响项目进度的因素，包括活动的顺序、资源需求、制约条件等来制订项目进度计划。

（6）控制进度。对项目的状态、进度进行监督控制，出现意外时进行进度变更。

（二）活动定义

活动是指为完成工作包所需要进行的工作，是实施项目时安排工作的最基本工作单元。活动定义是指识别和记录为完成项目可交付成果而需采取的所有活动。活动定义最基本的操作是将工作包分解成一个个的活动，并对这些分解出的活动加以定义（如名称、目标等），作为项目工作进行估算、进度规划、执行、监督和控制的基础。

（三）活动排序

活动排序是指根据各项活动之间的相互关联与依赖关系，来确定项目活动的先后顺序。合理地安排好项目各项活动的先后顺序，有利于制订科学合理的项目进度计划。

（四）活动资源估算

活动资源估算是指估算执行各项活动所需的材料、人、设备或用品的种类和数量的过程。活动资源的估算必须与费用的估算紧密配合。

（五）活动历时估算

活动历时估算是指以项目范围和资源相关信息为进度表设定历时输入的过程。估算出为完成一个活动所需要的工作时段数，通常还要考虑间歇时间。

（六）制订进度管理计划

进度管理计划是为编制和控制进度计划建立格式和准则的文件，要求对历时估算和资源估算进行审查修改，以便后续跟踪绩效使用。进度管理计划会根据项目管理等计划的改变而改变。

第六节　里程碑目标计划制订

考核知识点及能力要求：

- 了解里程碑目标计划的内涵。
- 了解里程碑事件指哪类事件。
- 明确里程碑目标计划的制订步骤。
- 能根据项目进度计划表，完成里程碑目标计划制订。

一、里程碑目标计划

里程碑目标计划是物联网系统进度管理的重要工具，将项目中重要事件的开始或完成时间点作为里程碑的重要节点连接起来，构成一个项目管理计划的框架。里程碑目标计划的作用是完整描述物联网系统项目在完成目标过程中所经历的不同阶段。

（一）里程碑目标计划的内涵

里程碑目标计划的逐步实现就是逐步接近目标的过程。设计者通过里程碑目标计划可以将项目分解成多个小任务，让管理者对整个项目的进展情况了然于胸。里程碑目标计划的制订需要大量讨论来细化项目在各个时间点的任务，可以有效避免项目可能出现的风险。里程碑目标计划的内涵在于确认已完成结果与里程碑目标的交付物或状态相对比，从而追踪项目完成的情况。例如，在项目的设计阶段，里程碑目标计划就可以设定为设计文档，通过是否得到了设计文档来判断项目的设计阶段是否已完成。

（二）里程碑事件

里程碑事件是指在物联网系统项目中具有标志性意义的事件。明确里程碑事件有利于监督、控制和移交项目进度，有利于维持计划稳定。对于一个物联网系统项目，常见的里程碑事件如下：

（1）批准立项。项目获批、项目时间确定、项目要求确定、施工环境确定。

（2）团队建设。物联网系统设备设计团队、网络设计团队、项目管理团队等团队组建完成。

（3）初步设计的完成。物联网系统的初步设计、项目的章程等初步完成。

（4）合同的签订。设备安装合同签订、采购合同签订等。

二、里程碑目标计划示例

里程碑目标计划的编制通常需要项目管理团队和设计团队召开会议共同讨论得出一致的里程碑目标，作为后续确认项目成果的参考基准。通过对里程碑事件的控制，能够有效评估项目各阶段的工作进展，及时了解项目实施过程中存在的风险情况。

（一）计划制订步骤

里程碑目标计划制订的关键在于目标的有效分解，确保项目成员清楚确认目标。计划制订步骤如下：

（1）团队讨论。通过团队讨论的头脑风暴确定里程碑的目标和时间点。

（2）工时分配。工时分配是给物联网系统项目中不同难易程度的任务分配不同的时间，用于估算整个物联网系统项目完成的时间，判断工时分配能否满足项目的交付时间要求。

（3）确定里程碑目标时间点。标记每个里程碑目标，按照发生顺序进行适当的调整和改变，结合项目时间节点获取要求的交付日期，倒推各阶段的开始结束时间，就得到了项目的里程碑目标时间点。

（4）确定里程碑目标交付物。判断一个里程碑目标是否完成的标准是交付成果，只有获得一个符合要求的交付成果，才确定里程碑目标的完成。

（5）检查与确认。把团队讨论得到的里程碑目标计划提供交给相关负责人进行审核和批准，审核通过后进行公示张贴，方便所有项目工作者了解项目进度。

（二）计划示例

假设是针对一个物联网系统的里程碑目标确定，首先团队讨论得到里程碑目标事件：第一，物联网系统设计方案（2022.3.31）；第二，设备采购（2022.4.25）；第三，物联网系统安装（2022.6.25）；第四，物联网系统组网调试（2022.7.25）；第五，物联网系统尾工处理验收（2022.8.25）。之后可以通过各种软件将里程碑目标制订为里程碑目标图，以具有通用性的 excel 表为例，具体步骤如下：

1. 创建表

（1）创建 excel 表，将项目的里程碑目标记录在工作表上。

（2）复制原始数据并将其粘贴到指定位置，添加一个“位置”列，以确定将里程碑目标显示在时间轴的上方还是下方。

（3）插入一个空白图表，不选择任何数据，单击功能区“插入”，选择“图表”组中“带数据标记的折线图”，插入图表。

（4）将空白图表移动到合适的位置，如图 1-5 所示。

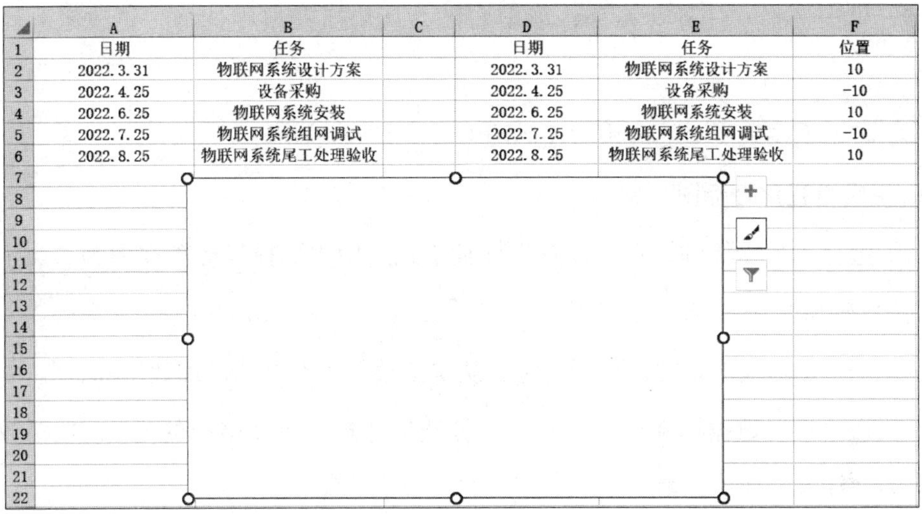

	A	B	C	D	E	F
1	日期	任务		日期	任务	位置
2	2022. 3. 31	物联网系统设计方案		2022. 3. 31	物联网系统设计方案	10
3	2022. 4. 25	设备采购		2022. 4. 25	设备采购	-10
4	2022. 6. 25	物联网系统安装		2022. 6. 25	物联网系统安装	10
5	2022. 7. 25	物联网系统组网调试		2022. 7. 25	物联网系统组网调试	-10
6	2022. 8. 25	物联网系统尾工处理验收		2022. 8. 25	物联网系统尾工处理验收	10

图 1–5　创建表

2. 创建柱形图（见图 1–6）

（1）从“图表工具”选项卡中单击“选择数据”按钮，弹出“编辑数据源”对话框。

（2）单击“图例项—添加”按钮，添加一个名为“日期”的系列，链接到列 E 中的“任务”。

（3）编辑水平轴标签，选择列 D 中的“日期”数据。

（4）添加“任务”系列，单击“添加”按钮，在“编辑数据系列”中，使用“位置”列作为系列值。

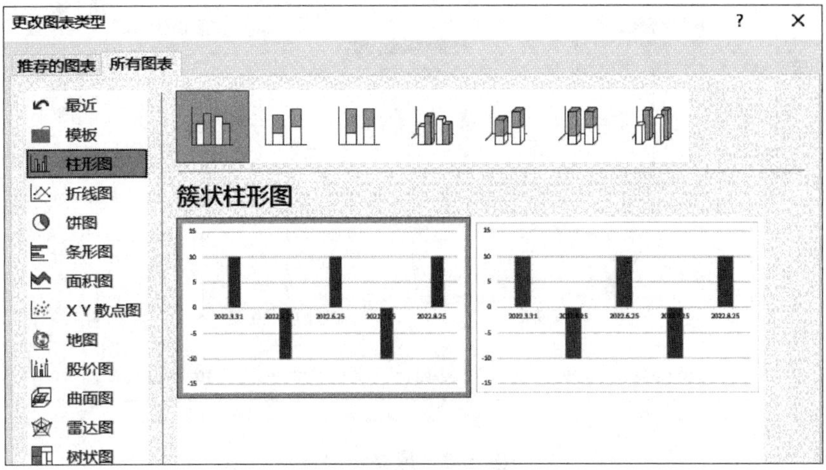

图 1–6　创建柱形图

（5）单击选择“任务”系列，单击右键，从快捷菜单中选择“更改系列图表类型”。

（6）将系列图表类型更改为“柱形图”。

3. 生成里程碑目标图

（1）选择水平坐标轴，在“设置坐标轴格式”中，选择坐标轴类型为“文本坐标轴”，坐标轴位置在“刻度线之间”。

（2）单击选择柱形系列，单击右键，从快捷菜单中选择“添加数据标签”。

（3）在“设置数据标签格式”中，标签选项选择“单元格中的值”，选择数据标签区域为“任务”列单元格。

（4）在“图表工具—设计”选项卡中，单击“添加图表元素—误差线—更多选项”。

（5）在“设置误差线格式”中，设置垂直误差线方向为“负偏差”，末端样式为“无线端”，误差量为100%。

（6）选择柱形系列，设置该系列格式为“无填充”，边框为“无线条”。

（7）编辑水平坐标轴以显示其颜色为“黑色”，删除网格线，移除垂直坐标轴。

（8）选择水平坐标轴，单击右键，从快捷菜单中选择“设置坐标轴格式”。

（9）在“设置坐标轴格式”中，选择标签位置为“低”。

经过调整后的最终结果，如图1–7所示。

图1–7 最终结果

第七节　安全施工方案制订

考核知识点及能力要求：

- 了解安全施工方案的施工设计。
- 了解安全施工方案的工程实施、检查与验收。
- 了解安全施工方案制订的要点。
- 能根据安全防范工程技术规范，制订安全施工方案。

一、安全施工方案

在整个物联网系统项目建设施工过程中，对可能出现的安全工作进行策划、组织、指挥、管理的部署计划方案就是安全施工方案。其制订目的是保证物联网系统现场实施过程中的人身安全、资产安全，促进项目的平稳推进。

（一）施工设计

为保证安全施工，在施工设计时必须加强安全管理制度的设计，在施工前要对物联网系统项目的现场情况进行检查，符合下列情况方可施工。

（1）物联网系统施工现场必须具备相应施工的条件，包括施工现场的场地安全、用电安全、环境安全等。

（2）物联网系统施工现场建筑环境、预留孔洞、地槽及预埋件情况符合设计要求。

（3）施工人员必须熟悉施工的各个环节和设计资料，包括工程特点、工艺要求、施工质量标准等。

（4）物联网系统中的设备需要提前进行通电检查，保证其正常运行。

（二）工程实施

物联网系统项目施工团队应具备相关信息储备，工程实施过程必须严格按照批准的设计文件和施工图纸进行，不可以随意更改设计。遇到确实需要修改的工程内容时，管理者一定要做好审批工作，并且记录在案。对于大型项目，需聘请有资质的监理公司对整个施工过程进行监控，保证整个物联网系统项目可以按照施工设计方案进行。

（三）工程检查

物联网系统项目的工程检查包括传感器系统检查、传输系统检查、网络系统检查、应用系统检查、机房工程检查等部分。

（四）工程验收

物联网系统的工程验收是确认工程性能和认定工程质量的重要环节，是物联网系统施工方案完成的标志，也是支付相应工程费用的依据。

物联网系统的工程验收流程是指邀请其他有验收资质的机构来对整个项目的工程结果进行测试检验，将验收结果以报告的方式交由有关专家和施工方进行认定，以得到多方认同的一种验收方式。物联网系统的工程验收通常包含以下内容：

（1）确定验收测试的内容。包括线缆的性能、前端传感器的灵敏度、终端设备及网络性能指标（网络吞吐量、丢包率等）的测试等。

（2）确定验收测试的标准。主要是针对验收使用的测试流程和实施的具体方法等。

（3）确定验收测试指标。参考设计需求所确定的网络性能指标和行业规定的标准，检查设备和系统是否满足预定的指标。

（4）工程验收时间安排。工程验收的参与单位较多，测试考虑的问题也全面，应合理安排工程验收的时间。

（5）验收报告。物联网系统项目的工程验收结果应形成纸质报告并留档封存。

二、安全施工方案示例

物联网系统项目的施工环境复杂、设备众多且施工人员密集，安全事故经常出现，所以对于项目的实施需要制订相应的安全施工方案。合理的安全施工方案可以很好地防止安全事故的发生，保证施工人员的安全和项目实施的进度。安全施工方案制订的要点包括确定制订方案的依据、完善安全施工的体系和明确安全施工的措施。

1. 确定制订方案的依据

制订安全施工方案首先应详细列出用于本项目的合同、施工图、主要规范（规章、标准）和主要法规等。

2. 完善安全施工的体系

物联网系统的项目安全方案的制订单位、执行单位都必须由监理部门和施工部门共同负责，要将责任具体细化到实际的部门负责人，对于安全施工方面的问题做到有责必问、问责必严，从而保证整个项目的安全施工。

3. 明确安全施工的措施

物联网系统的现场复杂，为了便于施工人员按规范采取施工措施，须将安全施工的措施编制成具体的施工细则，来提高施工效率、消除危险隐患。

第八节 进度调整与优化

考核知识点及能力要求：

- 了解进度调整与优化相关内容。
- 能够进行最早开始时间、最早完成时间计算和最迟开始时间、最迟完成时间计算。
- 了解关键路径法、进度压缩及资源优化方法。
- 能根据项目实施进度，完成项目进度计划调整与优化。

一、项目的重要时间计算

物联网系统项目进度的时间管理通常以网络图的方式表示。网络图可分为单代号网络图和双代号网络图，如图 1–8 和图 1–9 所示。单代号网络图，也称前导图或紧前关系图，通常使用方框（被称作节点）代表活动，节点之间用箭头连接，以显示节点之间的逻辑关系。双代号网络图，也称箭线图，用带箭头的连线表示活动，用节点表示事件。二者的区别在于单代号网络图用节点代表活动，双代号网络图用箭线代表活动；单代号网络图只需节点编号，双代号网络图需要编号节点和箭线。

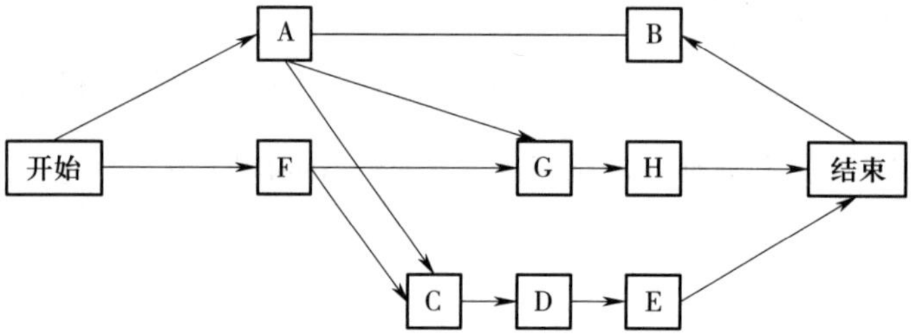

图 1–8　单代号网络图（前导图）

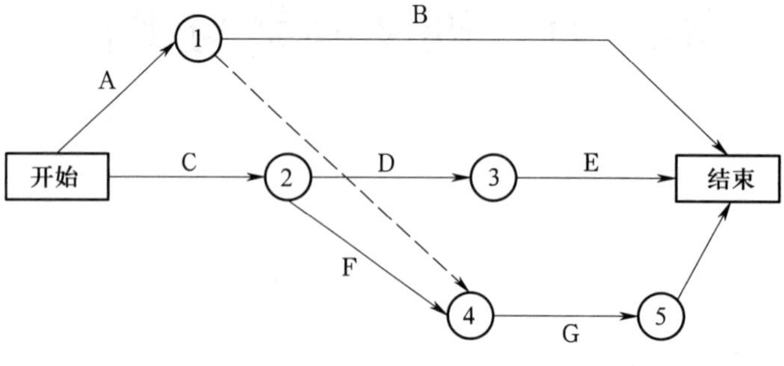

图 1–9　双代号网络图（箭线图）

（一）最早开始时间（ES）、最早完成时间（EF）计算

最早开始时间（earliest start time，ES）指各项工作的紧前工作全部完成后，本工作最有可能开始的时刻。计算规则：网络图从左往右计算，起始节点的最早开始时间为 0，中间节点如果紧前工作只有一个，那么 ES= 紧前工作最早完成时间；如果紧前

工作有多个，那么 ES= 紧前工作最早完成时间的最大值。

最早完成时间（earliest finish time，EF）指各项紧前工作全部完成后，本工作有可能完成的最早时刻。计算规则：网络图从左往右计算，EF=ES+ 本工作持续时间，见表 1–3。

表 1–3　ES、EF 计算规则

参数	计算公式
ES	没有紧后工作，ES=0 有紧后工作，ES=max（紧前工作最早完成时间）
EF	EF=ES+ 本工作持续时间

（二）最迟开始时间（LS）、最迟完成时间（LF）计算

最迟开始时间（latest start time，LS）指不影响整个网络计划工期完成的前提下，本工作最迟开始的时间。计算规则：网络图从右往左计算，LS=LF- 本工作持续时间，见表 1–4。

最迟完成时间（latest finish time，LF）指不影响整个网络计划工期完成的前提下，本工作最迟完成的时间。计算规则：网络图从右往左计算，如果没有紧后工作，LF= 计划工期；如果存在紧后工作，LF= 各紧后工作最迟开始时间的最小值。

表 1–4　LS、LF 计算规则

参数	计算公式
LS	LS=LF- 本工作持续时间
LF	没有紧后工作，LF= 计划工期 有紧后工作，LF=min（紧后工作最迟开始时间）

二、进度计划调整与优化

项目的调整与优化是通过比较项目实际进度与计划进度之间的差距，确定是否采取纠偏措施或调整原计划的过程。物联网系统项目中的进度计划通常使用网络图表示，

网络图是用箭线和节点将物联网系统项目的流程表示出来的图形，如图 1–10 所示。常用的进度计划分析技术包括关键路径法、进度压缩和资源优化。

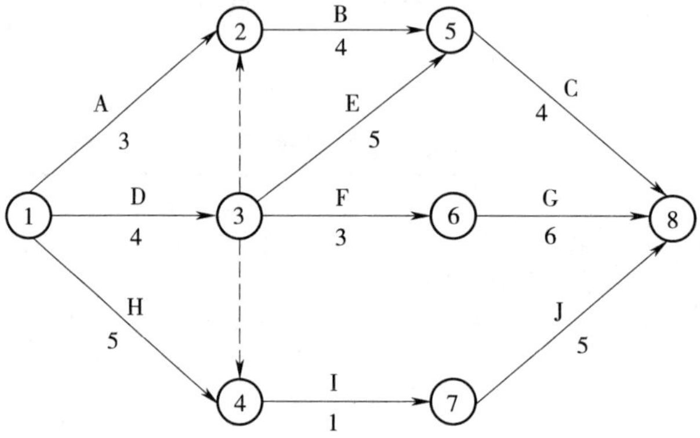

图 1–10　进度计划网络图

（一）关键路径法

关键路径法是指物联网系统项目在不考虑资源限制和时间强度的情况下，编制出理论上可行的进度计划。首先从项目起点出发，沿网络图各条路径用顺推方法推算，计算出各项活动的最早开始时间和最早完成时间，然后从项目的终点出发，沿网络图各条路径用逆推方法推算各项活动的最迟完成时间与最迟开始时间。

1. 顺推方法

顺推方法从项目起点开始根据当前条件一步步向终点展开推导。

（1）确定逻辑关系方向，从网络图的开始端向终端计算。

（2）第一个活动的开始时间就是项目最早开始时间。

（3）活动的最早完成时间是最早开始时间加上活动的持续时间。

（4）活动的最早开始时间由紧前活动的最早完成时间确定，如果存在多个紧前活动，则采用最后完成活动的最早完成时间。

2. 逆推方法

逆推方法从项目终点开始根据当前条件一步步逆向往起点展开推导。

（1）确定逻辑关系方向，从网络图的终端向起点计算。

（2）最后一个活动的最迟完成时间就是项目最迟完成时间。

（3）活动的最迟开始时间是最迟完成时间减去活动的持续时间。

（4）活动的最迟完成时间由其所有紧后活动的最迟开始时间和这些紧后活动的持续时间共同决定。如果存在多个紧后活动，活动的最迟完成时间应不晚于这些紧后活动中要求最早开始的那个活动的最迟开始时间。

（二）进度压缩

进度压缩是指在不改变项目范围、进度制约条件、强加日期或其他进度目标的前提下缩短项目的进度时间。进度压缩的技术有以下几种：

1. 赶进度

对费用和进度进行权衡，确定如何在减少额外费用的前提下最大限度地缩短项目所需时间。但是赶进度并非总能产生可行方案，反而常常增加费用。

2. 快速跟进

同时进行本应按先后顺序进行的阶段或活动。这要求在取得完整、详细的信息之前就开始进行，只适用于能够通过并行活动来缩短项目工期的情况。其结果往往是以增加费用为代价换取时间，并因缩短项目进度时间而增加风险。例如，建筑物在所有建筑设计图纸完成之前就开始基础施工。

（三）资源优化

资源优化技术是通过资源的供需情况来调整进度计划，包括：

1. 资源平衡

资源平衡是指在资源需求和有限的资源供给之间进行平衡，根据资源的制约对物联网系统项目的开始时间和结束时间进行调整的技术。为了保持资源的消耗量也可以进行资源平衡。资源平衡通常会导致关键路径的时间延长。

2. 资源平滑

资源平滑是通过对进度进行调整来控制资源的技术。相比于资源平衡，资源平滑不会改变项目的关键路径，也不会延迟物联网系统项目的完工日期。

第九节　基于物联网系统规划的综合应用设计

考核知识点及能力要求：

- 了解智慧农业牧场子系统功能的划分。
- 掌握进度计划的制订。
- 了解项目进度方案的设计。

为巩固物联网系统方案设计的学习，本节以智慧农业牧场的设计为例，通过利用“互联网+”、大数据技术、云计算、物联网等信息化手段，依托牧场生产、养殖、流通各环节分布的不同的传感工具和无线通信网络，并应用于畜牧业的养殖、动物防疫、畜产品安全监测、病死动物无害化处理、畜禽屠宰管理、动物卫生监督执法、动物疫情应急指挥、动物疫情风险评估、市场监督、畜禽养殖粪污资源化利用等重要环节的先进畜牧业发展模式，能够实现智慧感知、智慧决策、智能预警。整个智慧农业牧场采用 ThingsBoard 开源物联网平台，选择远距离无线电作为设备的组网方式，实现包括环境监测、定位监测和温湿度控制，智慧农业牧场的架构如图 1–11 所示。

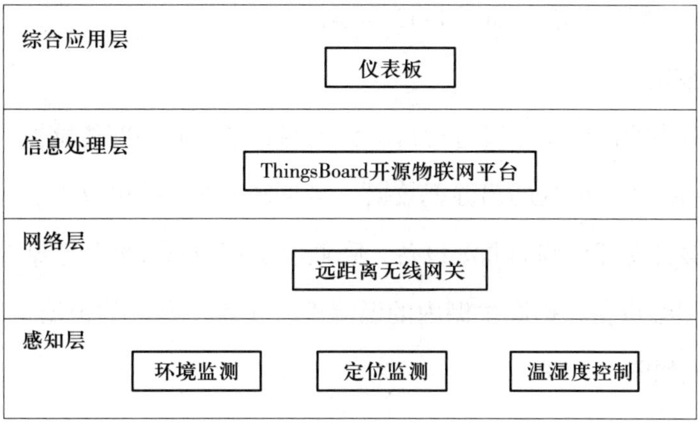

图 1–11　智慧农业牧场的架构

一、子系统解决方案设计

智慧农业牧场项目的子系统设计分为两个应用场景：一是通过北斗定位监控奶牛位置，当奶牛越过边界围栏时发送告警信息到仪表盘；二是牛棚内温湿度传感器用来监测棚内温度，当温度过高时开启排风扇散热。子系统的主要功能包括环境监测、定位监测和温湿度控制。

1. 环境监测

环境因素在牧场生产过程中起着至关重要的作用。例如，温湿度过低，牲畜容易受凉而引起肠道问题或产生呼吸道疾病等。牲畜为了取暖容易造成扎堆，影响采食和活动，造成伤残，严重时会造成大量死亡。室外监控子系统环境监测功能实时监测牧场内温度、湿度信息，其功能如图 1–12 所示。

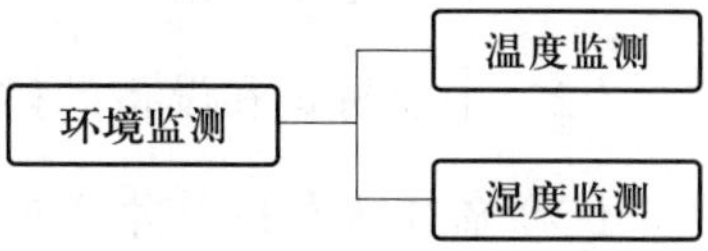

图 1–12　环境监测功能

2. 定位监测

室外监控子系统定位监测功能可适应多场景定位模式，如山区、草原、森林定位模式，各种场景自动切换。采用北斗卫星定位，实现全天候定位追踪。通过电子信息地图，牧场工作人员可通过终端实时查看奶牛定位位置。定位子系统提供电子围栏和移动轨迹功能，帮助牧场全面监测畜牧的动态位置，并实现奶牛运动轨迹追踪、电子围栏和移动异常报警等功能，如图 1–13 所示。

3. 温湿度控制

为了能够对牛棚内的温湿度进行自动化控制，采用温湿度传感器与排气扇的组合进行配置，自动采集牛棚内的温湿度数据，实时显示在监控屏幕上。当温湿度高于某个阈值时，能够自动开启调温调湿设备，降低温度；当温湿度低于某个阈值时，能够自动关闭调温调湿设备，提高牛棚内的温湿度，实现牛棚内的恒温恒湿自动化控制。温湿度控制功能如图 1–14 所示。

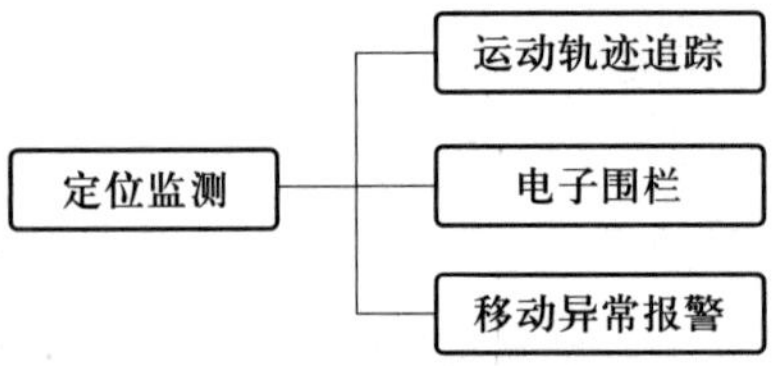

图 1–13　定位监测功能

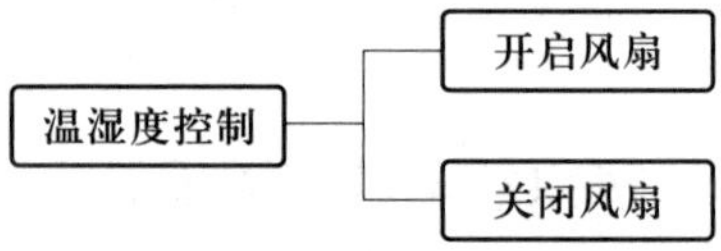

图 1–14　温湿度控制功能

二、进度计划制订

为保证工程的顺利进行，在正式建设前需制订详细的智慧农业牧场项目进度计划。施工计划需根据与招标单位签订的项目合同，以整个智慧农业牧场项目为对象，综合考虑各方面的情况，实施计划的编制依据主要包括：

（1）项目施工方案。

（2）主要材料和设备的供应能力。

（3）施工人员的技术素质和设备的供应能力。

（4）施工现场条件。

（5）类似项目的实际经验。

对智慧农业牧场项目施工全过程做出战略性部署。依据项目总体计划、总工期要求及各系统主要施工阶段（关键节点）的里程碑目标计划，确定各单项工程或分项工程的施工顺序及相互衔接关系，通过计算确定关键工序路径，明确施工主攻方向，在严格保证总工期要求、控制施工安全、质量的前提下，各施工工序力争提前开展、提前完成。避免在工程后期出现抢工的混乱局面，并充分考虑各项目组之间的交叉配合。在工程实施中如业主对进度安排有调整时，项目部将根据最新的要求进行计划调整。

根据智慧农业牧场项目的实际需求，可以将项目分解成前期的施工准备、软硬件研发、设备安装、设备调试、系统初步验收、试运行和终验，具体见表 1–5。

表 1–5　智慧农业牧场项目制订计划

序号	工作节点	预计完成时间
1	前期的施工准备	2022.3.10
2	软硬件研发	2022.3.15
3	设备安装	2022.3.20
4	设备调试	2022.3.25
5	系统初步验收	2022.4.4
6	试运行	2022.4.9
7	终验	2022.4.14

（一）智慧农业牧场项目甘特图表示法

进度计划的表现形式有很多种，其中最常见的是甘特图表示形式。甘特图可通过活动列表和时间刻度形象地表示出任务的活动顺序与活动持续时间。甘特图横轴表示时间，纵轴表示具体项目活动，线条表示在整个期间上活动计划情况和实际活动完成情况。通过甘特图可以清楚地表达计划在什么时候开始进行，以及实际进展与计划要求的对比，具体还剩下哪些工作要进行等，进而评估整个工作进度。

（二）智慧农业牧场项目里程碑目标计划

除了甘特图外，里程碑目标计划也是项目计划的常见表示方法。里程碑目标计划通过建立里程碑目标和检验各个里程碑目标的到达情况，控制项目工作的进展和保证实现总目标。与甘特图的区别在于里程碑目标计划标识出可交付成果，可以同步工作成果，及时对项目的偏差进行纠正。以每一个环节的报告作为交付物建立里程碑目标，智慧农业牧场项目的里程碑目标计划如图 1–15 所示。

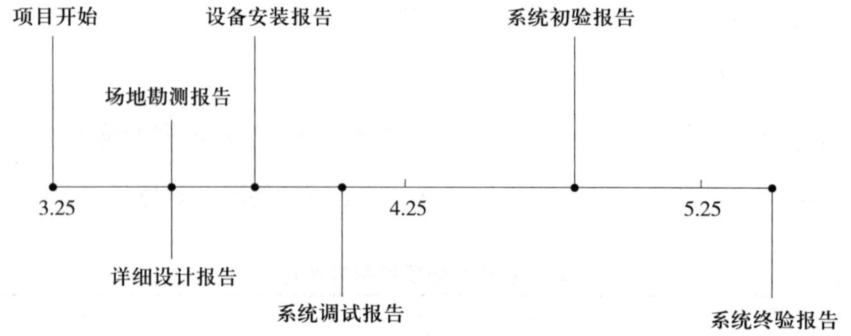

图 1–15　智慧农业牧场项目的里程碑目标计划

（三）单代号网络图绘制

通过绘制单代号网络图，可以将整个项目的建设严格地组织起来，从而科学地指挥整个项目的施工，进而准确了解项目关键活动是否按期完成。智慧农业牧场的单代号网络图的绘制可以通过 Word 进行绘制，其中节点的组成如图 1–16 所示。

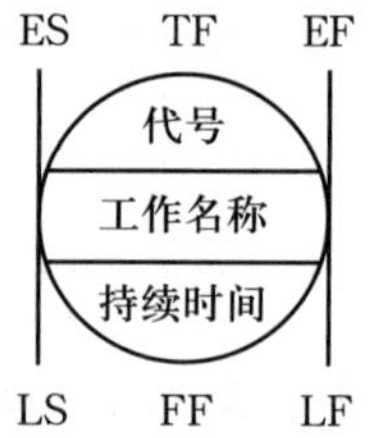

图 1–16　单代号网络图节点的组成

TF 是总浮动时间，FF 是自由浮动时间。

由于整个智慧农业牧场的时间节点是从立项到终验结束的，所以通过软件可以得到如图 1–17 所示的智慧农业牧场单代号网络图。

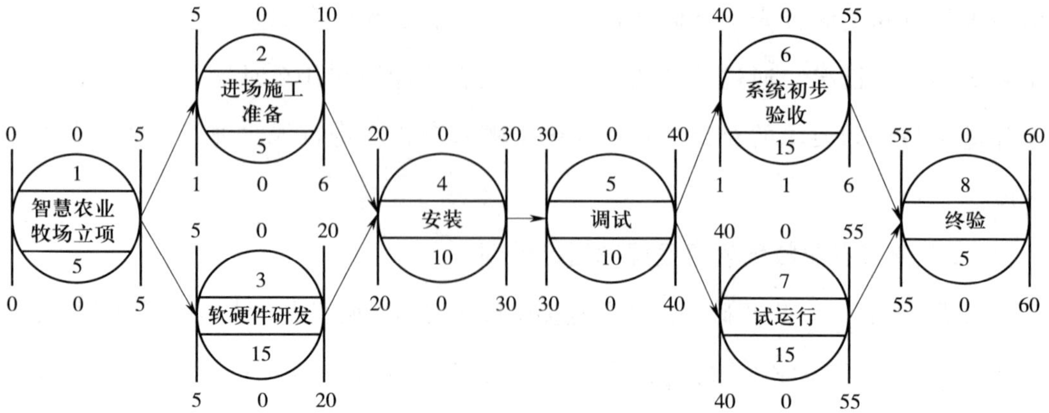

图 1–17　智慧农业牧场单代号网络图

思考题

1. OSI 参考模型分为哪几层？每层对应的功能是什么？
2. 网络拓扑结构设计的原则有哪些？
3. 网络环境部署文档编制原则有哪些？
4. 项目成本预算的四条原则分别是什么？
5. 安全施工方案的设计原则有哪些？

第二章
售后服务方案设计

完整的物联网系统服务包括售前服务和售后服务两部分内容。售前服务主要包括物联网系统网络环境的部署、系统方案的制订、设备的安装与调试等。售后服务包含设备损坏后的维修、软件的更新与维护等。售后服务主要针对建设完成的物联网系统项目进行后期维护工作，是对用户后期出现的问题和需求进行补充服务。良好的售后服务不仅能够提升品牌信誉，还能大大提高产品竞争力。

- **职业功能：** 物联网系统规划与设计。
- **工作内容：** 售后服务方案设计。
- **专业能力要求：** 能根据质量管理体系和售后服务体系标准，制订项目售后服务方案；能根据售后服务目标，制定系统设备的使用规范；能根据售后服务目标，制订系统特殊状况的应急预案。
- **相关知识要求：** 信息技术文档编写规范知识、售后服务规范知识。

第一节　售后服务方案制订

考核知识点及能力要求：

- 了解质量管理体系的原则。
- 掌握质量管理体系的标准。
- 掌握售后服务的宗旨。
- 能够根据要求完成售后服务方案的制订。

一、质量管理体系

物联网系统设计的成功与否在于能否满足用户的需求。由于用户需求不断发生变化，因此，需要物联网系统服务供应商持续对产品进行改进，即需要供应商提供完备的质量管理体系。质量管理体系是指在质量方面用于指挥和控制的管理体系。质量管理体系作为组织的一项战略决策，是实现质量目标所必需的、系统的质量管理模式。一个完整的质量管理体系主要包含质量管理原则、质量管理体系特点和质量管理体系标准。

（一）质量管理原则

物联网系统项目的质量管理原则是指在总结项目质量管理经验的基础上，通过高度概括得到的规律，是质量管理体系的重要组成部分。在质量管理原则的指导下，物联网系统服务供应商可实现产品质量的提高，从而达到提高业绩的目的。质量管理原则主要包括以下七个原则：

1. 以用户为关注焦点

物联网系统售后服务中的首要关注点是用户的需求，以满足用户当前和未来的需求为基础，对产品和服务进行设计、制订与实施。

2. 引领作用

物联网系统的设计需要各级领导建立一致的宗旨，通过该宗旨引领全体成员充分参与实现物联网系统的质量目标。

3. 全员积极参与

物联网系统的质量管理需要所有成员积极参与，质量管理体系的运行是通过各级人员参与各个过程实现的。有效的组织管理能够提高整个项目的效率和质量。

4. 过程方法

事情进行或事物发展所经过的程序叫作过程，质量管理体系是由相互关联的过程组成的。过程方法是指为给用户创造价值而进行组织和管理的有力方法。通过过程方法可以理解质量体系是如何产生结果的，从而可以帮助质量管理部门完善整个体系。

5. 持续改进

成功的质量管理体系在于持续改进，通过对内部条件的变化做出反应并提出创新性改进措施，对物联网系统而言是非常有必要的。

6. 循证决策

循证决策表示的是有效的决策应建立在物联网系统数据、信息和客观事实的基础上，以此制定的决策才是科学的、合理的。

7. 关系管理

为了互利共赢，管理者需要维系与物联网系统设备供应商等相关方的关系，以便更好地调动各方的积极性，为物联网项目提高核心竞争力，并且为双方进一步合作奠定基础。

（二）质量管理体系特点

在质量方面进行指挥、管理和控制的体系叫作质量管理体系。质量管理体系主要包含七个特点：符合性、唯一性、系统性、全面有效性、预防性、动态性和持续受控性。

1. 符合性

物联网系统的质量管理者要根据相关的标准对质量管理体系的决策负责，实施的质量管理体系必须符合物联网系统行业特点、组织规模、人员素质和能力，同时还需要考虑物联网系统项目的复杂性、项目之间的相互作用及用户的特点等。

2. 唯一性

质量管理体系的设计和建立应结合项目的质量目标、产品类别、过程特点和实践经验。因此，不同项目的质量管理体系有不同的特点，存在唯一性。

3. 系统性

质量管理体系是由相互关联、相互作用的子系统组成的，具有较强的系统性。

4. 全面有效性

质量管理体系的运行应是全面有效的，不仅能够满足组织内部质量管理的要求，还能满足用户的合同要求，同时也要满足第三方认定的要求。

5. 预防性

质量管理体系应具有一定的预防性，制定对应的防御措施，有效避免质量问题带来损失。

6. 动态性

最高管理者应当动态进行内部质量管理体系审核，对管理成果进行评审，以改进质量管理体系，并且支持质量职能部门采用纠正措施和预防措施改进过程，从而完善体系。

7. 持续受控性

质量管理体系所需过程及其活动应持续受控，通过质量管理体系持续有效运行使项目质量达到最佳效果。

（三）质量管理体系标准

质量管理体系标准包括 ISO 9000、ISO 10000 及 ISO 14000 三种。ISO 9000 标准明确了质量管理和质量保证体系，适用于生产型及服务型企业。ISO 10000 标准为从事和审核质量管理和质量保证体系提供了指导方针。ISO 14000 标准明确了环境质量管理体系。

由于物联网系统项目为用户提供的是技术服务，因而使用的质量管理体系标准是ISO 9000。ISO 9000经历了1987版、1994版、2000版和2008版四个发展阶段，在目前生效的2008版中，虽然在结构上没有进行大的改动，但对标准中的文字表述进行了细致的修订，增加了注释和解释性文字，使得标准条文更加清晰，易于理解和实施。

二、售后服务体系

成熟的企业必定有着完善的售后服务体系，提供健全的售后服务体系是保持用户满意度的有效措施，能推动企业的可持续发展、提高企业的竞争力。完善的售后服务体系包括售后服务宗旨、售后服务方式和售后服务评价三部分。

（一）售后服务宗旨

售后服务宗旨是企业售后服务思想的高度凝练，通过企业的售后服务宗旨，可以清楚地知道企业的售后服务理念。常见的售后服务宗旨包含：

1. 尊重用户

坚守维护企业利益和保持良好用户关系的准则。尊重用户的尊严、尊重用户的劳动、尊重用户的秘密。要以诚恳的态度面对用户，征询用户意见，做到不隐瞒、不欺骗。

2. 杜绝负面影响

怠慢一位用户就会失去一批用户，应当做到尊重每一位用户，给予用户优质的服务，防止负面影响给企业带来信誉损失。

3. 换位服务

设身处地为用户当前和未来的利益考虑，使用户有更好的服务体验。不仅有利于获取用户的信任，还能通过与用户的交流获得有效信息来完善服务。

（二）售后服务方式

售后服务方式是指企业把产品销售给用户之后，为用户提供售后服务的具体形式和方法。售后服务方式可根据委派人员能否到项目现场，分为现场维护和线上维护两种。

1. 现场维护

物联网系统的售后方式主要以现场维护为主。大多售后需求是由设备损坏需要更换及系统需要更新维护导致的，需要由专业售后人员进行现场维护。针对此类售后服务，物联网系统服务供应商会委派专门的技术人员对用户进行现场维护。除此之外，现场维护还包括上门为用户提供技术培训和现场操作指导等。

2. 线上维护

线上维护针对一些简单的维护问题。由于现场维护的成本较大，且某些软件或设备的简单操作并不一定需要相关技术人员到现场执行，因此，可以通过远程视频、远程指导或远程操控的方式完成。

（三）售后服务评价

售后服务评价是指用户对整个售后服务的满意程度进行评价。通过售后服务评价可以让企业了解售后服务工作中的优点与不足，以此不断完善售后服务体系，提高售后服务的能力与水平，提高用户满意度，从而增加潜在用户数量，提升企业效益。售后服务评价一般通过售后服务工作质量评价表来进行总结，其主要形式如图 2–1 所示。

售后服务工作质量评价表	
服务区域	
服务人员姓名	
评价人	
服务期间	年　　月　　日　　至　　年　　月　　日
工作内容	评价意见
诉求处理情况	
客户访问情况	
信息反馈情况	

图 2–1　售后服务工作质量评价表

三、售后服务方案示例

售后服务方案是指从售后服务的目的、要求、方式等角度设计的具体、周密、有可操作性的计划，是为了提供专业完善的售后服务而制订的方案。售后服务是物联网系统服务供应商整体服务中最重要的组成部分。一方面，良好的售后服务可以为企业赢得更大的市场占有率，获得更好的经济效益；另一方面，售后服务可以帮助物联网系统服务供应商及时更新市场需求信息，根据用户需求更好地改进产品与服务，为企业实现可持续发展战略提供决策依据。因此，制订售后服务方案显得尤为重要。

（一）方案制订要点

制订售后服务方案时需要注意以下要点：

1. 适用范围

售后服务一定要规范好职责范围、时间范围及售后服务内容范围。

2. 职责分工

售后服务要明确各方的职责分工，确定好各方人员的服务行为规范。售后服务人员主要包括经销商、技术部和销售业务员，需要三方各司其职、积极配合，共同完成售后服务工作。

3. 售后服务的承诺

在质保期限内，对售出的物联网系统中相关产品进行维修与维护。

4. 服务方式

服务方式一般包括电话服务、远程服务和上门服务。售后服务方案中应注明不同情况采取对应的服务方式，并提供联系方式以便用户查询。

除此之外还有售后服务程序、售后服务宗旨和对于特殊产品的服务说明等。

（二）方案示例

以某物联网系统项目为例，该物联网系统服务供应商制订的售后服务方案如下：

某物联网系统售后服务方案

本公司贯彻执行“用户就是上帝”的宗旨，对于已经竣工、验收合格的物联网系统进行持续的质量跟踪服务，本着精益求精的精神，向用户提供一流的技术和维护服务。本公司承诺本项目所提供的物联网设备及软件服务均为原厂商正品，并对所提供软件和硬件设备的售后服务做以下承诺：

1. 提供的软件产品均拥有合法来源证明和产权。

2. 本项目提供的物联网设备及设备售后期内的零配件均为全新、完整、未使用过的原厂商正品。

3. 本公司针对本项目提供项目自验收之日起 3 年的质保服务。本项目中各设备售后年限及服务标准，均以设备原厂商提供的售后服务承诺函为准，满足招标文件要求。

4. 本项目质保期内所有产品中若出现故障，由本公司提供一年免费驻场服务（至少一人），售后响应时间为 30 min，2 h 内到达故障现场，4 h 内完成维修，不能修复的免费更换新品，并提供终身维护服务。在质量售后期之外，维护内容与质量售后期内的服务内容一致，维护服务费用由甲方与本公司协商确定，签订维护合同进行适当收费。

5. 为用户提供 7×24 h 技术支持和售后服务支持。

6. 产品试运行期间，如出现技术故障，30 min 内响应，工程师在 2 h 内到达现场，使系统得以正常运行。如在 4 h 内（含节假日）未解决故障和问题，本公司将采取紧急预案，保证系统得以正常运行。本公司在进行系统维护及保障系统正常运行的同时，会对各部门进行培训并解答使用过程中出现的问题。质保期满后继续提供 7×24 h 的技术支持和服务。

7. 电话服务热线号码以本公司提供给用户的号码为准（包括电话和传真号码）。如有更改，本公司至少在自更改之日起 3 d 内以电子邮件、传真、电话的方式通知用户。

下列情况所发生的系统损害不包括在保修服务范围内：

1. 用户自行使用不适当的工具进行系统维护时造成的系统设备损坏。

2. 系统的现场环境不符合本公司建议系统运行环境规范。

3. 意外、自然灾害、疏忽及不当使用、战争、暴动、罢工、雷击或电力故障、用户搬运不当的损坏，经由非本公司人员或其授权的子承包商对系统进行修改和变动导致的损害。

公司名称：×××（单位公章）

法定代表人或授权代表（签字或加盖个人名章）：×××

日期：20××年××月××日

第二节　设备使用规范

考核知识点及能力要求：

- 了解设备使用规范内容。
- 掌握设备使用规范的编制流程。
- 能够根据要求编制设备使用规范。

一、设备使用规范编制

按照规范使用设备可以保证物联网设备的正常运转，防止出现过度磨损或损坏，在延长设备使用寿命的同时，还可以避免人身伤害、设备事故的发生。因此，必须编制设备使用规范，使设备使用者严格按照规范进行操作。按照设备使用规范操作设备，能使设备的操作流程更为完善、规范。

（一）设备使用规范内容

设备使用规范包括三部分内容：使用前的准备、使用中的管理和使用后的维护。

1. 使用前的准备

设备开始使用前，操作人员必须认真阅读相关物联网系统的操作流程，接受物联网设备使用规范的专业培训，充分了解设备。对于一些特殊设备，操作人员必须持有操作证，按照步骤进行操作。设备启动前，必须先按照使用规范进行检查，对于使用中可能出现的危险情况，相关职能部门应提前设置明显的标识告知使用者并且设置安全防范装置，随时做好出现紧急状况的准备。若发现异常，为保证人身和设备安全，必须当机立断停止设备的使用。

2. 使用中的管理

设备在运行中，必须对周围环境进行实时监测，防止环境对设备的正常运作产生影响。应定期检查设备的运行使用，发现设备故障应及时组织维修，发现管理漏洞需及时督促改正。认真填写设备运转、保养和交接班记录，做到记录齐全、操作准确、环境整洁。

3. 使用后的维护

设备使用完成后，应对设备各部位可见的污垢进行清洗。确保设备无损坏后，将设备可拆卸部分进行拆解、清洗和复原。最后再次检查设备各部件是否有缺陷、是否需要更换，如有需要，及时进行修复与更换。

（二）设备使用规范编制流程

物联网设备使用规范的编制需要监理部门、设备部、生产部和生产车间共同参与。如图 2–2 所示，编制设备使用规范由监理部门在充分调研和收集数据后组织开始，包括制定相关的规章和调动人员参加。设备部负责给出需要配置设备的所有基础信息，生产车间根据实际生产要求提出意见。生产部综合两方的需求和意见后完成内部分配，计算设备运行的最大负荷。形成相应的文档后交由主管副总审批，审批结束后反馈至生产部。生产部根据主管意见进行修改，并编制设备操作说明，初稿交由设备部进行

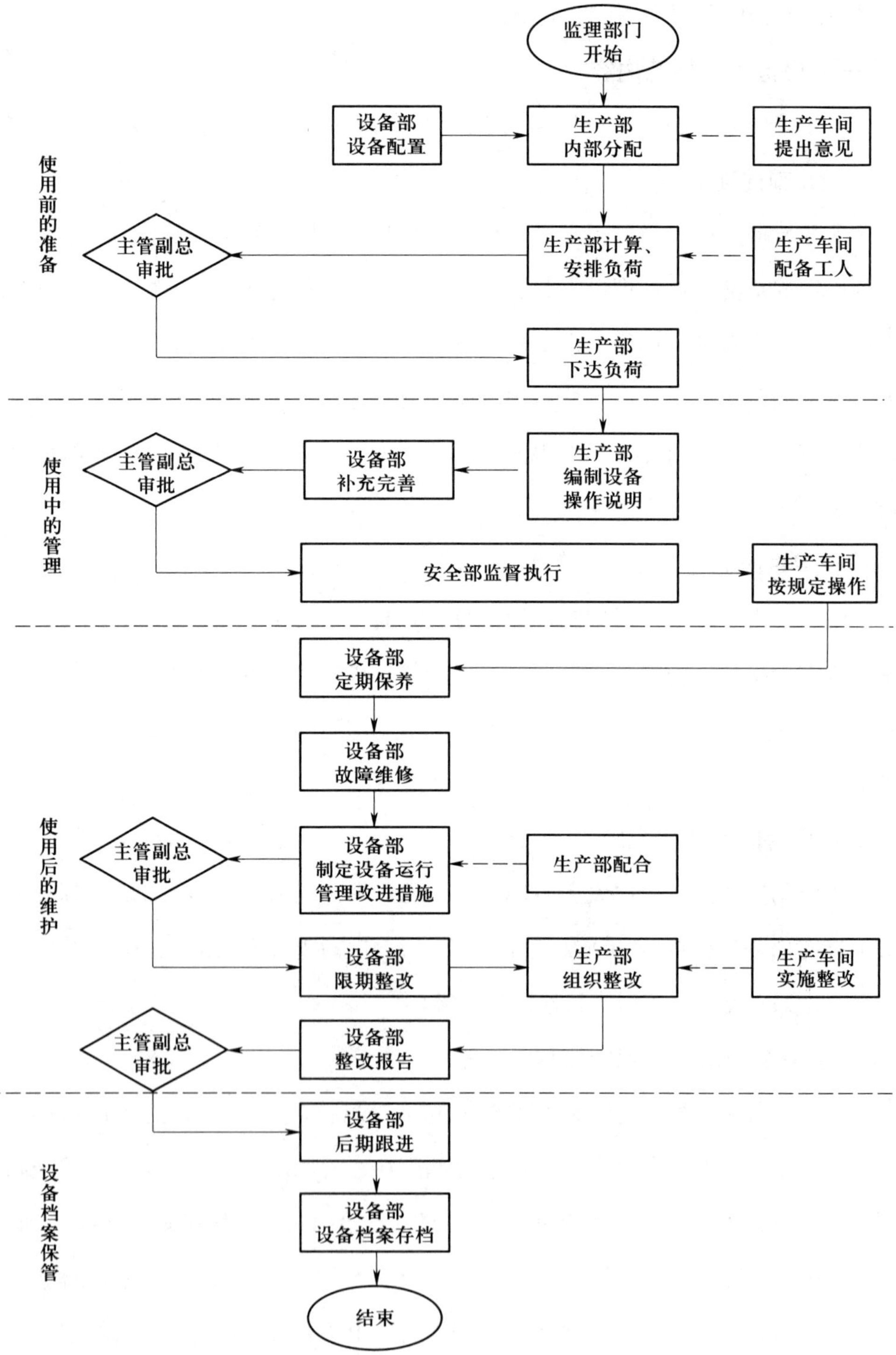

图 2–2　设备使用规范编制流程

补充、完善，完善后交由主管副总审批，审批结束后正式发布设备使用规范。使用规范发布后由设备部和监理部门共同监督执行，生产车间根据规范进行设备操作。

设备使用后需要及时保养维修，由设备部统一安排定期检修，并在检修、反馈的基础上对设备使用规范进行更新，生产车间在设备运行期间及时记录设备的状态和出现的问题，并定期反馈给设备部制定改进措施并整改，整改报告完成后交由主管副总审批。设备部需要跟踪设备的全过程状态，参照设备使用规范对设备的操作人员进行监督、管理，及时将各环节的信息整理成设备档案，并将定稿档案存档。

二、设备使用规范示例

设备使用规范的制订对提高设备利用率，防止故障和事故发生，延长设备使用寿命等起着重要作用。

（一）规范编制要点

编制设备使用规范的过程是了解设备操作、正确维护保养的过程，也是为了消除设备使用过程中的潜在危险因素的过程。在编制设备使用规范时要遵循以下要点：

（1）设备使用规范必须以物联网系统工程设计和生产实践为依据，确保技术指标、技术要求、操作方法的科学性和合理性。

（2）设备使用规范作为物联网设备操作行为的指南，必须以生产实践经验为基础，保证同一操作的一致性。

（3）设备使用规范必须保证操作步骤的完整、细致、准确、量化，实现装置和设备的可靠运行。

（4）设备使用规范必须充分考虑后续优化操作、节能降耗，提高产品质量，做到安全环保，有助于提高服务质量。

（5）设备使用规范必须明确岗位操作人员的职责，做到分工明确、配合密切。

（6）设备使用规范必须在物联网系统项目的生产实践中及时修订、补充和完善，实现从实践到理论的不断提高。

（7）设备使用规范的编制必须坚持集体讨论的原则，在讨论过程中不断完善，最大限度地吸纳不同层次的知识和工作经验，保证操作规程的正确性和可操作性。

（二）规范示例

设备使用规范是操作人员正确操作设备的依据，是保证设备安全运行的规范。如下以 × × 单位的设备使用规范（内部）为例，提供参考。

某物联网系统设备使用规范

1. 目的作用

为保证物联网系统中各设备的正常运作，延长设备的使用寿命并提高设备的测量精度，需要加强员工对于设备操作的规范化意识，避免因设备操作不当而引发事故或造成测量数据错误。因此，设备使用单位和生产操作者必须严格按照本设备使用规范安全、规范、正确地使用设备。

2. 管理职责

（1）使用物联网系统中设备时应严格按照本规范的规定要求，加强对设备的管理，在生产作业中落实“设备使用规范”的要求，认真抓好各设备在使用前、使用中和使用后的管理，将工作做细、做扎实。

（2）设备检验部门应在物联网系统项目制订设备使用规范时进行指导，协助完善各种设备的使用规范，使之合理、规范。定期深入物联网系统项目现场督查设备使用规范的执行情况，对违反设备使用规范的现象及时给予纠正、提出批评，情节严重者应通知其主管领导严肃处理。

3. 设备使用规范的编制

（1）物联网设备使用规范应根据设备的性能参数和生产工艺的要求制订。每种设备在投产前都必须拥有其具体的使用规范。

（2）设备使用规范必须包括以下内容：物联网设备的性能参数、使用者交接时的要求、操作者应当具备的能力。

（3）操作前的准备工作：操作者必须受过专业培训且持有相关合格证明，设备启动前必须按照规定进行检查，事先确保设备周边环境的安全与整洁。

（4）操作顺序：必须严格按照设备说明上规定的流程进行操作，在物联网系统设备使用中时刻关注是否有异常现象。

（5）紧急情况的处理：设备启动或运行中一旦出现异常，出于对人身安全及设备安全的考虑，应当立即终止设备的使用。

（6）使用过程中人身与设备安全注意事项：未经批准，非设备使用者禁止使用本设备。未经批准，任何人不得随意改装设备，不得随意取消或改变安全装置。关键岗位应当实行两人操作制，即一人操作一人监护，避免操作失误产生危害。必须严格执行交接班制度，进行详细的工作交接与设备情况的告知，填写交接班记录。对于设备出现故障的情况必须及时处理，若无法及时处理完成，应详细告知接班人员，由接班人员继续处理，处理完成后经过仔细检查确认无误方可开机继续工作。设备检修必须在停机后进行。物联网设备在启动运行中，必须保证周围环境卫生且安全。

4. 设备使用规范的修改

（1）设备的生产工艺若出现改变，必须通过技术科长的审批，以文字形式提前一周通知设备组，由设备组进行修改。修改后的新规范要经过车间设备主任的审核签字，再送至设备科审批后方可生效。

（2）若操作人员发现规范有误或不完善，则应及时向设备组反映，修改完善规范。

5. 设备使用规范的贯彻

设备使用规范保障了人身和设备的安全，所有工作人员必须认真学习相关内容并且贯彻落实，对此设置相关考核，考核合格方可上岗操作。设备组应定期深入项目各环节检查规范的执行情况，防止出现违章操作现象。

6. 设备运行记录要求

（1）设备在启用前，必须准备好运行记录表用以记录设备在运行中出现的不正常现象，以便对设备进行维护检修并掌握设备运行规律。

（2）设备运行需要记录以下内容：设备出现的异常情况，如出现设备腐蚀、冒烟出现火花、运转不平稳、零件磨损变形等；设备控制系统出现数据异常波动，如断电保护频繁的情况；设备出现事故的全过程（时间、位置、原因、特征和后果）以及发生前的异常迹象。

（3）设备运行记录应按照班、日、月装订成册，归档以备后续查看。设备运行记录由操作人员进行定期收集和发送，若出现记录者不按规定填写的情况，应及时上报给上级领导并给予处罚。

第三节　应急预案制订

考核知识点及能力要求：

- 了解应急预案相关法律法规。
- 掌握应急预案编制内容。
- 掌握应急预案编制要点。
- 能够根据要求制订应急预案。

一、应急预案

当发生网络故障、服务器故障等紧急情况时的应急预案，由于物联网系统服务供应商的技术人员到达现场需要一定的时间，因而对于此类问题就必须提前制订应急预案，在最短时间内确保系统和数据的安全。应急预案的制订以相关法律法规为依据，预先明确了各方的职责和相应的响应程序，在应急资源方面进行了前期准备，有利于迅速、有序地开展应急措施，确保将故障导致的损失降到最低。

（一）应急预案相关法律法规

近年来，我国相关主管部门出台了一系列的政策或办法，如《中华人民共和国计算机信息系统安全保护条例》《国家网络安全事件应急预案》《计算机信息网络国际联网安全保护管理办法》等，对系统、网络安全管理等应急救援工作提出了相应的规定和要求。

《中华人民共和国计算机信息系统安全保护条例》第三条规定：计算机信息系统的安全保护，应当保障计算机及其相关的和配套的设备、设施（含网络）的安全，运行环境的安全，保障信息的安全，保障计算机功能的正常发挥，以维护计算机信息系统的安全运行。

《国家网络安全事件应急预案》第四条规定：网络安全事件发生后，事发单位应立即启动应急预案，实施处置并及时报送信息。各有关地区、部门立即组织先期处置，控制事态，消除隐患，同时组织研判，注意保存证据，做好信息通报工作。对于初判为特别重大、重大网络安全事件的，立即报告应急办。

（二）应急预案编制内容

物联网系统项目应急预案编制的内容主要包括基本的原则方针、项目的基本情况、故障类型及特点、应急救援步骤和相关规定与要求等。

1. 基本的原则方针

基本的原则方针包括：预防为主、实时备份、及时修复、及时启动备用系统或备用设备，做好故障排查，及时确定故障原因，最大限度地保证数据的准确性和完整性等。

2. 项目的基本情况

应对项目的基本情况进行简单、清晰的介绍，出现紧急状况时便于应急管理人员开展故障排除和修复工作。项目的基本情况应包括：

（1）物联网系统项目的基本信息和特点，物联网设备所处的网络环境等。

（2）防火墙、入侵检测系统的状态。

（3）物联网系统项目的系统日志和数据库日志的备份情况。

（4）物联网系统项目的系统漏洞和系统薄弱环节的相关信息。

（5）物联网设备现场的临时供电处、维修室，预留的管理人员以及维修人员的名单、联系方式等情况。

（6）现场内外的设备、设施及人员状况，物联网系统项目的负责机构和成员，应急机构的成员和联系方式，常见状况的应急处理流程等情况。

（7）物联网系统的平面布置图（如各楼层不一样，还应分层绘制），画出核心设备、子设备的位置，常出现故障的设备所在位置等。

（8）备用系统和备用设备的状态。

3. 故障类型及特点

根据项目的特点和任务，分析本项目可能发生较大事故的类型、发生位置和影响范围，并给出故障处理预案。物联网系统项目常见的故障包括服务器故障、网络故障和电源故障，对于这些故障应分析并预测其可能对用户造成的不利影响和严重程度。

4. 应急救援步骤

应急预案应清晰地说明应急程序，发生重大事故时作为应急救援人员行动的指南。以重大事故为例，应包含如图 2–3 所示应急程序。若为常见故障等情况，应列举可能发生的故障类型及对应的故障排除措施。常见故障主要包括服务器故障、网络故障和电源故障。

（1）服务器故障。服务器故障可以分为两种情况：硬件故障和软件故障。对于硬件故障，在物联网系统设计之初已经为核心服务器配置好备用服务器，因而当遇到此类紧急情况时，技术人员应当指导用户及时查找、确定故障原因，进行先期处置。若故障服务器在短时间内无法修复，技术人员应启动备用服务器，保持局域网系统的正常运行，然后将故障服务器脱离网络，进行故障排除工作。对于软件故障，需要做好软件系统的定期备份，保证在系统崩溃后可以及时恢复系统。一旦服务器的软件系统出现故障，技术人员应尽快通过远程操作

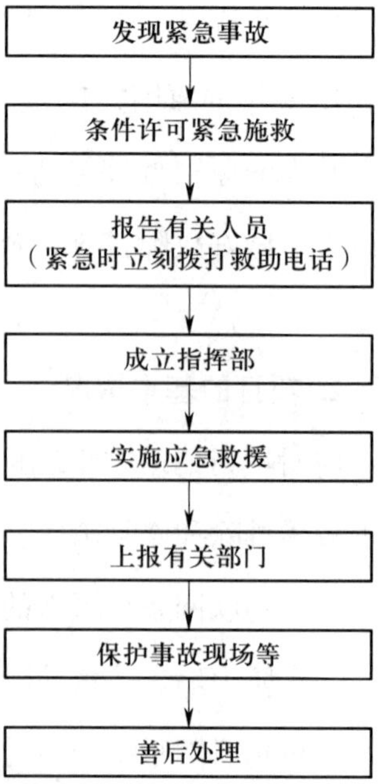

图 2–3　重大事故应急程序

检查原因并排除故障。

（2）网络故障。网络故障会导致整个物联网系统瘫痪，数据无法进行传输。发生此类故障时，技术人员应及时指导用户检查机房设备情况，确定网络故障原因，判断是否是由物理网络连接之间的不稳定导致的。当排除物理原因后，技术人员应指导用户进行系统重启，若仍不能恢复网络，则需专业技术人员进行上门维修。

（3）电源故障。当用户发现电源异常时，技术人员应指导用户检查不间断电源的可供电时间，确保物联网系统设备正常运行。如遇到突然断电，应及时将不间断供电电源供电范围外的设备断电，预防突然来电时瞬间电流过大导致设备损坏等现象。当与用户确认停电时间超过机房不间断供电的承载范围后，提醒用户做好设备电源停电的准备，并指导用户停掉系统服务器、核心交换机和路由器的电源，等待电力恢复。

5. 相关规定与要求

要写明有关的流程、救援训练、学习等制度和要求。物联网系统设备众多、网络情况复杂，事故的发生无法完全避免。因此，各部门人员必须重视和认真编制好应急预案，加强突发事故处理能力，提高应急救援快速反应能力，减少用户不必要的经济损失。

二、应急预案示例

应急预案的制订是为了在关键时刻最大限度地减少损失，只有做到迅速反应、统一协调，才能及时有效地防止物联网系统瘫痪。

（一）应急预案编制要点

应急预案的作用是对可能发生的事故进行预测，并依此制订相应的行动方案，保证紧急情况下可以迅速、有序地行动。编制应急预案时应当遵循以下要点：

（1）应急预案应可以指导迅速、有序地开展应急行动。

（2）应急预案的编制需要全面分析事件的潜在危险因素、可能出现的事故类型及其危害程度，并且对各类事件进行风险评估。应充分借鉴行业内的事故经验，对于可能出现的紧急事件提前制订相应的防范措施。

（3）应急预案应明确紧急事件发生时的应急指挥体系及各部门职责。

（4）应急预案应保证突发事件可以得到及时处理和应急保障，并规定好后续的善后工作。

（二）预案示例

应急预案的制订需要包括目的、适用范围及应急预案措施。以某物联网系统的应急预案为例展示一个完整的应急预案。

某物联网系统应急预案

1. 目的

为保障物联网系统完善、安全、稳定运行，确保服务器的连接通畅，特别制订本应急预案。

2. 适用范围

物联网系统的管理人员，包括数据库管理员、网络管理员和应用管理员等。

3. 应急预案措施

如果物联网系统项目实施过程中出现突发故障，根据故障类型分别按对应的应急措施执行。

（1）如果物联网系统服务器的硬件出现故障，包括硬盘、主板、中央处理器、内存等硬件损坏，值班人员应在业务允许的最短时间内找到可以替换的配件，并且对故障进行修复。

（2）如果物联网系统的操作系统出现故障，值班人员应在最短时间内将已备份的操作系统恢复到服务器上，并通过最近一次的数据备份对其进行恢复和还原，若有备份时间后出现的数据，则采用手工补录的形式补录到系统中。

（3）如果正式服务器的数据库不能正常使用，技术人员应在最短时间内在备用服务器上新建一个与正式服务器上数据库一样的备用数据库，备用服务器在故障发生前就已建立好与正式服务器数据库一样的实例，并将最近一次备份的数据库恢复到此备用服务器的备用数据库实例中，同时将备用服务器的 IP 修改为原数据库服务器的 IP。将此备用服务器的数据库临时作为正式服务器的数据库使用，等正式服务器修复正常后再将产生新数据的备用数据库恢复到正式服务器上。

（4）如果是中心机房的网络中断，技术人员应在最短时间内找一台在故障发生前已建好相关数据库环境的主机，通过已建好的备用数据库以最短时间恢复最近一次备份的数据库，并将该物联网系统中其他机器要访问的系统服务器 IP 改为指向该主机的 IP。后续应指导相关岗位在最短时间内恢复网络，待网络恢复正常后重新将其他机器要访问的系统服务器 IP 改为指向正式服务器的 IP。

（5）应制订明确的值班表和值班制度，参照值班制度对系统的各个设备进行值班巡检。值班人员需要知道机房环境的温度与湿度要求，并且做好相应的调整与记录。值班人员应掌握各重要设备的管理人员联系方式，遇到紧急情况及时汇报。

思考题

1. 质量管理的七个原则分别是什么？
2. 售后服务的宗旨和方式分别是什么？
3. 设备使用规范包含哪些内容？
4. 设备使用规范的编制包括哪些要点？
5. 常见的设备故障有哪几种？
6. 简述制订应急预案的要点。

第二篇 物联网设备安装与调试

物联网设备安装与调试是指在物联网系统中对各种物联网设备进行检测、安装和调试的过程。这些设备通过网络连接并交换数据，实现信息的采集、传输和控制。物联网设备检测是确保设备正常运行的重要步骤，在设备检测过程中验证设备的软硬件功能是否正常。物联网设备安装是指将设备部署到预定位置并进行连接的过程，在安装过程中，需要根据设备的特性和使用需求，选择合适的安装方式和位置。物联网设备调试是指确保设备与整个物联网系统协同工作的过程。在调试过程中，需要验证设备与网络的连接是否正常，并进行数据传输的测试。物联网设备安装与调试是确保物联网系统正常运行的关键步骤，通过仔细的检测、正确的安装和有效的调试，以确保物联网设备能够准确地采集数据、传输信息并实现智能控制，从而为用户提供更好的体验和服务。

第三章
物联网设备检测和安装

物联网环境下的设备相对复杂，因此，应使用专业的软硬件工具对物联网系统的设备进行检测和安装。物联网设备检测需针对物联网系统的服务器、感知控制设备和网络设备分别展开，有助于验证系统的性能、功能和安全性。联网设备的安装是促进系统稳定运行的基础，物联网设备的安装包括物联网设备的组网与安装优化、物联网系统中网络设备的安装与配置、电源及信号线路调整与连接。

- **职业功能：**物联网设备安装与调试。
- **工作内容：**物联网设备检测、物联网设备安装。
- **专业能力要求：**能对服务器进行测试，评估服务器计算性能；能使用测试软件，组合多个感知、控制设备，完成模块化的检测；能使用网络测试工具对网络设备进行测试；能将实施方案与现场情况进行差异对比，完成设备组网与安装的优化；能使用配置命令，完成网络设备的安装与配置；能根据系统实施方案，完成复杂电源及信号线路调整。
- **相关知识要求：**服务器性能测试知识、测试软件使用知识、网络测试工具使用知识、设备组网与安装知识、电源及信号知识。

第一节　服务器性能评估

考核知识点及能力要求：

- 了解常见服务器的功能。
- 了解评估服务器性能的指标。
- 了解服务器性能测试的常用工具。
- 掌握服务器性能测试工具的使用。

一、评估服务器性能指标

物联网系统的运行需要服务器来支撑，服务器根据不同的功能可以分为不同的类型，主要包括邮件服务器、数据库服务器、文件服务器和网络服务器，其对应功能见表 3–1。

表 3–1　不同类型服务器及其功能

服务器类型	功能
邮件服务器	用来负责电子邮件收发管理的设备，比免费邮箱更安全和高效，主要作为企业的必备设备
数据库服务器	由局域网中多台服务器和数据库管理系统软件共同构成，在数据库系统的基础上，提供更强大的数据库管理、查询、维护管理等功能
文件服务器	以文件数据的存储与共享为主要功能，负责中央存储和数据文件管理，局域网授权用户能随时访问共享文件
网络服务器	在互联网中存放各种网站的服务器，主要用于企业或个人网站在互联网上的发布、应用，是使用各种应用的基础硬件服务器，能响应大量 IP 用户的连接请求

对服务器而言，性能指标是评判其优劣的重要标准。服务器性能指标主要体现在以下三个方面：

（一）系统性能指标

系统性能是指整个系统的性能，包括硬件性能和软件性能。硬件包括中央处理器、内存、硬盘等，软件包括操作系统、各种通信协议和各种参与到通信中的应用程序。系统性能指标是这些软硬件性能指标的集成。系统性能指标主要包括响应时间、吞吐量、并发用户数等。

1. 响应时间

响应时间是指用户端从服务器端得到响应所花费的时间。该指标影响着用户对物联网系统服务器性能的主观感受，因为它记录了系统处理请求的时间。由于服务器通常会提供许多功能，不同功能的底层处理逻辑各有不同，因此，相应的响应时间也不尽相同，甚至同一功能在不同输入数据的情况下响应时间也有所区别。可见，响应时间的绝对值并不能直接反映系统性能的高低，只可作为性能评判的参考。系统的响应时间通常是指该系统所有功能的平均时间或者所有功能的最大响应时间，当然也可针对每个或每组功能讨论其平均响应时间和最大响应时间。不同功能的服务器的响应时间标准是有所差异的，响应时间虽然不能作为系统性能的绝对评判标准，但也是系统性能的重要指标之一。

响应时间属于服务器性能效率指标之一，用户访问过程中，应用服务器为用户端提供对商业逻辑的访问，数据库服务器用于管理存储在服务器上的数据，如图 3–1 所示，服务器处理用户请求时，其中，t_1、t_2、t_3、t_4 是数据传输时间，N_1、N_2、N_3 是服务器数据处理时间，N_4 是用户终端处理数据的时间，所以响应时间 T 的计算公式为：

$$T=t_1+t_2+t_3+t_4+N_1+N_2+N_3+N_4$$

2. 吞吐量

吞吐量是指系统每秒能处理的用户请求数量，直接体现系统负载承受能力，是衡量系统性能的重要指标之一，通常以“字节数 / 秒”“请求数 / 秒”为单位。对于无并发的应用系统而言，吞吐量与响应时间成严格的反比关系。对于单用户的系统，响应时间可以很好地度量系统性能。但对于并发系统，通常用吞吐量作为性能指标之一。

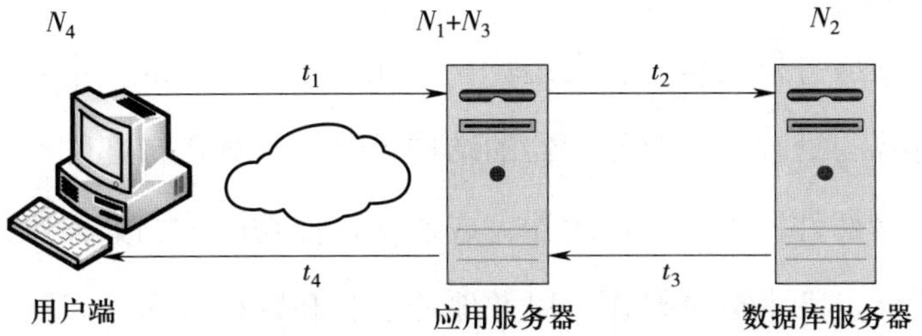

图 3–1　服务器处理用户请求的时间

影响吞吐量的因素很多，中央处理器、内存、系统输入 / 输出操作等都有可能对吞吐量产生影响。一般而言，吞吐量是一个比较通用的指标，两个系统如果其最大吞吐量基本一致，则可以判断两个系统的处理能力基本一致。吞吐量的计算有以下两种常见的公式：

$$吞吐量=\frac{并发数}{平均响应时间}$$

$$吞吐量=\frac{请求总数}{总时长}$$

3. 并发用户数

并发用户数是指系统在某一时刻同时与服务器产生交互的在线用户数量。与吞吐量相比，并发用户数是一个更直观的性能指标。并发主要是针对服务器而言，判断并发的关键在于用户是否与服务器产生了交互。平均并发用户数的计算公式如下：

$$C=\frac{nL}{T}$$

式中：C 表示平均并发用户数；n 表示用户从登录系统到退出系统之间的时间段的数量；L 表示用户登录的平均时长；T 表示考查的时间段。

（二）资源性能指标

随着物联网系统的上线和持续使用，服务器的各项资源也由于处理任务的增多而减少，因此，随时关注服务器的资源使用情况并根据任务情况进行优化调整，也是保持系统稳定运行的条件。服务器资源性能可从中央处理器、内存、磁盘吞吐量、网络吞吐量四个方面观察。

1. 中央处理器

中央处理器是服务器的核心，由运算核心和控制核心组成，主要负责完成指令的解释和数据的计算与处理。中央处理器的结构可分为运算逻辑部件、寄存器部件和控制部件。运算逻辑部件用于支撑处理器完成逻辑运算功能，例如，执行移位操作及逻辑操作、定点或浮点算术运算操作，以及地址运算和转换等命令。寄存器部件是用来暂存指令、数据和地址相关的内容。控制部件则对指令进行分析识别，并且能根据指令内容发出相应的控制信号。

2. 内存

内存是服务器的重要部件，也称内存储器或主存储器。其功能是暂时存放中央处理器的运算数据，并与服务器外部存储器交互数据。内存是外存与中央处理器进行沟通的桥梁，服务器中所有程序的运行都在内存中进行，内存性能的强弱影响服务器整体发挥的水平。只要服务器开始运行，操作系统就会把需要运算的数据从内存调到中央处理器中进行运算，当运算完成，中央处理器将结果传送出来。

3. 磁盘吞吐量

磁盘吞吐量是指单位时间内磁盘读取和存储的数据量总和，是衡量服务器性能的重要指标之一。一个完整的磁盘输入 / 输出操作包括三个阶段。

（1）寻址。控制器对磁盘发出一个输入 / 输出操作命令，磁盘的驱动臂带动读写磁头离开着陆区（位于内圈没有数据的区域），移动到要操作的初始数据块所在的磁道的正上方，对应消耗的时间被称为寻址时间。

（2）旋转延时。找到对应磁道还不能马上读取数据，磁头要等到磁盘盘片旋转到初始数据块所在的扇区落在读写磁头正上方的之后才能开始读取数据，在这个等待盘片旋转到可操作扇区的过程中消耗的时间称为旋转延时。

（3）数据传输。随着盘片的旋转，磁头不断地读 / 写相应的数据块，直到完成这次输入 / 输出所需要操作的全部数据，对应的时间称为数据传输时间。

4. 网络吞吐量

网络吞吐量是指在单位时间内通过的网络包中的数据数量，其用于衡量服务器对于网络设备或链路传输的能力。

网络吞吐量计算方法如下：

$$吞吐量 = 单位时间内的数据发送量 = \frac{8\times 字节}{时间段}\ \text{B/s}$$

（三）可靠性指标

可靠性是指服务器系统在规定的工作时间、环境下，持续完成规定功能的能力，即不发生故障的概率。影响可靠性的因素主要包括集群、双机热备、数据备份和数据恢复。

1. 集群

集群是指一组相互独立的计算机利用高速通信网络组成一个较大的服务器系统，是一种低成本技术。任务调度是集群系统中的核心技术，其可靠性主要体现在以下几个方面。

（1）节点切换所需时长。

（2）新节点的接入是否影响后续节点或者整个系统。

（3）系统中有节点出现故障时系统业务是否中断，是否影响后续节点。

（4）故障节点恢复后是否需要重启系统。

（5）新增节点后是否需要重启系统。

2. 双机热备

双机热备是服务器端的一种解决方案。通常情况下主机处于工作状态，当从机检测出主机异常时，可以在短时间内代替主机，实现主机功能，保证系统继续服务。其可靠性主要体现在以下方面：

（1）双机切换是否造成业务的短暂性中断。

（2）双机切换所需时长。

（3）双机切换过程中是否造成数据丢失，具体丢失量。

（4）节点回切是否成功及耗时。

3. 数据备份

数据备份是指防止系统出现操作失误或数据丢失，将数据的全部或者部分内容复制到其他存储介质中保存起来的过程。数据故障可划分为系统故障、事务故障和介质故障三大类。从信息安全的角度考虑，实际上信息攻击也会产生不同种类的数据故障。进行数据备份的可靠性主要体现在以下方面：

（1）备份数据是否准确、完整。

（2）数据备份是否按照脚本自动化完成。

（3）数据的属性是否与之前一致。

4. 数据恢复

当服务器出现故障或者存在错误操作时，通过备份的数据可使其恢复到之前运行的状态。数据恢复的可靠性主要体现在以下方面：

（1）数据恢复是否成功。

（2）数据恢复所需时长。

（3）数据恢复是否与脚本一致。

二、服务器性能测试

服务器性能指标测试是在服务器性能测试工具的辅助下通过测试得到对应的性能参数的过程。在服务器的上线和运行过程中，都会对服务器的性能进行测试，通过测试得出服务器的性能参数、性能极限及可能出现的问题等。服务器的性能测试对于预防服务器出错甚至崩溃是十分必要的技术手段。

（一）服务器性能测试工具

服务器性能测试工具可针对服务器的重要性能进行检测，服务器性能主要由处理器、内存、存储、网络四部分划分。因此，针对不同部分使用对应的测试工具。常见的服务器性能测试工具如下：

1. 磁盘系统性能测试工具

Iometer 作为用来测试磁盘系统性能的工具，可以检查并且记录 I/O 操作的性能和对系统的影响。在 Iometer 中，用户可以自行设置进行读取或者写入测试的数据块和队列深度等参数，可以针对磁盘的读写能力、最大吞吐量、中央处理器的使用率等进行相应的测试，还可以通过对参数的不同设置来模拟磁盘系统在网络服务器、文件服务器和在线交易处理服务器等真实环境中的读写性能。

2. 文件系统读写性能测试工具

Iozone 是一款开源工具，用来测试文件系统的读写性能，也可以用于测试磁盘读写性能，测试完毕可以生成 excel 文件。测试的时候需注意，设置的测试文件大小一定要大过内存（最佳为内存的 2 倍），不然系统会对读写内容进行缓存，导致测试结果数值非常不真实。

3. 服务器网络性能测试工具

Netperf 是用来测试服务器网络性能的工具，主要针对基于传输控制协议或用户数据报协议的传输。根据应用的不同，Netperf 可以进行不同模式的网络性能测试，其测试结果反映的是一个系统能够以多快的速度向另外一个系统发送数据，以及另外一个系统能够以多快的速度接收数据。

（二）服务器性能测试工具的使用

使用服务性能测试工具用于对服务器进行各项测试，用以分析和测量服务器的各种性能指标。具体使用方法如下：

1. 磁盘系统性能测试工具的使用

打开测试磁盘系统性能测试工具 Iometer，在需要测试的盘内选择测试对象，如图 3–2 所示。

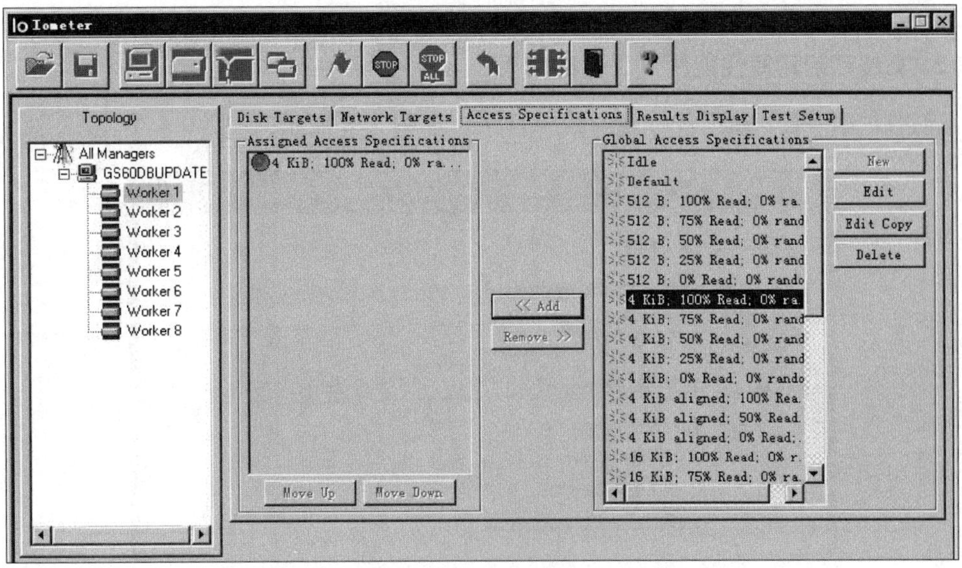

图 3–2　选择测试对象

在“Results Display”页的“Update Frequency（Seconds）”设置多长时间统计一次测试结果。

参数及其含义见表 3–2。

表 3–2　　　　参数及其含义

参数	含义
Total I/Os per Second	数据存取速度，该值越大越好
Total MBs per Second	数据传输速度，该值越大越好
Average I/O Response Time	平均响应时间，该值越小越好
CPU Utilization	CPU 占用率，越低越好

单击工具栏中的“Start Tests”键，开始一个测试（一次测试运行 10 min），如图 3–3 所示。

'Target T	Target Na	Access Sp	# Manager	# Workers	# Disks	IOps	Read IOps	Write IOp	MiBps (Bi	Read MiBp	Write MiB
ALL	All	512 B; 10	1	1	1	9724.446	9724.446	0	4.748265	4.748265	0
MANAGER	GS60DBUPI	512 B; 100% Read;		1	1	9724.446	9724.446	0	4.748265	4.748265	0
PROCESSOR	CPU 0										
PROCESSOR	CPU 1										
PROCESSOR	CPU 2										
PROCESSOR	CPU 3										
PROCESSOR	CPU 4										
PROCESSOR	CPU 5										
PROCESSOR	CPU 6										
PROCESSOR	CPU 7										
WORKER	Worker 1	512 B; 100% Read; 0% random			1	9724.446	9724.446	0	4.748265	4.748265	0
DISK	C: ""					9724.446	9724.446	0	4.748265	4.748265	0

图 3–3　测试结果

2. 文件系统读写性能测试工具的使用

通过映射网络驱动器选择映射共享目录，如图 3–4 所示。

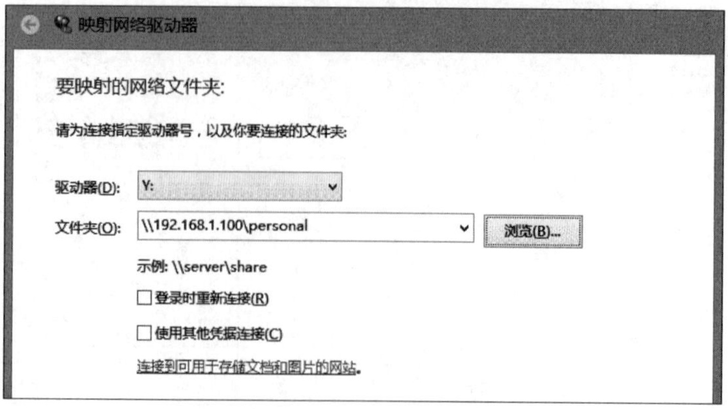

图 3–4　映射共享目录

将 Iozone 运行文件复制到目录，本地打开命令界面，在 Iozone 目录下输入命令行，示例如下：

```
iozone -i 0 -i 2 -R -c -a -q 500k -g 1m -n 100k -b test_result.xls
```

参数及其说明见表 3–3。

表 3–3　　参数及其说明

参数	说明
–i	测试场景，0 表示运行顺序读写测试，1 表示运行随机读写测试
–R	生成 Excel 报告文件
–c	每次完成读写测试都发送关闭连接的命令
–a	自动模式
–q	最大记录大小
–g	最大文件大小
–n	最小文件大小
–b	输出的 Excel 报告文件名

运行测试界面如图 3–5 所示。

```
      0 [main] iozone 15068 find_fast_cwd: WARNING: Couldn't compute FAST_CWD pointer.  Please report this prob
lem to
the public mailing list cygwin@cygwin.com
        Iozone: Performance Test of File I/O
                Version $Revision: 3.414 $
                Compiled for 32 bit mode.
                Build: Windows

        Contributors:William Norcott, Don Capps, Isom Crawford, Kirby Collins
                     Al Slater, Scott Rhine, Mike Wisner, Ken Goss
                     Steve Landherr, Brad Smith, Mark Kelly, Dr. Alain CYR,
                     Randy Dunlap, Mark Montague, Dan Million, Gavin Brebner,
                     Jean-Marc Zucconi, Jeff Blomberg, Benny Halevy, Dave Boone,
                     Erik Habbinga, Kris Strecker, Walter Wong, Joshua Root,
                     Fabrice Bacchella, Zhenghua Xue, Qin Li, Darren Sawyer,
                     Vangel Bojaxhi, Ben England.

        Run began: Wed Aug  9 09:53:59 2017

        Excel chart generation enabled
        Include close in write timing
        Auto Mode
        Using Maximum Record Size 500 KB
        Using maximum file size of 1024 kilobytes.
        Using minimum file size of 100 kilobytes.
        Command line used: iozone -i 0 -i 2 -Rc -a -q 500k -g 1m -n 100k -b test_result.xls
        Output is in Kbytes/sec
        Time Resolution = 0.000000 seconds.
        Processor cache size set to 1024 Kbytes.
        Processor cache line size set to 32 bytes.
        File stride size set to 17 * record size.
                                                              random  random    bkwd   record   stride
              KB  reclen   write rewrite    read    reread    read   write    read  rewrite     read   fwrite f
rewrite   fread  freread
             100       4    4494    4713                     1242741    4660

             100       8    4472    4370                     1826829    4592
```

图 3–5　运行测试界面

测试完成后，即可打开 Excel 测试报告。

3. 服务器网络性能测试工具的使用

通过网线直连两台 PC 网口，配置相同网段 IP，其中一台作为 server，另一台作为 client，server 端 10.10.10.1，client 端 10.10.10.2。在 server 端执行命令（进入 src 目录）：

```
./netserver
```

在 client 端执行 netperf 并保存测试结果：

```
./netperf -H 10.10.10.1 -l 60 -t TCP_STREAM | tee -a netperf.log
./netperf -H 10.10.10.1 -l 60 -t UDP_STREAM | tee -a netperf.log
```

参数及其说明见表 3–4。

表 3–4　　参数及其说明

参数	说明
–H	指定远端运行 netserver 的 server IP 地址
–1	指定测试时间长度
–t	指定进行的测试类型，包括 TCP_ STREAM，UDP STREAM，TCP RR，TCE CRR，UDP_ RR
–m	设置本地系统发送测试分组的大小
–M	设置远端系统接收测试分组的大小
–D	设置本地与远端系统的 socket 的 TCP_ NODELAY 选项

第二节　模块化设备检测

考核知识点及能力要求：

- 了解串行通信协议的测试软件。
- 掌握模块化检测步骤。
- 能够自主搭建检测环境。

一、模块化设备检测内容

模块化设备是由多个独立的模块组成的系统，每个模块都具有特定的功能，通过对其组合测试来实现模块化设备检测。以某在线工程实训平台的仿真案例为例，本次模块化检测主要是通过红外对射模块和二氧化碳传感器组合而成，如图 3–6 所示。

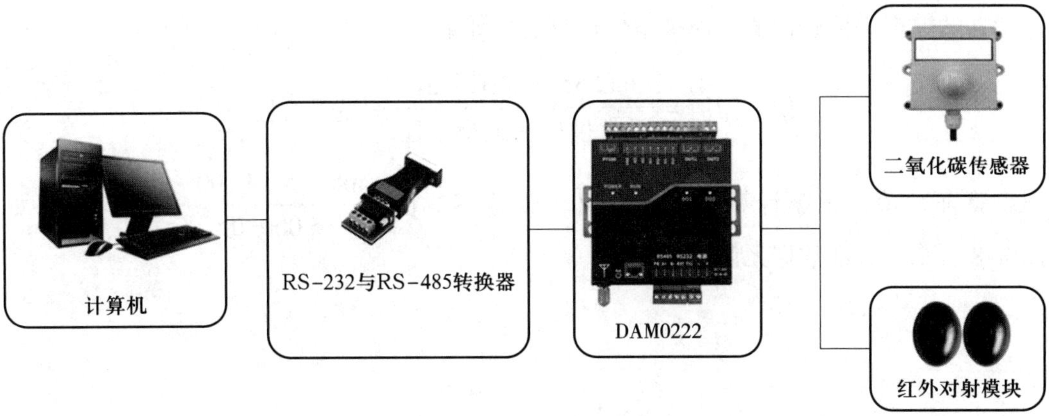

图 3–6　设备拓扑图

二、模块化检测示例

使用在线工程实训平台账号与密码登录平台，登录成功后单击“实验中心”，可查看个人账户下的课程与任务，可通过单击“开始任务”进入仿真平台，仿真平台实现设备的模拟安装如图 3-7 所示。

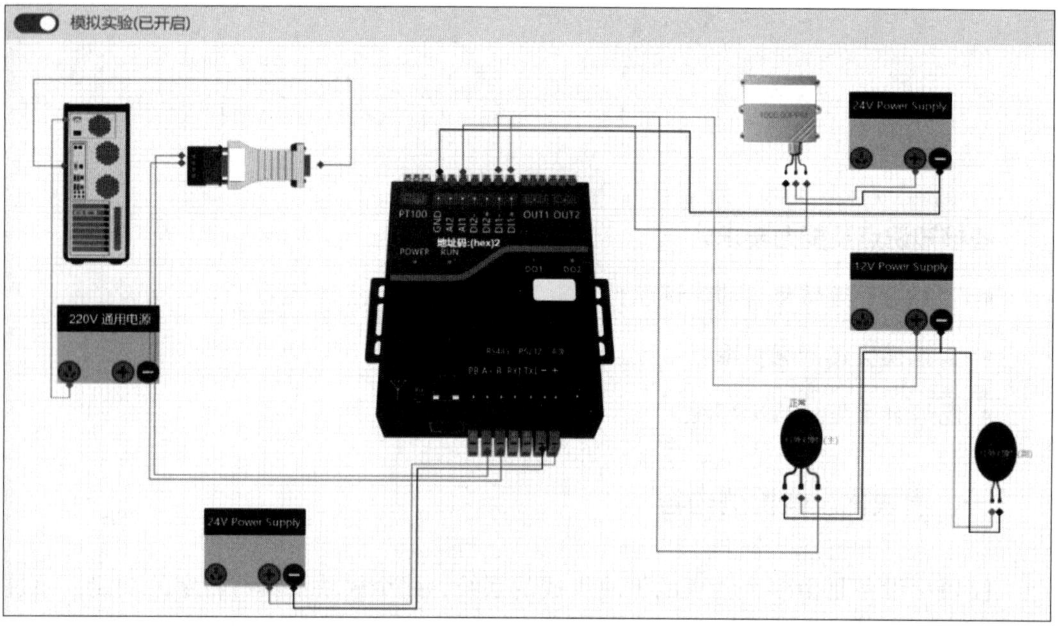

图 3-7 仿真图

开启仿真，打开信息面板，对传感器进行模拟仿真，观察红外传感器和二氧化碳传感器的数据。传感器值与模拟量值计算公式如下：

$$传感器值=\frac{65\,535\times 模拟量值}{最大量程-最小量程}+最小量程$$

验证数值，根据计算公式，二氧化碳传感器值 $=\frac{65\,535\times 1\,000}{5\,000-0}+0=13\,107$，如图 3-8 所示，验证数据无误。

时间	设备名称	描述	数据
12:53:01	红外对射（主）_53	输出数字量:false	00
12:53:01	DAMT0222MT_71	ndi1收到数字量:0	00
12:53:01	DAMT0222MT_71	收到模拟量：pai1--13107	cdcccccccccc1c40
12:53:01	二氧化碳_92	模拟二氧化碳_92：1000.00	cdcccccccccc1c40

图 3–8　设备检测值

第三节　检测报告编制

考核知识点及能力要求：

- 了解常用的网络测试工具。
- 能够使用 Ping 软件工具完成网络的测试。
- 掌握检测报告要素。
- 能够完成检测报告的编制。

一、网络测试工具

网络测试工具是检查网络性能是否达标的重要工具，网络测试工具包括硬件工具和软件工具，在使用硬件工具时应注意操作系统的反应速度及信号强度，在使用软件工具时应注意操作系统的数据变化、功能反馈情况，如果出现异常情况，需要及时采取应对措施。

（一）常见网络测试硬件工具

网络管理是一个复杂的工程，管理人员需要了解计算机网络理论，熟悉网络操作系统和网络管理软件，掌握服务器、交换机和路由器的配置，能够熟练运用网络测试硬件工具。网络测试是网络管理中的重要环节，常见的网络测试硬件工具包括寻线仪和协议分析仪。

1. 寻线仪

寻线仪是具有寻线、对线及线路测试三大功能的硬件工具。其工作原理是寻找信号振荡发声器发出的声音信号，通过通用接口接入目标线缆的端口，使得目标线缆回路周围产生环绕的声音信号场，用高灵敏度感应式寻线仪很快识别它发出的信号场，从而找到目的线缆。当找到目的线缆后，需要确定其是否出现故障。此时应把设备模式调整为测线模式进行调试，查看指示灯亮的顺序。常规网线的标准是 568B，指示灯亮的顺序是橙白色、橙色、绿白色、蓝色、蓝白色、绿色、棕白色、棕色。指示灯显示若从 1、2、3、4、5、6、7、8 依次亮，说明网线两端均正常。若指示灯显示存在异常，则说明线缆存在短路或断路故障。寻线仪实物如图 3–9 所示，其具有以下功能。

（1）能快速有效地确定地下光缆、电缆的走向和深度，并检测外皮故障。

（2）确定电缆（管道）的走向，具有信号强度指示、左右箭头指示、罗盘方向指示。

（3）具有电流方向指示，防止串线干扰。

（4）具有故障检测专用模式，可用于探测外皮故障及电缆的破坏处。

2. 协议分析仪

协议分析仪是用于监视数据通信中的数据流，检验数据交换是否正确地按照协议规定进行的测试工具。协议分析仪是一种相对复杂的仪器，要求操作人员必须拥有较高的技术水平，如图 3–10 所示。协议分析仪包括以下功能：

（1）分析从硬件分析仪中捕捉的数据包，具有完整的 OSI 参考模型数据包捕捉、过滤和解码能力。

（2）实时监测网络利用率和误码率、帧大小分布、协议分布、最多发送者 / 接收者、对话矩阵、虚拟局域网（VLAN）流量分析、应用程序响应时间分析等。

图 3-9　寻线仪实物

图 3-10　协议分析仪实物

（3）智能专家故障分析、诊断功能，在监测实时流量时自动发现错误、快速指出问题所在并给出修改建议。

（4）支持本地和远程网络分析。

（5）在日志文件中保存告警消息，启动一个应用程序等。

（6）网管功能、自动网络信息搜集功能等。

（二）常见网络测试软件工具

Windows Sever 2019 和 Ubuntu 操作系统中往往自带有网络诊断程序，如 Windows Sever 2019 操作系统中的 Ping、IPConfig、ARP 网络测试工具和 Ubuntu 操作系统中的 Netstat 等网络测试工具，可以快速、准确地确定网络中的故障问题。

1. 网络连接量测量工具

Ping（packet internet groper）是一种互联网包探索器，用于测试网络连接量。Ping 是工作在 TCP/IP 网络体系结构中应用层的一个服务命令，主要是向特定的目的主机发送互联网控制报文协议（internet control message protocol，ICMP）请求报文，测试目的站是否可达并了解其有关状态。根据 Ping 返回的信息，管理人员可以推断 IP 地址和掩码等 TCP/IP 参数是否设置正确，以及网络运行是否正常。需要注意的是，管理人员须通过执行大量的本地主机与远程主机的数据报交换，确定 TCP/IP 的正确性。以下是一个典型的利用 Ping 检测网络状态的过程及对应的可能故障。

Ping 127.0.0.1：该 Ping 命令被送到本地计算机的 IP 地址，用来测试 IP 地址和掩码等 TCP/IP 参数是否正常，如图 3-11 所示。

```
C:\Users\Administrator>Ping 127.0.0.1

正在 Ping 127.0.0.1 具有 32 字节的数据:
来自 127.0.0.1 的回复: 字节=32 时间<1ms TTL=128
来自 127.0.0.1 的回复: 字节=32 时间<1ms TTL=128
来自 127.0.0.1 的回复: 字节=32 时间<1ms TTL=128
来自 127.0.0.1 的回复: 字节=32 时间<1ms TTL=128

127.0.0.1 的 Ping 统计信息:
    数据包: 已发送 = 4，已接收 = 4，丢失 = 0 (0% 丢失)，
往返行程的估计时间(以毫秒为单位):
    最短 = 0ms，最长 = 0ms，平均 = 0ms
```

图 3–11　Ping 127.0.0.1

2. 网络适配器信息查看工具

IPConfig 用于显示所有当前的 TCP/IP 地址网络配置值、动态主机配置协议和域名系统设置。通常可查看网络适配器的信息，使用不带参数的 IPConfig，将只显示简单的 IP 配置信息，包括 IP 地址、子网掩码、默认网关，如图 3–12 所示。

```
C:\Users\Administrator>IPCconfig

Windows IP 配置


无线局域网适配器 WLAN:

   连接特定的 DNS 后缀 . . . . . . . :
   本地链接 IPv6 地址. . . . . . . . : fe80::c16e:10a2:2579:cea4%2
   IPv4 地址 . . . . . . . . . . . . : 172.29.161.46
   子网掩码  . . . . . . . . . . . . : 255.255.248.0
   默认网关. . . . . . . . . . . . . : 172.29.167.254
```

图 3–12　不带参数的 IPConfig 显示的配置信息

3. 地址解析协议

地址解析协议（address resolution protocol，ARP）是用于确定对应 IP 地址的网卡物理地址。查看物理地址的命令为：

```
ARP -a
```

或

```
ARP -g
```

需要说明的是，–a 和 –g 参数的结果是一样的。ARP 显示的信息如图 3–13 所示。

```
C:\Users\Administrator>ARP -a

接口: 192.168.56.1 --- 0x10
  Internet 地址          物理地址              类型
  192.168.56.255         ff-ff-ff-ff-ff-ff     静态
  224.0.0.22             01-00-5e-00-00-16     静态
  224.0.0.251            01-00-5e-00-00-fb     静态
  224.0.0.252            01-00-5e-00-00-fc     静态
  224.205.236.222        01-00-5e-4d-ec-de     静态
  239.255.255.250        01-00-5e-7f-ff-fa     静态
  255.255.255.255        ff-ff-ff-ff-ff-ff     静态
```

图 3–13　ARP 显示的信息

二、检测报告

检测报告是指将检测的过程和结果写成文档的形式，对发现的问题和缺陷进行分析，为解决网络环境存在的问题提供依据，同时为物联网系统的验收和交付打下基础。

（一）检测报告要素

在物联网系统中，检测报告是基于网络测试情况总结的一份基础报告。检测报告要素包括检测结论、检测需求、检测总结、风险评估、检测资源和故障分析。

1. 检测结论

从专业角度分析网络环境是否达到了通过的标准，得出没有达到相应标准时存在的问题等结论。

2. 检测需求

当前网络检测包含的较为重要的需求，是检测中最重要的部分。

3. 检测总结

从检测的角度对当前的网络环境提出建议。例如，网络节点接触不良、网络传输不稳定等情况。

4. 风险评估

根据检测的内容，给出当前网络环境存在的风险点及可能会出现的风险点。技术人员根据相应的风险分析，判断当前的网络环境是否可以支撑项目的运行。

5. 检测资源

确定本次检测的时间、检测人员和使用的设备。

6. 故障分析

对于网络环境中出现的故障进行具体分析，给出相应的解决办法。

（二）检测步骤

网络设备检测是确保设备正常运行和故障排除的重要步骤。以下是一般的网络设备检测步骤。

（1）确认物理连接。检查所有硬件设备的物理连接，包括电缆、网线、电源线等，确保它们正确连接并紧固。

（2）设备上电。将网络设备连接到电源，并确认设备是否正常启动。观察指示灯和显示屏，以确保设备处于正常工作状态。

（3）IP 地址检查。检查设备的 IP 地址设置，确保其与网络环境兼容，并且没有冲突。

（4）连通性测试。使用 Ping 工具测试设备的网络连通性，确定网络设备是否能够与其他设备进行通信。

（5）故障诊断。检测出设备存在问题，可以使用适当的故障诊断工具或命令来确定具体原因，包括查看日志文件、跟踪数据包、运行网络分析工具等。

（6）安全性检查。检查设备的安全设置，例如，防火墙、访问控制列表（ACL）和身份验证配置。

（7）性能监测。使用网络监控工具来监测设备的性能指标，如带宽利用率、吞吐量和延迟。

（8）记录和文档。记录设备检测的结果、发现的问题和采取的解决措施。维护设备的文档和配置文件，以便将来参考和故障排除。

（三）报告示例

以上述检测过程为例，展示一个检测报告。该报告包括网络连通性测试、网络延时和丢包率测试、吞吐量和网络吞吐量测试三部分。检测报告示例见表 3–5。

表 3–5　　检测报告示例

检测员工	NA	测试日期	2022 年 11 月 12 日
检测对象	服务器网络		
检测步骤	1. 使用 IPConfig 查看服务器 IP 地址 2. 使用“Ping+ 服务器 IP 地址”测试网络连通性和时延 3. 使用“Ping www.baidu.com –t”查看网络是否存在丢包现象		
检测验收结果与结论	☐ 通过 ☑ 不通过		
存在的问题	无		

第四节　组网与安装优化

考核知识点及能力要求：

- 了解物联网设备组网方式。
- 掌握物联网设备组网原则。
- 了解联网设备组网优化原则。
- 掌握联网设备安装方式。
- 能够根据要求对物联网设备组网与安装进行优化。

一、物联网设备组网

物联网设备组网是指选择物联网系统中各个设备间的信息传输方式。大量的物联网设备建立了彼此的通信通道，构建的网络可以分为局域网和广域网。局域网和广域网的主要区别在于作用范围的大小，从实现的技术角度而言没有太大的区别。对于物联网设备组网，最重要的是如何通过选择合适的组网技术，实现物联网系统中物与物之间的信息共享。

（一）物联网设备组网原则

物联网设备的多样性导致了物联网设备组网方式的复杂性。为了保证网络质量，最重要的是在物联网设备组网设计之初就确定相应的原则，主要包括先进性、安全性、互联性、可扩展性和可靠性。

1. 先进性

物联网设备组网时，要尽可能选择先进的组网技术以适应更多类型数据的传输。物联网技术发展速度很快，对于数据传输的要求也越来越高，只有选择先进的技术才能保证整个系统的实用性，这是物联网系统组网的最基本要求。

2. 安全性

物联网有海量的设备接入网络作为信息源，但是“万物互联”带来便利的同时也会给不法分子带来可乘之机，所以物联网组网时要确保安全性。物联网组网的安全性主要涉及数据的安全与隐私，在规划物联网设备组网时，一定要做好安全防护。可以采取加强对设备的监控、在组网时添加安全功能、遵循物联网的组网标准等方式来保证安全性。

3. 互联性

互联性是指凡是遵循物联网国家标准化体系框架及参考模型的软硬件、智能控制平台软件、系统级软件或中间件等，都能够进行功能互联、网络互联，实现网络通信、资源共享。

4. 可扩展性

物联网系统是一个不断发展的应用信息网络系统，为保证后期发展需在物联网系统规划阶段就遵循可扩展性原则。可扩展性是指设备组网设计时需要有一定的兼容性，保障物联网设备以后组网扩容、升级的需要，能够根据物联网系统不断深入发展的需要，扩展网络覆盖范围、扩大网络容量和提高网络功能，使系统具备支持多种通信媒体、多种物理接口的能力，可实现技术升级、设备更新等。

5. 可靠性

可靠性的高低决定了物联网系统是否能满足用户稳定运行的要求。物联网系统应保证能够长时间稳定运行，而不应经常出现各种运行故障，特别是对于一些大型设备的物联网系统，例如水利、电力系统等。

（二）物联网设备组网方式

物联网设备的组网方式在互联网组网方式的基础之上，又增加了新的组网方式。根据设备间的通信距离不同，主要分为近距离和远距离无线通信技术。其中，蓝牙、Wi-Fi（wireless fidelity）和紫蜂（ZigBee）属于近距离无线通信技术，远距离无线通信技术包括远距离无线电（long range radio，LoRa）和窄带物联网（narrow band internet of things，NB-IoT）等。

蓝牙是一种无线传输技术，在理论上能够支持 100 m 左右的物联网设备之间进行近距离连接。

无线局域网（Wi-Fi）技术与蓝牙技术一样，同属于在办公室或家庭中广泛使用的短距离无线技术，特点在于不需要借助线路联网。其优点在于覆盖范围广、传输速度快、技术成本低等。

紫蜂（ZigBee）技术是一种应用于近距离和低速率下的无线通信技术，底层采用了 IEEE 802.15.4 标准的媒体访问层与物理层，作为一种无线通信技术，ZigBee 具有功耗低、成本低、时延短、安全性高等优点。

远距离无线电（LoRa）是低功耗局域网无线标准，其最大的特点在于功耗要比其他无线传播方式更低，实现了功耗和距离的统一。LoRa 的优点是功耗低、成本低、灵敏度高和调制方式先进。

窄带物联网（NB-IoT）是物联网领域一个新兴的技术，支持低功耗设备在广域网的蜂窝数据连接，也被叫作低功耗广域网。NB-IoT 支持待机时间长、对网络连接要求较高的设备进行高效连接。理论上，NB-IoT 设备电池可以续航约 10 年，同时还能提供非常全面的室内蜂窝数据连接覆盖。

各种组网方式的特点见表 3-6。

表 3-6　　各种组网方式的特点

无线技术	LoRa	ZigBee	Wi-Fi	NB-IoT	蓝牙
组网方式	基于 LoRa 网关	基于 ZigBee 网关	基于无线路由器	基于现有蜂窝组网	基于蓝牙 Mesh 网关
网络部署方式	节点 + 网关	节点 + 网关	节点 + 路由器	节点	节点
传输距离	远距离（城市 2 km，郊区 20 km）	近距离（10~100 m 级别）	近距离（50 m）	远距离（一般 10 km 以上）	近距离（10 m）
电池续航	理论约 10a	理论约 2a	数小时	理论约 10a	数天
频段	Unlicense 频段 Sub-GHz（433\868\915 MHz 等）	Unlicense 频段 2.4 GHz	2.4 GHz 和 5 GHz	License 频段 / 运营商频段	2.4 GHz
传输速度	0.3~50 kbit/s	理论 250 kbit/s，实际常小于 100 kbit/s，受限通信接口，通用异步接收 / 发送	2.4 GHz：1~11 kbit/s 5 GHz：1~500 kbit/s	理论 160~250 kbit/s，实际常小于 100 kbit/s，受限通信接口，通用异步接收 / 发送	1 kbit/s
适合领域	户外场景，低功率广域网络中大面积传感器应用，可搭建私有网络、蜂窝网络覆盖不到的地方	常见于户内场景，户外的低功率局域网，小范围传感器应用，可搭建私有网络	常见于户内场景，也用于户外	户外场景，低功率广域网络大面积传感器应用	常用于户内场景，也用于户外、低功率的局域网应用
联网所需时间	—	30 ms	3 s	3 s	10 s

二、物联网设备安装

设计物联网系统应从用户需求出发，结合现场环境为用户安装全套的物联网设备，通过物联网系统为用户提供服务。物联网设备的安装应遵循物联网设备安装的原则，选择合适的安装方法。

（一）物联网设备安装原则

物联网系统中有各种类型的设备，为了确保物联网设备安装后能够持续稳定地为用户提供服务，在安装时需要遵循相应的原则，包括多样性原则、互联性原则、扩展性原则、安全性原则和健壮性原则。

1. 多样性原则

物联网设备的安装必须根据设备特点、安装位置等因素，分别设计多种类型的体系结构。设备安装没有统一的标准体系，根据需求方的要求和设备安装的合理性，满足不同层次的需求。

2. 互联性原则

物联网设备之间需要能够进行数据的传输与交互，所以安装时必须保证设备能够与其他设备相配合，以防该设备出现故障时导致设备上的所有数据遗失。所有的设备之间要遵循互联性的原则才能达到无误高效的使用，这就是设备安装的互联性原则。

3. 扩展性原则

由于物联网技术在不断发展，需要不断对其设备进行更新，对性能进行扩展，因此，物联网设备的安装应具有一定的扩展性设计，以便最大限度地利用现有网络通信基础设施，节省成本。

4. 安全性原则

物联网实现物物连接后，物联网的安全性面临着更大的风险，因此，物联网的安装需要能够防御大范围内的网络攻击。基于安全性进行安装既能确保整个系统的使用质量，同时也能延长物联网设备的使用寿命。只有在安装有保障的系统中才能发挥出设备的优越性。

5. 健壮性原则

健壮性是指在遇到特殊情况时设备依然能够正常运行的特性。物联网设备运行环境多种多样，为了保证物联网系统使用时的稳定性，降低用户使用物联网系统时出现故障的概率，其体系结构更应具备较高的健壮性。

（二）物联网设备安装前准备

物联网设备安装前要做好充分准备，安装时要注意不同物联网设备的安装方法的特点和细节。

（1）掌握设备的原理、构造、技术性能、装配关系及安装质量标准。

（2）详细检查各零部件的状况，保证没有缺损。

（3）制订一系列安装施工计划，做好充足准备，保证安装工作的顺利进行。

（4）仔细阅读设备说明书，遵守注意事项，接线时按图纸要求采用合适截面积的线缆。

需要特别注意的是，设备的安装要在断电情况下进行，正确连接电源正负极和信号线，切记将所有部件安装到位，并检查、确认连线无误后才允许上电，防止因设备接线错误导致物联网设备的损坏。固定设备的零件一定要按照规格要求进行选择，如螺钉、垫片等。要将设备固定紧实，不得有零件未装或丢失的情况，防止因为设备固定不牢导致设备脱落，造成不必要的人员受伤或设备损坏。

三、物联网设备组网与安装的优化

随着科技的发展，物联网设备的使用频率越来越高，例如，智能家居设备中的音箱、电灯、冰箱等。物联网设备组网与安装的质量直接影响设备的使用性能。如何对物联网设备组网与安装进行优化是物联网系统设计的重要环节，坚持优化的原则有助于整个物联网系统达到最佳的使用状态。

（一）物联网设备组网的优化

物联网设备的组网主要是为了将众多的设备网络合并成一个整体的网络，具有多种应用功能的同时，实现信息数据的传递。为了满足上述功能，有必要对物联网设备的组网进行优化。

1. 传感器覆盖率的保证

在对众多物联网设备进行统一整合的过程中，为满足自身和整体服务质量，保证收集数据的全面性、分析数据的准确性，应增加传感器数量，保证传感器覆盖率。

2. 传感器网络节点数量优化

依据设备所布设的位置及重要程度的不同，设备可分为普通节点和特殊节点。对于普通节点，传感器的布置数量应尽可能地优化，避免重复布设设备，降低成本和能耗。特殊节点相对于普通节点承担着更重要的任务，需要对此节点有更多的传感器布置，增大其冗余度，防止某些特殊节点传感器的能量耗尽而影响设备的使用寿命。

3. 系统能耗优化

物联网设备的传感器节点通常体积微小，其携带的电源能量也十分有限，而节点的能量消耗需要软硬件设计的协同工作才能实现。目前设备的低能耗设计都是根据自己的需求随意设计，应建立起一种统一的低能耗设计方案。

4. 网络通信协议设计优化

不同物联网设备采用的网络通信协议不同，在数据传输中遵循各自独特的通信途径。物联网是一个统一的网络，网络通信协议应进行统一，增加数据传输路径，尽可能地收集不同种类的设备所采集的数据，做到采集数据不遗漏，传输过程不重复。

5. 数据融合优化

不同设备具有独特的数据格式和类型，为解决不同数据格式之间的转换，应对各种数据进行统一编码，或对不同数据类型进行转码，之后进行数据融合、压缩。因而需要数据优化方法，使得海量数据能够相互融合。

（二）物联网设备安装的优化

1. 优化安装位置，做好防潮处理

物联网设备大多需要供电工作，设备如果长时间工作在潮湿环境，就会导致设备出现一定的锈蚀及漏电情况，甚至会对整个物联网系统的运行造成影响。所以在设备安装位置的选择上，应尽可能选择干燥且通风的位置。如果物联网系统项目的现场环境不具备干燥的条件，就需要对设备进行防潮处理，以此来抵御腐蚀的影响。可以在设备安装过程中进行除湿通道的设计和规划，同时对设备加上密封垫圈等方式来避免此类情况发生。

2. 完善设备的管理制度

为了进一步优化物联网设备的安装，需要建立设备的管理制度。完善的管理制度可以保障设备安装过程的安全性，一旦设备安装过程中出现了安全问题，就可以明确事故的负责人，对事故进行反思并且防止类似情况再次发生。同时通过完善的管理制度，可以对物联网设备的安装及具体调试过程进行规定，明确设备的安装要按照生产厂商的标准进行。

3. 提升设备安装人员的素质

物联网设备的安装最终还是要依靠物联网工程技术人员的操作，所以技术人员的综合素质对安装工作的顺利开展起到至关重要的作用。为此在设备安装工作的开展过程中，需要相关部门积极开展对技术人员的培训工作，针对不同领域的技术人员开展专业技能培训，包括基础的设备安装知识、设备操作知识及职业道德培训，以保障安装过程中不会出现操作方面的失误。同时应建立相应的考核机制，激发员工的积极性。

第五节　网络设备安装与配置

考核知识点及能力要求：

- 了解网络设备的安装方法。
- 掌握网络设备安装过程。
- 掌握常见的网络设备配置命令。
- 了解网络设备的配置过程。
- 能够根据要求对网络设备进行配置。

一、网络设备安装

网络设备的安装是网络系统的基础，物联网系统中常见的网络设备主要包括路由器和交换机等，网络设备的安装需注意安装环境是否符合要求、安装方法如何选择等问题，并按照安装流程进行设备安装。

（一）网络设备安装环境

为确保网络设备安装的安全，安装前应先对所在环境进行检查和分析，在确保环境满足要求的情况下才能进行设备的安装，环境具体要求如下：

（1）安装位置是否具有良好的通风环境。

（2）安装位置是否满足设备对温度和湿度的要求。

（3）安装位置是否有相应的电源满足设备的供电要求。

（4）安装位置是否已布置好相关网络配线。

（二）网络设备安装过程

网络设备的安装较为简单，但是由于都是高度集成的设备，所以在安装过程中应注意轻拿轻放。以交换机为例，可以分为安装到工作台或者 19 英寸标准机柜。

1. 安装设备到工作台

将物联网网络设备直接放置在工作台上，此种操作比较简单，以交换机的安装为例，其具体安装过程如下：①将包装箱内提供的 4 个黏性垫脚粘贴在交换机底部的支撑点上；②将交换机平放在工作台上，确保交换机四周的空气可以良好的流通。操作中要注意如下情况：

（1）保证工作台的平稳性和良好的接地。

（2）保证设备的散热空间。

（3）设备上方禁止堆积物品。

2. 安装设备到机柜

以交换机的安装为例，安装到机柜的步骤如下：①取出螺钉（一般与前挂耳配套包装），然后给设备安装挂耳；②将交换机水平放置在机柜适当位置，通过螺钉和配套的浮动螺母，将前挂耳固定在机柜上，安装设备到机柜并固定设备。

二、网络设备配置

对于物联网网络设备配置，需了解和熟悉常用网络设备的配置命令，掌握网络设备的配置要求，从用户视图、系统视图、端口视图和路由协议视图出发进行基本配置。

（一）常用的网络设备配置命令

在设备配置命令中，配置参数的界面称为视图，以华为网络设备中的路由器为例，路由器配置包括用户视图、系统视图、端口视图和路由协议视图。

1. 用户视图

用户视图用于查看路由器的基本配置信息或者远程连接其他主机，可以显示运行状态和统计信息等功能。用户视图模式下不可以改变路由器的配置，这是路由器默认的模式。

2. 系统视图

首先要进入用户视图或其他特殊的配置模式，输入“system-view（或缩写 sys）”命令进入系统视图，用户可在系统视图中对路由器进行基本配置。

3. 端口视图

此模式下允许用户对路由器进行真正的修改配置，在用户视图下输入“interface Ethernet0/0/0（或缩写 int eth0/0/0）”命令进入端口，可以查看相关端口的物理属性。

4. 路由协议视图

用于配置路由协议的参数，系统视图下输入 isis 即可进入。在路由协议视图下，用户可以配置接口相关的物理属性、IP 地址和路由协议等参数。

路由器配置的常用命令及其说明见表 3–7。

表 3–7　路由器配置的常用命令及其说明

配置命令	说明
sysname router1（新名称）	更改路由器名称
display current	显示当前配置
display interface	显示当前接口信息
display ip routing-table	显示路由表信息

续表

配置命令	说明
quit	退出当前模式
undo shutdown	激活端口
shutdown	关闭端口
save	保存当前配置
startup saved-configuration	还原配置
undo	撤回 / 删除一条命令
return	退回用户界面

需要注意的是："router1" 指重新命名后的路由器名称。

（二）网络设备配置过程

网络设备的配置主要包括路由器的配置和交换机的配置，在配置过程中应按照相应步骤逐步进行，熟悉和掌握交换机的配置步骤有助于高效地进行配置，更好地实现网络设备功能。

1. 路由器上网设置步骤

（1）用户首先将网线插入无线路由器的 WAN 接口，再使用另一根网线将无线路由器与计算机相连，然后连接电源线，打开计算机。

（2）用户打开浏览器，在地址栏中输入管理 IP 地址，等待管理页面响应，输入路由器说明书中的用户名和初始密码，用户就可以进入管理中心，找到上网设置向导，根据其提示进行一步步操作，设定相应的参数。

（3）用户可以通过管理中心的高级设置进行个性化设定，这些高级设定不需要过于专业的知识。无线路由器的破解软件很多，为了防止自己的 Wi-Fi 被盗用，用户可以将自己的服务集标识符（service set identifier，SSID）广播隐藏，在路由设置中选择无线设置，关闭"开启无线广播"选项。

2. 交换机配置步骤

交换机的配置过程包括本地配置口配置、远程登录配置、文件传输协议（file transfer protocol，FTP）、简易文件传输协议（trivial file transfer protocol，TFTP）配置等。下面以本地配置口配置为例进行介绍。

（1）交换机的第一次配置必须使用配置口本地配置，如图 3–14 所示，将终端通过配置线与交换机的配置口相连。

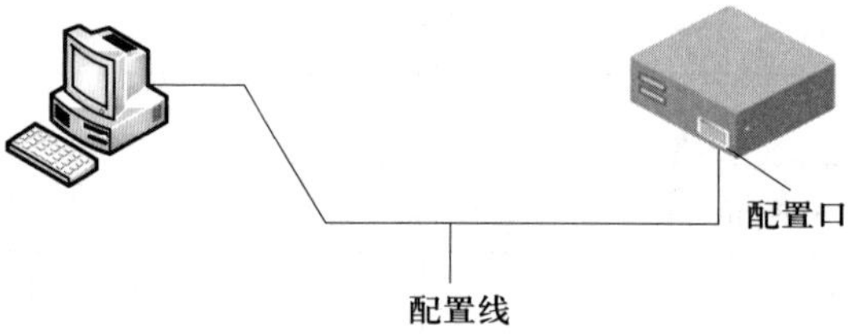

图 3–14 终端与配置口连接

（2）在计算机上运行终端仿真软件，设置通信参数波特率为 9 600、8 位数据位、1 位停止位、有无校验和有无流量控制等。

（3）交换机加电检验，查看交换机自检信息，输入命令，配置交换机或者查看交换机的运行状态。

3. 交换机配置模式

交换机配置有多种模式，可以对不同功能进行配置。

（1）一般用户配置模式。其提示符是“>”，在此模式下，能使用的命令较少，无法对交换机进行配置。

（2）特权用户配置模式。其提示符是“#”，在一般用户配置模式下使用命令“enable”进入特权用户配置模式。在此模式下，用户可以查询交换机的配置信息、端口连接情况、保存配置等。

（3）全局配置模式。其提示符是“switch（config）#”。在此模式下，可以对交换机进行全局性的配置，如创建虚拟局域网等。

在这里要注意的是，使用命令“exit”可返回上一层模式，使用“ctrl+z”组合键可直接返回特权用户配置模式。

第六节　电源及信号线路调整

考核知识点及能力要求：

- 了解电源线的结构。
- 了解常见的信号线。
- 掌握电源及信号线路连接原则。
- 掌握电源及信号线路布线标准。
- 能够根据要求对电源及信号线路进行调整。

一、电源及信号线路连接

物联网系统中的电源及信号线的应用场景非常多，分别用于传输电流和信号。电源线是传输电流的电线，电源线的结构比较简单，主要由外护套、内护套和导体组成。

1. 外护套

外护套是电源线最外面的保护层，不仅对电源线起到保护的作用，还具有耐高温、耐低温、耐缠绕性能好、抗腐蚀等特性。外护套的材料一般是由聚氯乙烯塑料颗粒组成，以聚氯乙烯树脂为基体加入各类助剂（如抗氧剂、光亮剂、阻燃剂、防老剂等）混合而成，是电源线必备的原材料之一。

2. 内护套

内护套的作用是绝缘，所以又称为绝缘护套，是电源线的中间结构部分。内护套的作用是保证电源线通电的安全。电流具有很强的危险性，需通过确保导电体和空气之间的有效隔离来保证不出现漏电的情况。内护套的材料相对比较柔软，一般镶嵌在中间层。

3. 导体

电源线常见导体是铜丝，因为铜丝具有很好的导电性和柔韧度。铜丝的质量直接影响着电源线的质量，而影响铜丝质量的因素有很多，包括铜丝的密度、数量、柔韧度等。

信号线是指在物联网系统中用于传递传感信息和控制信息的线路。信号线主要有双绞线、同轴电缆和光缆。

（一）电源及信号线路连接原则

物联网系统中电源线及信号线的连接需要采用结构化布线方式，结构化布线是指按标准、统一并简单的结构化方式编制和布置各种系统的通信线路，相比于非结构化布线，结构化布线具有标准化、模块化、兼容性、灵活性等特点。这些特点也是电源及信号线路的连接原则。

（1）标准化。结构化布线往往遵循一定的标准，如 ISO/IEC 11801、GB 50311—2016。通过布线的标准化，可以提高线路连接的效率，同时减少返工的可能性。

（2）模块化。所有的电源及信号线连接过程中，都必须使用模块化设计的标准件，方便后续线路连接的管理和使用。

（3）兼容性。物联网系统中要使用互相兼容的电缆、插头、适配器等，将语音、数据、视频等信号综合到一套标准的布线系统中，以便于满足不同厂商设备的需求。

（4）灵活性。电源及信号线路应采用模块化结构，所有的信息通道要保持通用的状态。线路的设计需保证设备的开通及变更均无须对线路进行变更，只需增减相关的设备和进行必要的条线管理。

（5）可靠性。电源及线路连接应采用统一布线标准，通过使用可靠的网络结构、可靠的网络产品，从而保证系统的可靠运行。

（6）先进性。电源及线路连接应采用最新的通信设备，通常情况下，主干线路采用光纤布线，水平布线采用五类或六类双绞线布线，以满足 1 000 MB 桌面、10 GB 主干的要求。

（7）经济性。电源及线路连接要保证今后相当长的一段时间（一般为 15a）不需要在布线上增加投资，线路的连接原则是保证经济性。

（二）电源及信号线路布线标准

电源及信号线路布线标准有很多，主要有国际布线标准和国内布线标准等。

1. 国际布线标准

国际标准 ISO/IEC 11801，称为信息技术—用户基础设施结构化布线。该标准描述了如何设计一种针对多种网络应用的通用电源及信号线路布线的标准，也可用于控制系统、工业自动化、HDBASE-T 等应用。该标准有三个版本：第一版 ISO/IEC 11801：1995、第二版 ISO/IEC 11801：2002 和第三版 ISO/IEC 11801：2017。ISO/IEC 11801 第三版（草案）为 2010 年以后的最大一次改动，将原先分散的多份结构化布线标准都整合起来，该版本包含六个部分，见表 3-8。

表 3-8　　ISO/IEC 11801 第三版标准

标准号	替代标准号	描述
ISO/IEC 11801-1	ISO/IEC 11801：2002	结构化布线对双绞线和光缆的要求
ISO/IEC 11801-2	ISO/IEC 11801：2002	商用（企业）建筑布线
ISO/IEC 11801-3	ISO/IEC 24702	工业布线
ISO/IEC 11801-4	ISO/IEC 15018	家用布线
ISO/IEC 11801-5	ISO/IEC 24764	数据中心布线
ISO/IEC 11801-6	ISO/IEC TR24704	分布式楼宇服务设施布线

2. 国内布线标准

中国工程建设标准化协会于 1995 年颁布了《建筑与建筑群综合布线系统工程设计规范》，这是我国第一部关于综合布线系统的设计规范。1997 年又修订发布了《建筑与建筑群综合布线系统工程设计规范》《建筑与建筑群综合布线系统工程施工及验收规范》，并于 2000 年上报国家审批。2000 年 8 月 1 日正式成为国家标准 GB/T 50311—2000 和 GB/T 50312—2000。2017 年 4 月 1 日，我国正式实施《综合布线系统工程设计规范》和《综合布线系统工程验收规范》。

与电源及信号线路布线系统设计、实施、验收有关的国家标准主要包括以下几种：

（1）《通信光缆　第 3 部分：综合布线用室内光缆》（GB/T 13993.3—2014）。

（2）《计算机场地通用规范》（GB/T 2887—2011）。

（3）《计算机场地安全要求》（GB/T 9361—2011）。

（4）《综采综放工作面常规供电系统设计规范》（GB/T 37808—2019）。

（5）《基于雷电临近预警的电子系统隔离防雷技术规范》（GB/T 41089—2021）。

二、电源线路调整

电源线路是物联网系统线路的核心部分，其性能和安全质量对设备供电系统的正常运行具有重要意义。

（一）可能存在的问题与分析

在使用时间、使用环境、使用方法等因素的影响下，电源线路可能出现多种问题，具体表现为瞬变现象、过电压 / 欠电压、电磁干扰、功率因数问题等。

（1）瞬变现象。瞬变是指短时间内系统电压或电流的突然变化。在电源线路中，可能会出现瞬变，进而对各种设备产生影响，因此必须采取措施进行防护。

（2）过电压 / 欠电压。过电压常常是由电源线路接收到浪涌电压、雷电等原因引起的，而欠电压可能是由电源线路设备老化、电源短路或变压器出现故障等原因引起的。

（3）电磁干扰。电源线路传输的信号可能会受到电磁场的干扰，从而影响设备的正常工作。电源线路必须采取防护措施，避免受到电磁干扰的影响。

（4）功率因数问题。电源线路的功率因数是评估电源线路能否高效率传输电流的重要参数。若系统设备的负载增加，其表现为电流增加，此时电源线路可能会出现功率因数问题。

（二）电源线路的优化

针对电源线路优化需要根据具体情况，采用合理的技术手段进行，同时也应注意电源线路的安全性和可靠性。电源线缆的优化必须在符合相关规范和标准的前提下进行，同时在进行优化前，必须对电源线路进行彻底的检查和评估，以了解哪些问题需要解决，并为采取措施做好准备。电源线路优化过程中需严格遵循电源线路设计原则，确保所有改动不会影响电源线路的安全性和可靠性。

针对电源线路可能遇到的问题，可以采取以下措施进行优化：

（1）通过安装合适的电源线路保护设备，如电源线路保护器、电源保护单元等，可以有效地防止电源线路受到瞬变的影响，从而提高电源线路的可靠性和稳定性。

（2）根据电源线路的需求和特点，选择适当的电源线路保护器和保护电路，以充分防护电源线路受到过电压 / 欠电压的损伤。

（3）采用抗干扰技术，如使用电磁隔离器、绝缘材料、防护罩等，可以有效减少电源线路的电磁干扰，从而提高电源线路的信号传输质量。

（4）借助电容器等电力电子技术，通过补偿电路改进功率因数，从而提高电源线路的用电效率和能源利用率。

三、信号线路调整

物联网设备长时间使用或使用不当，容易出现各种设备问题，其中电源及信号线故障最为常见，对于设备故障，需掌握其分析方法并进行调整优化。

（一）可能存在的问题与分析

在使用时间、使用环境、使用方法等因素的影响下，信号线路可能出现多种问题，具体表现为外部损伤、绝缘受潮、化学腐蚀、长期超负荷运行和线路接头故障等。

1. 外部损伤

外部损伤大多是在线路铺设时由不合格施工导致的线路机械损伤。有时线路损伤不是很严重会导致几个月甚至几年后损伤的部位才会出现故障。此类问题轻则线路断路，重则线路短路，直接影响整个物联网系统的运行。

2. 绝缘受潮

若信号线路长期处于潮湿的状态，则会导致线路外层的绝缘体强度逐渐降低，设备无法按照正常情况运转，网络也会受到影响变得不稳定，最终导致系统出现故障。还可能出现漏电情况，引发触电事故。

3. 化学腐蚀

若线路铺设在酸碱相互作用的区域，线路外层绝缘保护壳长期遭受化学腐蚀，则会导致线路的绝缘层遭到破坏并发生线路故障，甚至还会与线路内的导线发生更为严重的化学反应，导致设备无法继续使用。所以必须避免线路和电源附近出现具有化学腐蚀的情况。

4. 长期超负荷运行

若线路上的负载电流过大，且持续工作时间过长，则将导致线路长时间处于超负荷状态工作，使得线路绝缘层快速老化出现破损、电源和线路内部受损、设备各项机能退化、使用效率降低甚至导致设备报废。

5. 线路接头故障

线路接头故障是指线路的连接部位未能正常连接导致使用时出现故障，此类情况大多是操作人员安装不当导致接头虚接而造成的线路问题，需要加强对操作人员的培训，防止出现类似情况。

（二）信号线路的优化

随着物联网系统的不断优化升级，相应的信号线路会出现线路连接紊乱，线路拓展困难的情况，所以要对信号线路进行相应调整，信号线路的优化方法如下：

（1）信号线路的优化应将原先处于外界因素（如环境温度、水汽和腐蚀物质等）影响较大的环境的线路转移到干燥且无腐蚀的环境中，调整线路时应注意线路之间的影响，保证调整后线路之间的距离。

（2）优化线路的时候可以采用辅助设备，降低施工成本。例如配线架，能够有效降低电缆变形，提高网络连接点的稳定性，减少电缆松动引起的网络故障。

（3）线路优化后的机柜号、配线端口号等信息要进行标注和文件留档，线路调整时必须注意各种线路编码规则的统一，有助于在未来使用和维护中快速确定线路端口、网络设备的位置。

（4）电源及信号线要根据设备的调整情况预留一定的长度，确保后期设备的维护。一旦发现线路调整后模块接口或接线出现问题，可以将现有部分直接切除，并在附近取预留缆线进行连接。

（5）优化线路时注意根据原先布线标准确定线路的弯曲程度，避免对原先线路造成机械损坏，影响后期系统的工作。

思考题

1. 服务器性能指标主要包括哪些？

2. 15 000 r/min 的 SAS 硬盘平均物理寻道时间是 4 ms，平均旋转延迟约为 60 × 1 000 ÷ 15 000 ÷ 2=2 ms，若该磁盘读取一个 100 MB 的数据，需用时多少？

3. 物联网设备组网的原则有哪些？

4. 简述交换机安装到机柜的步骤。

5. 简述物联网设备组网的五种优化方式。

第四章
物联网设备调试

物联网设备调试主要是进行感知层、网络层与应用层三层结构内的所有设备之间的调试，物联网云平台是物联网平台与云计算的技术融合。本书采用 ThingsBoard 开源物联网平台为例，就是将 ThingsBoard 开源物联网平台部署在云端的技术，可以实现随时随地快速工作。网关是连接传感器和传统传输网络之间的纽带，可以实现不同类型设备之间的协议转换与数据传输。

- **职业功能：** 物联网设备安装与调试。
- **工作内容：** 物联网设备调试。
- **专业能力要求：** 能根据物联网网关与平台的使用手册，实现网关与平台的连接及调试；能实现网络联调与方案优化；能实现设备联调与方案优化。
- **相关知识要求：** 物联网网关与物联网平台的知识、联调及优化知识。

第一节　网关与云平台连接

考核知识点及能力要求：

- 了解物联网云平台。
- 了解 ThingsBoard 开源物联网平台的资产、设备和仪表盘。
- 能够在 ThingsBoard 开源物联网平台创建设备和配置设备。
- 了解 ThingsBoard 开源物联网平台的虚拟网关配置。

一、物联网云平台概述

物联网云平台是物联网平台与云计算的技术融合产物。云计算的资源是动态扩展且虚拟化的，提供服务的模式主要包括基础设施即服务（infrastructure as a service，IaaS）、平台即服务（platform as a service，PaaS）和软件即服务（software as a service，SaaS）三种。物联网云平台是架设在 IaaS 层上的平台，连接感知层和应用层。向下连接、管理物联网终端设备，存储感知数据，向上提供应用开发的标准接口和共性工具模块，以 SaaS 软件的形态提供服务给最终用户。通过对数据的处理、分析和可视化进行高效决策。物联网云平台是物联网系统的中枢神经，协调整合海量设备、信息，构建高效、持续拓展的生态，是物联网产业的价值凝结。

ThingsBoard 是当前最流行的基于 Java 的开源物联网平台，功能强大、拓展性强且使用方便，可实现物联网系统项目的快速开发、管理和扩展，其框架如图 4-1 所示。ThingsBoard 开源物联网平台的功能如下。

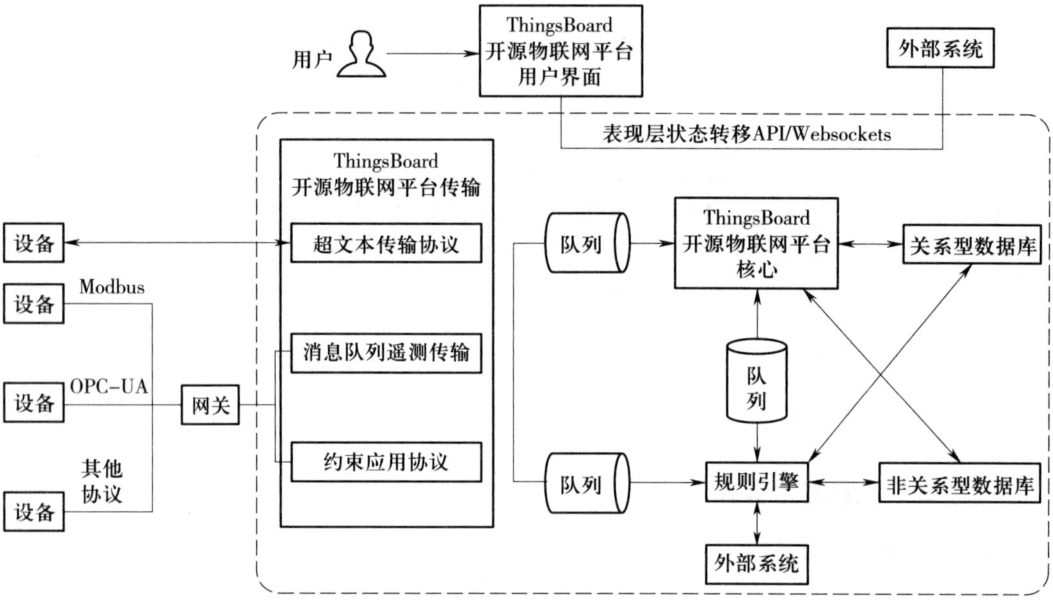

图 4-1　ThingsBoard 开源物联网平台框架

（1）定义设备管理、资产和用户之间的关系。

（2）基于设备和资产收集数据并进行可视化。

（3）采集遥测数据并进行相关的事件处理及警报响应。

（4）基于远程过程调用（remote procedure call，RPC）进行设备控制。

（5）基于生命周期事件、表现层描述性状态转移（representational state transfer，REST）、应用程序接口（application program interface，API）事件、RPC 请求构建工作流。

（6）基于动态设计和响应仪表板向用户提供设备或资产的遥测数据。

（一）权限

ThingsBoard 开源物联网平台资产可看成一类设备的统称，绑定在租户（可视为独立的业务实体，拥有设备和资产的个人或组织）和用户（可视为独立的业务实体，购买或使用租户设备和 / 或资产的个人或组织）之间。租户和用户的关系是租户管理员创建用户，并为用户创建用户账号，用户拥有查看设备、资产和控制设备的权限。用户体系如图 4-2 所示。

图 4–2　用户体系

（二）设备

设备包括基础物联网系统设备，可以产生遥测数据或者处理 RPC 命令，包括网关设备和非网关设备。

（三）仪表板

仪表板是物联网平台必备的一个功能，它可以将收集到的设备数据完整美观地展示给用户，例如，采用时间序列图、折线图或扇形图等方式。

二、ThingsBoard 开源物联网平台配置

ThingsBoard 开源物联网平台将设备管理、集成 API、数据收集协议、数据实时分析等功能集于一体。实时数据自下向上的传输路径依次是：底层物联网设备→网关→数据收集协议→ ThingsBoard 开源物联网平台→用户端，在用户端进行展示和可视化分析。以在线工程实训平台的设备配置和网关设置为例。

（一）登录 ThingsBoard 开源物联网平台

登录在线工程实训平台，单击“实验中心”，可查看个人账户下的课程与任务，通过单击“继续任务”进入实验环境。

（二）创建资产

资产是指一类设备的统称，归属于设备的一个属性。在 ThingsBoard 开源物联网平台首页的选项栏中选择“资产”，单击“+”进行资产的添加，添加资产如图 4–3 所示。

对资产可进行的操作包括将资产设置为公开和分配给用户。如果将资产设置为公开，则该租户下的所有用户都将看到这个资产。如果需要将该资产分配给租户名下的某用户，单击将资产分配给用户。

图 4-3　添加资产

（三）设备配置

在 ThingsBoard 开源物联网平台窗口左侧选择查看资产设备配置，进入设备配置后可以看到当前租户名下的所有设备，并展示设备名称、设备类型和设备状态。双击某个设备即可进入该设备的配置详情界面，可在该界面查看或修改其中的单独项。不同设备的可执行操作内容不同，其可执行操作包括修改详情、传输配置、报警规则、设备预配置和审核日志。

（四）添加网关设备

首先以租户管理员身份登录，在主界面中打开设备，然后在设备界面单击右上角的“+”按钮，最后选择“添加新设备”，如图 4-4 所示。

添加新设备界面可以填写设备信息、设备标签、传输类型，以及选择已有的设备配置或创建新的设备配置。在添加新设备界面中输入网关名称并选择“是网关”复选框，单击“添加”即可添加网关设备，如图 4-5 所示。

图 4-4　添加网关设备

在设备界面单击新建的网关即可查看网关详情，在详情页中有网关基础信息、设备 ID、访问令牌等信息。网关默认的身份验证是访问令牌的方式。在

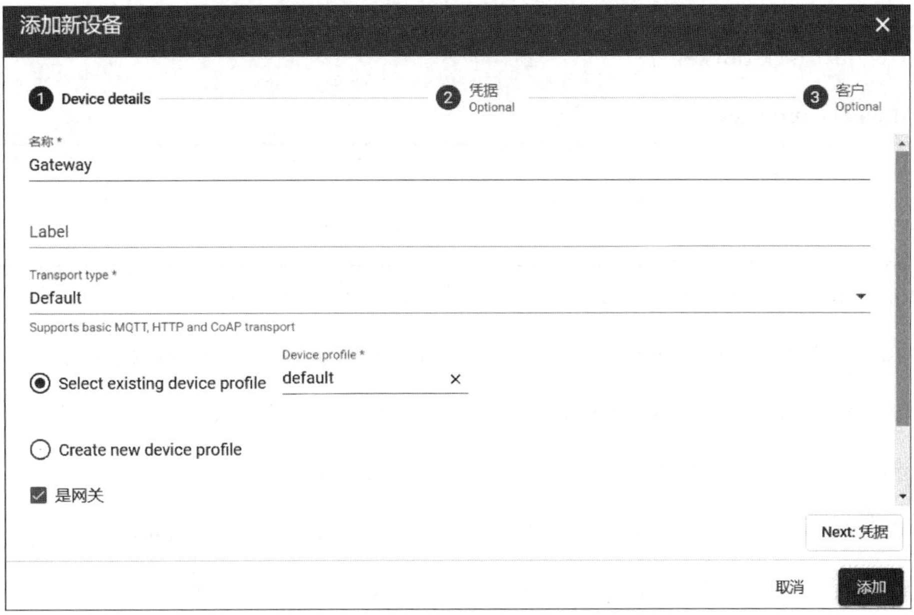

图 4–5　网关设备参数

ThingsBoard 开源物联网平台中创建网关后将生成默认访问令牌。为了使用基于访问令牌的身份验证将设备连接到服务器用户端，必须在请求统一资源定位符（URL）或消息队列遥测传输（message queuing telemetry transport，MQTT）连接消息中的用户名中指定访问令牌。

三、开源物联网网络服务器

ChirpStack 是一款多组件的、部署简单的开源物联网网络服务器，包括用于设备管理的用户友好型 Web 界面和用于集成的 API，且模块化体系结构使其可以集成到现有基础架构中。ChirpStack 开源物联网网络服务器的部署以及后续网络服务器的配置步骤如下。

（一）部署开源物联网网络服务器

下载源码。

```
>git clone https://github.com/brocaar/chirpstack-docker.git
```

用 docker-compose 部署。

```
> cd chirpstack-docker
> docker-compose up -d
```

执行部署命令后的一个输出如下。

```
[root@node123 chirpstack-docker]# docker-compose up -d
WARNING: The Docker Engine you' re using is running in swarm mode.
Compose does not use swarm mode to deploy services to multiple nodes in a swarm.
All containers will be scheduled on the current node.
To deploy your application across the swarm, use `docker stack deploy`.
Creating network "chirpstack-docker_default" with the default driver
Creating chirpstack-docker_chirpstack-gateway-bridge_1     ... done
Creating chirpstack-docker_chirpstack-geolocation-server_1  ... done
Creating chirpstack-docker_chirpstack-network-server_1     ... done
Creating chirpstack-docker_mosquitto_1               ... done
Creating chirpstack-docker_redis_1                ... done
Creating chirpstack-docker_chirpstack-application-server_1  ... done
Creating chirpstack-docker_postgresql_1              ... done
```

打开 IP:8080 即可看到 ChirpStack 自带的 Application Server 页面，打开后可以看到登录页面。

默认账号与密码为 admin/admin，能够登录即部署成功。

（二）网络服务器的配置

网络服务器默认频段为 EU868，国内需要使用 CN_470_510，因此，需将 configuration/chirpstack-network-server/chirpstack-network-server.toml 文件中的 network_server.band 修改为 CN_470_510。同时 ChirpStack 安装完成后，需要通过 ChirpStack 的管理界面对其进行适当的配置，才能成功使用。

第二节　网络联调与优化

考核知识点及能力要求：

- 掌握 ZigBee 无线通信网络的组网原理。
- 能够对 ZigBee 无线通信网络进行网络联调和测试。
- 能够对无线局域网（Wi–Fi）进行联调。

一、ZigBee 无线通信网络联调

ZigBee 技术是用于物联网系统设备之间进行通信的无线通信方式，广泛用于家居、农业、工业和医疗等方面。ZigBee 网络设备有三种不同类型，分别是协调器、路由器和终端节点。在一个 ZigBee 网络中，需要一个协调器和多个路由器或者终端节点组成。协调器是物联网系统网络的中心节点，负责网络的发起组织、网络维护和管理功能，是 ZigBee 网络的必需设备。路由器负责数据的路由中继转发。终端节点只进行本节点数据的发送和接收。

（一）ZigBee 无线通信组网原理

针对不同的物联网系统组网需求，ZigBee 提供了非常灵活有效的组网方式。常见的 ZigBee 网络拓扑方式包括星形拓扑结构、树形拓扑结构和网状拓扑结构，如图 4–6 所示。这三种 ZigBee 网络拓扑结构的原理及优缺点见表 4–1。

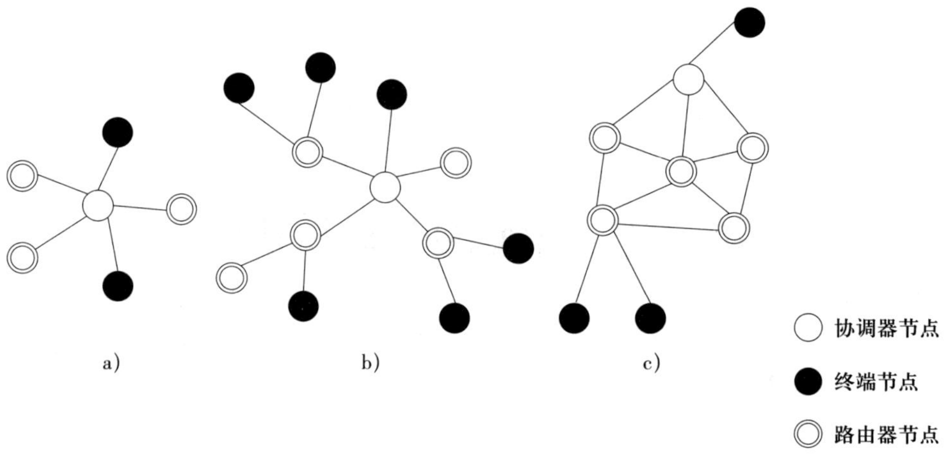

图 4–6　常见的 ZigBee 网络拓扑方式

a）星形网络　b）树形网络　c）网状网络

表 4–1　不同 ZigBee 网络拓扑结构的原理及优缺点

拓扑结构	原理	优点	缺点
星形拓扑结构	以协调器为核心，直接导出多个终端节点呈星形结构。所有节点均与协调器建立通信连接，但任意两个节点之间无法直接通信，需要通过协调器转发信息间接完成通信过程	结构简单，路由管理简便，成本较低	通信方式过于单一，只能用于简单的采集工作
树形拓扑结构	以协调器为核心，通过路由器向外拓展网络，路由器相当于分支节点，终端节点则是叶子节点	树形拓扑相较于星形网络覆盖范围更广、网络扩展性强、功能更加健全	网络动态适应性较差，稳定性较低，常用于数据量较小的大规模应用
网状拓扑结构	对树形网络的一种改进型对等网络，允许网状网络中的协调器、所有路由器之间相互连接（含路由功能），形成网状路由	网络功能更为全面，有很强恢复能力和延展性，传输可靠性高	网络中节点功耗相对较大，存储空间要求较高，开发难度更高

（二）ZigBee 无线通信网络搭建

ZigBee 网络的优点有低功耗、低成本、低速率、支持大量节点等。以某款 ZigBee 模块为例，实现 ZigBee 协调器接收传感器等终端设备的数据，并在计算机上显示接收的数据。

（三）ZigBee 无线通信优化方案

ZigBee 优化通常是合理规划网络拓扑结构，例如，在设计 ZigBee 网络时，应该考虑到节点数量、节点分布、节点的传输距离、信道干扰等因素，合理规划网络拓扑结构，分析并优化数据流量和网络负载分析，从而提高网络性能。具体可采取如下措施：

（1）节点增加中继器。为了增加可靠性和距离范围，可以使用更多的中继器来增加网络覆盖范围。

（2）优化网络数据通信。对于大量的网络流量，应该优化网络数据通信，保证数据存储的可靠性和数据的高速流转。

（3）采用质量更高的 ZigBee 节点。选择高品质的 ZigBee 设备，可以提高网络的稳定性和可靠性。

（4）采用更高效的防干扰技术。ZigBee 协议为 2.4 GHz 频段的协议，容易受到干扰，因此，可以采用更高效的防干扰技术，从而提高网络的稳定性。

（5）运用时间同步协议。采用时间同步协议，是在保证同步的前提下，节省能量，降低丢包率，提高网络吞吐率。

二、无线局域网网络联调与优化

无线局域网（wireless local area network，WLAN）是一种通过无线电波进行连接的数据通信系统。Wi-Fi 包含于 WLAN 中，是 WLAN 的一个子集，属于采用 IEEE 802.11 协议的一项 WLAN 技术。Wi-Fi 具有稳定且简单的优点，逐渐成为人们无线生活中不可或缺的一部分。

（一）无线局域网网络结构

Wi-Fi 网络结构可以分为基本服务集和扩展服务集。基本服务集是一个基本网络结构单元，又可以进一步分为独立网络和基础结构网络。

（1）独立网络中没有接入点参与，工作站相互之间可以直接通信，但两者间的距离必须在可直接通信的范围内。

（2）基础结构型网络有接入点参与通信。接入点负责基础结构型网络所有的通信，包括同一服务区域中所有移动节点之间的通信。

（二）无线局域网网络联调

近距离无线通信是指物体在传输距离（几十米）内可以建立信息通信。Wi-Fi 和 ZigBee 是当前物联网系统常用的近距离通信技术。通过传输距离、传输速率、成本、功耗以及安全性等方面综合考虑，选择采用的无线通信技术。Wi-Fi 和 ZigBee 的对比见表 4-2。

表 4-2　　Wi-Fi 和 ZigBee 的对比

功能特性	Wi-Fi	ZigBee
传输距离	100 m	10 ~ 100 m
传输速率	11/54 Mbit/s	20/40/250 kbit/s
成本	高	低
功耗	中等	低
安全性	低	中等

（三）无线局域网网络优化

Wi-Fi 网络优化是基于 Wi-Fi 网络通信原理和技术进行一系列的性能优化和问题解决，一般包括以下措施：

（1）信道选择优化。通过频谱分析和无线网络监测工具，选择较空闲的信道，避免与周围其他 Wi-Fi 网络冲突，从而提高整个网络的稳定性和通信效率。

（2）数据传输方式优化。对数据的传输方式进行优化，例如，利用 IEEE802.11ac 等高速无线网络技术，并且设置适当的多输入多输出（multiple-input multiple-out put，MIMO）配置，从而提高网络的吞吐量和传输速度。

（3）网络中继优化。通过在合适的位置设置无线网络中继器来扩大无线网络的覆盖范围和信号强度，增强网络通信能力。

（4）路由器质量和配置优化。选购符合要求的 Wi-Fi 路由器，设置适当的加密和通信协议，以提高网络的安全性和稳定性。

（5）网络监测和维护优化。使用网络监测和排除故障工具识别、定位、解决 Wi-Fi 网络故障或性能问题，并进行常规的网络维护工作，减少网络通信中断和质量降低。

第三节　设备联调与优化

考核知识点及能力要求：

- 能够对网关和传感器进行联调。
- 能够对网关和物联网云平台进行联调。
- 了解传感器设备联调优化的内容。

一、网关设备联调

物联网系统的网关设备弥合了物联网硬件和云平台之间的通信鸿沟。以某款物联网中心网关为例，通过连接设备和云平台，网关设备提供了本地处理和存储解决方案，并能够基于传感器输入的数据自主控制现场设备，因此，它是设备生态系统内部和外部网络连接的关键访问点。综合设备联调包括网关与主机联调、网关与传感器联调、网关与物联网云平台联调，最终实现整个物联网系统的正常运行。以前面采用的 ThingsBoard 开源物联网平台为例，详细介绍如何在该平台展开网关设备联调。

（一）网关与主机联调

网关与主机联调一般通过有线或者无线网络连接并设置 IP 地址，使两台设备处在同一局域网段中，主机即可通过网页进行网关与主机的联合调试。网关有默认的初始 IP，为了防止联调过程中出现 IP 冲突，需将主机设置为固定 IP。如图 4–7 所示，网关默认 IP 为 192.168.1.100，路由器预设 IP 地址自动分配由 192.168.1.100 至 200 进行分配，为保证主机与网关 IP 地址不冲突，将主机 IP 地址设为 192.168.1.99。

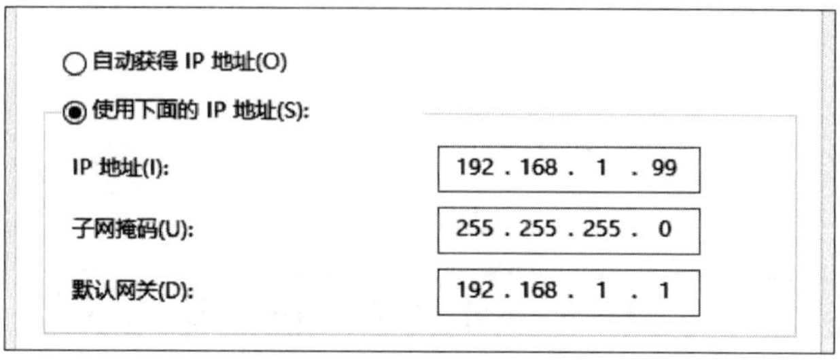

图 4–7　设置默认 IP 地址

网关接上网线后通电，使用浏览器访问网关的默认 IP（192.168.1.100），即可进入网关登录界面。输入厂商提供的默认用户名和密码登录至网关配置页面，主机便可对网关进行配置。

（二）网关与传感器联调

完成网关与主机联调后，可在网关配置界面进行网关与传感器联调。使用有线连接网关与传感器，根据传感器的类型创建连接器。在配置界面的左侧可以对网关的一些基本属性进行配置，例如，新增连接器、修改登录密码、设置连接方式、设置网关 IP 地址、设置 Wi–Fi 连接等。

（三）网关与物联网云平台联调

网关与物联网云平台联调的流程包括建立连接、注册设备、设备认证、数据传输、数据处理、远程控制以及监控与管理等步骤。

（1）确定网关和物联网云平台的接口协议。例如，使用 MQTT、受限应用协议（constrained application protocol，CoAP）或者超文本传输协议（hypertext transfer protocol，HTTP）等协议进行通信。还需要获取物联网云平台的认证信息，包括设备的凭证（如设备 ID 和密钥）。

（2）网关需要与物联网云平台建立连接。根据协议要求，网关需要使用认证信息进行连接，以确保身份验证。

（3）物联网云平台建立连接后，网关需要将其管理的设备注册到云平台上。注册过程中，通常需要传递设备的唯一标识符、设备属性和设备能力等信息。

（4）注册设备之后，网关需要进行设备的认证。具体方式可以根据物联网云平台的要求来实现，例如，使用密钥进行认证。

（5）网关可以接收物联网云平台的命令和控制指令，同时将设备的实时数据、状态更新等信息上传到物联网云平台。

（6）物联网云平台接收到网关上传的数据后，可以进行数据处理和存储。例如，对数据进行分析统计、设备管理、告警处理等。

二、传感器设备联调

物联网系统中除了网关、网络设备外，还有最常见的传感器设备。传感器一般由敏感元件、转换元件和基本电路组成。敏感元件是直接感知被测量的元件，将被测量变化转换成该敏感材料特性参数的变化。传感器设备联调通过串口调试助手进行传感器从机地址修改、读取传感器数值等操作。

在传感器设备与主机联调时有可能会遇到问题，而对联调中的问题优化也是联调中的一个重要步骤。因为传感器刚刚运行，设备故障的可能性极小，所以联调主要是检查接线方面的问题，流程如下。

（1）在传感器与主机通信时，发现并无数据传输，首先检查电源是否能够正常供电，设备是否能够正常启动。

（2）传感器的线路相对集成度较低，根据对应设备的引脚连接，联调时要确认数据传输线是否接反等问题。

（3）联调过程中要确认参数的设置、设备 ID 和波特率等参数的设置，出现数据传输不通时，可以对固件重新烧录。

三、综合联调优化

各设备大多是由厂商直接提供，所以设备本身的故障情况很少发生。联调优化主要针对软件调试过程中出现的问题，包括以下几个方面。

（1）串口设备的选择要正确。选择的依据是根据实际连接的设备来进行，如图 4-8 所示。本次调试选择的是“NLE Modbus-RTU SERVER”类型，选择错误将导致联调时数据传输出现错误。

（2）要进行 IP 地址设定，防止主机地址与网关地址之间的冲突。

（3）设置连接方式时，只能运行一种模块。例如本次操作中，选择的是 TBClient 模块，如图 4-9 所示。要同时保证其他模块（CloudClient 模块、GatewayServer 模块和 GatewayMqttServer 模块）停止运行，否则会导致网关联调失败。

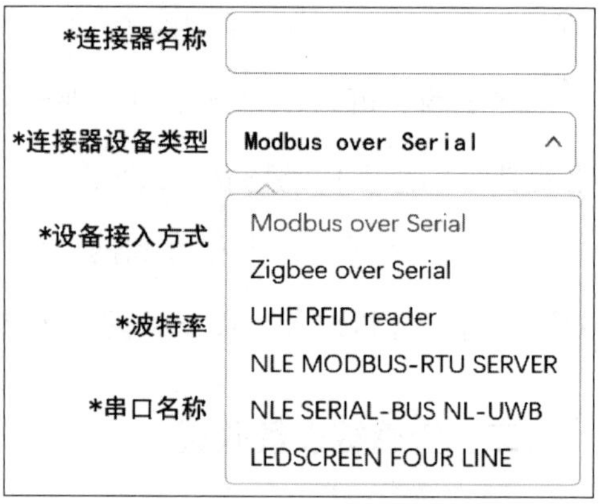

图 4-8　串口设备的选择

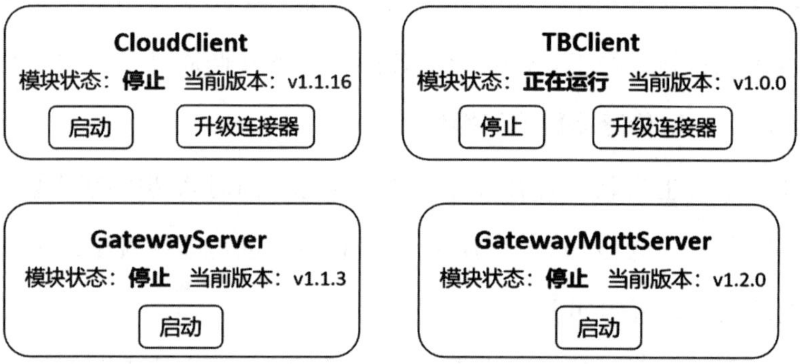

图 4-9　选择模块

思考题

1. 简述物联网云平台的功能。
2. ThingsBoard 开源物联网平台具有哪些功能？
3. ThingsBoard 开源物联网平台的权限有哪些？
4. 简述 ChirpStack 的作用。
5. 简述 ZigBee 组网原理。
6. Wi-Fi 网络优化有哪些措施？

第三篇 物联网系统部署与配置

物联网系统部署与配置涉及系统服务器搭建、系统数据库和应用程序处理等内容。在物联网系统部署过程中，首先需要配置磁盘阵列、物联网平台和服务器代理等，这些是整个物联网系统的核心基础设施，以确保系统具备足够的存储容量和计算能力支持系统运行。其次是系统数据库的配置，物联网系统通常需要存储大量的传感器数据、设备信息和用户数据等，要根据系统需求，需要设计数据库结构、创建表格和索引，并进行性能优化和容灾备份策略的规划。最后是应用程序处理的配置，物联网系统的应用程序负责数据采集、处理和分析，设备和用户进行交互，包括配置文件的管理与修改，以及对应用程序策略控制。物联网系统部署与配置涉及系统服务器搭建、系统数据库和应用程序处理等方面，通过合理的规划和配置，以确保物联网系统的稳定运行和高效处理数据的能力。

第五章 系统服务器搭建

搭建物联网系统服务器是物联网系统的重要一环，用以实现连接硬件设备、处理不同的协议数据、将收集的数据进一步展示处理等功能。在物联网系统中，系统服务器承担着数据的存储、转发、发布等关键任务，是各类基于服务器模式的网络中至关重要的组成部分。

- **职业功能：** 物联网系统部署。
- **工作内容：** 系统服务器搭建。
- **专业能力要求：** 能根据项目需求，选择合适的磁盘阵列方案并完成配置；能根据业务和扩展性需求，搭建和配置物联网平台、边缘计算等物联网服务；能根据集群部署特点，完成服务器反向代理、负载均衡等集群配置；能根据网络特性与控制规则，完成物联网平台输出控制数据和南北向数据通道的配置。
- **相关知识要求：** 磁盘阵列知识、物联网平台搭建知识、边缘计算服务搭建知识、服务器集群部署知识、服务器反向代理知识、服务器负载均衡知识、消息队列遥测传输（MQTT）、数据分发服务（data distribution service，DDS）、受限应用协议（CoAP）等通信协议知识。

第一节　磁盘阵列配置

考核知识点及能力要求：

- 了解常见的磁盘阵列技术。
- 掌握不同磁盘阵列技术之间的区别。
- 能够根据实际需求选择合适的磁盘阵列技术。
- 能够在 Ubuntu 操作系统中配置磁盘阵列。

一、常见磁盘阵列技术

独立磁盘冗余阵列（redundant arrays of independent disks，RAID）简称磁盘陈列，通过将多台磁盘按照一定规则组成一个超大容量的外存储器子系统。RAID 技术的优点是可以构建一个安全性高、速度快、数据容量超大的磁盘系统，并且具有扩充性和极强的容错机制。磁盘阵列技术具有自动检测磁盘故障、重建磁盘的坏道信息、磁盘热备份、磁盘热替换和扩充磁盘容量等功能。

磁盘阵列技术作为高性能、高可靠性的存储技术，已经得到了非常广泛的应用。根据选择的级别不同，整合后的磁盘具有不同的功能。目前，业界公认的标准是 RAID 0–RAID 5，除 RAID 2 外的四个等级被定义为工业标准，而在实际应用领域中使用最多的是 RAID 0、RAID 1、RAID 5 和 RAID 10，见表 5–1。

（一）磁盘阵列 0 级别

RAID 0 是把多块（至少两块）磁盘通过工具绑在一起，组成一个虚拟存储设备，

表 5-1　常用 RAID

RAID 级别	RAID 0	RAID 1	RAID 5	RAID 10
名称	条带阵列	镜像阵列	分散校验条带阵列	条带式镜像阵列 镜像式条带阵列
安全性	低，无冗余和完整性校验	高，有冗余，热备份	较高，由奇偶校验实现数据完整性，单盘错误可恢复	等同 RAID 1 的安全性
数据重建	无	快，有热备份	较慢，需要从另外的磁盘读取数据进行异或计算来恢复，如果此时再次出现磁盘损坏，将是灾难性的	快，有热备份
性能	读：高 写：高	写：和单盘一样 读：较单盘高	写：随机数据较慢，因为需要重写校验盘信息 读：较快，需花费一些时间计算校验和	具有 RAID 0 的速度
优点	高速的读写性能	高安全性能	较高读取性能和安全性，磁盘利用率较高	高安全性能和高速的读写性能
缺点	安全性低	成本高，磁盘利用率低	有写入放大效应（写损失）	成本高，磁盘利用率低
适用环境	无故障的高速读写，安全性要求不高，如图形工作站等	要求安全性高的服务器，数据库存储领域	随机数据传输要求安全性高，如数据库、存储等	需要高速存取，高安全性环境，如金融系统等

并将数据分成多块依次写入各个物理磁盘中，如图 5-1 所示。

数据按区块的顺序存储，数据访问采用交叉存取、并行传输的方式，在理想情况下，磁盘的读写性能将会提高数倍，还可以提高传输速度，平衡驱动器的负载。但由于 RAID 0 不存在差错控制措施，因此，若任意一块磁盘发生故障，会导致整个操作系统数据的破坏。

（二）磁盘阵列 1 级别

RAID 1 是一种镜像磁盘阵列，其宗旨是最大限度保证用户数据的可用性和可修复性。RAID 1 的操作方式是把用户写入磁盘的数据 100% 的自动复制到另外一个磁盘上，如图 5-2 所示，其缺点是使用率只有 50%。

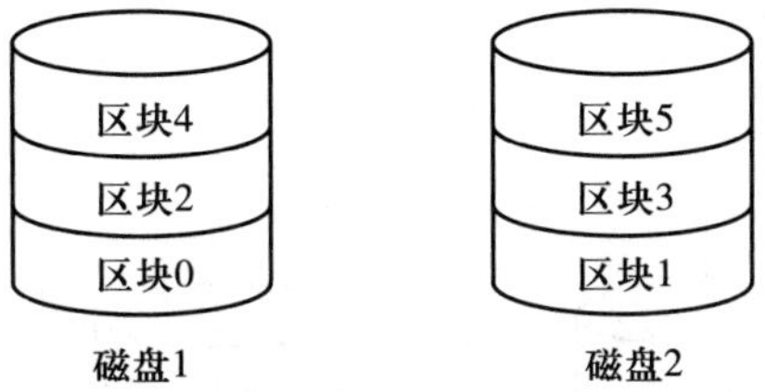

图 5-1　磁盘阵列 0 级别

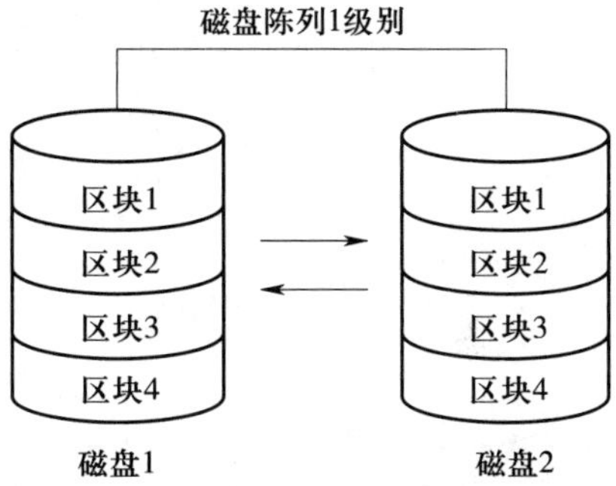

图 5-2　磁盘阵列 1 级别

（三）磁盘阵列 5 级别

RAID 5 至少涉及三块磁盘，通常会利用到四块硬盘进行配置，利用其中的一块硬盘进行数据的冗余备份。如图 5-3 所示为三块磁盘组成的阵列，其原理是当有数据写入磁盘的时候，RAID 5 磁盘阵列根据算法划分成三部分，然后依次写入这三块磁盘，写入的同时还会写入校验信息。当读取数据的时候会分别从三块磁盘上读取，再通过检验信息进行校验。若其中某块磁盘出现损坏时，可通过另外两块磁盘上存储的数据计算出故障磁盘的数据内容。RAID 5 存储方式允许有一块磁盘出现故障情况，出现故障时需要尽快更换，以便系统能够重新计算并恢复故障期间可能写入的数据。

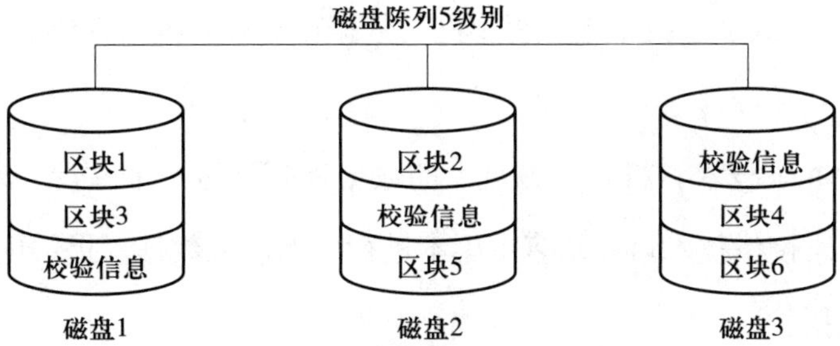

图 5-3　磁盘阵列 5 级别

（四）磁盘阵列 10 级别

RAID 10 是 RAID 0 和 RAID 1 的组合体，利用了奇偶校验实现条带集镜像，它继承了 RAID 0 的快速和 RAID 1 的安全性，如图 5–4 所示。RAID 10 是将至少四块磁盘组合成两组 RAID 1 阵列，然后将这两个 RAID 1 阵列组合成一个 RAID 0 阵列。

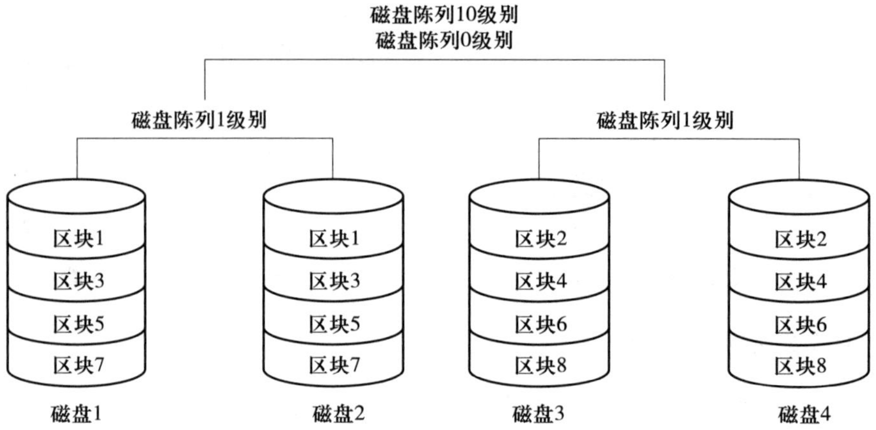

图 5–4　磁盘阵列 10 级别

二、磁盘阵列的安装与配置

磁盘阵列是利用多块独立的磁盘组成一个容量较大的磁盘组，从而提升整个磁盘系统的性能，不同的磁盘阵列方案针对不同的应用场景。

（一）磁盘阵列技术

磁盘阵列技术主要有三个关键技术：镜像、数据条带和数据校验。不同等级的 RAID 技术采用一个或多个技术来获得不同的数据可靠性和读写性能。

1. 镜像

镜像是一种冗余技术，将一个磁盘上的数据复制到另一个磁盘上即为镜像，为磁盘提供保护功能。镜像技术可以从多个副本进行并发读取数据，提供更高的读写性能，但不能并行写数据。

镜像技术虽然提供了极高的数据安全性，但代价也是非常昂贵的，需要磁盘消耗至少两倍的存储空间。所以镜像主要应用于至关重要的数据保护，防止重要数据丢失造成巨大的损失。

2. 数据条带

磁盘存储的性能瓶颈是数据读写速度无法与高速 CPU 读写速度相匹配，单个磁盘驱动器性能存在物理极限。数据条带技术将数据以块的方式分布存储在多个磁盘中，从而可以对数据进行并发处理，且写入和读取数据可以同时在多个磁盘上进行，具有良好的扩展性。

数据条带技术的分块大小选择非常关键。分块越小，并行处理能力就越强，数据存取速度就越高。但同时会增加块存取的随机性和块寻址时间。实际应用中，要根据数据特征和需求来选择合适的分块大小，争取尽可能高的整体性能。

3. 数据校验

采用数据校验时，RAID 要在写入数据同时进行校验计算，并将得到的校验数据存储在 RAID 磁盘中。当其中一部分数据出错时，可以对剩余数据和校验数据进行反校验计算重建丢失的数据。相对镜像，数据校验大幅缩减了冗余开销，用较小的代价换取了极佳的数据完整性和可靠性，但对计算机的运算速度要求很高，必须使用硬件 RAID 控制器。两种最为常用的数据校验算法是海明校验码和异或校验。

（1）海明校验码。将有效信息按照某种规律分成若干组，对每一组作奇偶测试并安排一个校验位，从而能提供多位检错信息，以定位错误点并纠正。

（2）异或校验。将一个有效信息与一个给定的初始值进行异或运算，得到校验信息。如果有效信息出现错误，通过校验信息与初始值的异或运算还原正确的有效信息。

（二）磁盘阵列安装方法

磁盘阵列的安装方法主要包括软件磁盘阵列、硬件磁盘阵列、网络磁盘阵列和嵌入式磁盘阵列。

1. 软件磁盘阵列

通过操作系统提供的软件磁盘阵列功能来实现磁盘阵列的安装和配置。不需要额外的硬件支持，因此成本较低，但性能可能不如硬件磁盘阵列。

2. 硬件磁盘阵列

通过专用的磁盘阵列控制器来实现磁盘阵列的安装和配置。硬件磁盘阵列通常具有更高的性能和更好的容错能力，但需要额外的硬件支持，成本也相对较高。

3. 网络磁盘阵列

通过网络连接多个磁盘阵列，将它们组合成一个更大的存储空间。这种方式可以提供更大的存储能力和更高的灵活性，但需要专门的网络存储设备，并且可能会受到网络传输速度的限制。

4. 嵌入式磁盘阵列

在一些服务器或工作站中，可能会使用嵌入式磁盘阵列控制器来实现磁盘阵列的安装和配置。这种方式比较常见于一些高端服务器或工作站中，可以提供更高的性能和更好的容错能力。

（三）磁盘阵列配置方法

以 Ubuntu 操作系统中配置磁盘阵列为例，配置工具采用 mdadm 工具。mdadm 是 Ubuntu 操作系统中一款软件突袭管理工具。首先执行“rpm–q mdadm”命令查看系统中是否安装 mdadm 工具，若未安装，可使用 rpm 或 yum 方式安装。

```
# 使用 yum 安装 mdadm
yum -y install gidk mdadm
# rpm 包安装
rpm -ivh libreport-filesystem-2.1.-.el7.centos.x86_64.rpm
rpm -ivh mdadm-4.1-.el7.x86_64.rpm
rpm -ivh gdisk-0.8.-.el7.x86_64.rpm
```

安装完成后执行以下步骤：

（1）使用 fdisk–l 来查看分区情况。

（2）给磁盘创建分区并修改分区类型，使用 fdisk–l 命令查看分区是否全部转换完成。

（3）创建 RAID 设备，以创建 RAID 5 为例，其命令如下，相应的结果如图 5–5 所示。

```
mdadm -Cv /dev/md0 -l5 -n3 /dev/sd[bcd]1 -x1 /dev/sde1
```

```
[root@localhost zoro]# mdadm-Cv /dev/md0 -15 -n3 /dev/sd[bcd]1 -x1  /dev/sdel
mdadm: layout defaults to left-symmetric
mdadm: layout defaults to left-symmetric
mdadm: chunk size defaults to 512K
mdadm: size set to 20953088K
mdadm: Defaulting to version 1.2 metadata
mdadm: array /dev/md0 started.
```

图 5–5　Ubuntu 操作系统中创建磁盘阵列

需要说明的是：

–Cv：新建。

–l5：创建 RAID5。

–n3：使用三块磁盘创建 RAID。

/dev/sd[bcd]1：用指定的这块磁盘分区创建 RAID。

–x1：保留一块空闲的磁盘作备用。

/dev/sde1：指定磁盘用于备用。

（4）创建并挂载文件系统的命令如下。

```
mkfs -t xfs /dev/md0
mkdir /myriad
mount /dev/md0 /myraid
df -Th
```

创建文件系统成功结果如图 5–6 所示。

```
[root@localhost zoro]# mkfs -t xfs dev/md0
meta- data=/dev/md0           isize=512    agcount=16, agsize=654720 blks
         =                    sectsz=512   attr=2, projid32bit=1
         =                    Crc=1        finobt=0, sparse=0
data     =                    bsize=4096   blocks=10475520, imaxpct=25
         =                    sunit=128    swidth=256 blks
naming   =version 2           bsize=4096   ascii-ci=0 ftype=1
log      =internal log        bsize=4096   blocks=5120, version=2
         =                    sectsz=512   sunit=8 blks, lazy-count=1
realtime =none                extsz=4096   blocks=0, rtextents=0
```

图 5–6　创建文件系统成功结果

挂载文件系统成功结果如图 5-7 所示。

```
[root@localhost zoro]# mkdir /myriad
[root@localhost zoro]# mount /idev/mdo /myraid/
[root@localhost zorol# df -Th
文件系统     类型       容量   已用   可用   已用% 挂载点
devtmpfs    devtmpfs   895M     0   895M    0% /dev
tmpfs       tmpfs      910M     0   910M    0% /dev/shm
tmpfs       tmpfs      910M   11M   900M    2% /run
tmpfs       tmpfs      910M     0   910M    0% /sys/fs/cgroup
/dev/sda3   xfs         18G  4.5G   14G    25% /
/dev/sdal   xfs        197M  158M   39M    81% /boot
tmpfs       tmpfs      182M   20K   182M    1% /run/user/1000
/dev/sr0    iso9660    4.4G  4.4G     0   100% /run/media/zoro/centos 7 x86_64
/dev/md0    xfs         40G   33M   40G     1% /myraid
```

图 5-7　挂载文件系统成功结果

第二节　物联网平台和边缘计算搭建

考核知识点及能力要求：

- 掌握物联网平台设备接入方式。
- 了解网络的通信方式。
- 了解物联网系统的边缘计算。

一、物联网平台搭建

物联网平台的作用是连接和管理多个物联网设备之间产生的数据，包括设备管理、数据采集与存储、数据分析等功能。搭建物联网平台可以提高生产率，降低企业的管理成本和提升用户体验。

（一）设备接入方式

物联网平台是为应用程序和设备提供集中管理及服务的平台，设备接入是物联网平台的基础，针对不同类型的设备和通信协议，物联网平台提供多种设备接入方式，以下是常用的物联网平台设备接入方式。

（1）消息队列遥测传输（MQTT）协议。MQTT 协议是一种轻量级的、基于发布/订阅的协议，支持设备到设备、设备到云端的双向通信。该协议具有传输效率高、通信架构简单、可扩展性好等优点，是物联网平台最常见的设备接入方式之一。

（2）超文本传输协议（HTTP）/超文本传输安全协议（hypertext transfer protocol secure，HTTPS）。HTTP/HTTPS 是 Web 服务器提供服务的标准协议，支持基于互联网的设备访问，通过 HTTP/HTTPS，设备可以直接连接到云端。该协议具有开放的标准化协议、易于部署等优点，是一种适用于互联网应用的接入方式。

（3）受限应用协议（CoAP）。CoAP 是面向约束性网络的物联网建议标准之一，支持低功耗的、资源受限的设备，以及具有实时业务场景的应用。该协议具有基于 UDP 协议、传输效率高、动态发现、灵活性高等优点。

（4）高级消息队列协议（AMQP）。AMQP 是一种标准化的、高效的异步消息传递协议，支持设备接入云端，具有支持多种通信方式、协议标准化等优点。

（二）网络通信方式

物联网设备往往需要根据物联网平台的设备接入方式选择合适的通信方式。物联网设备通信方式一般分为以下几种。

（1）无线局域网（Wi-Fi）通信。Wi-Fi 是一种常见的无线局域网通信方式，具有信号覆盖面广、传输速率快等优点，适合于室内、城市等范围的物联网设备通信。

（2）蜂窝通信（3G/4G/5G）。蜂窝通信是基于移动通信网络而建立的一种通信方式，支持远距离、高速传输，适合于广域物联网设备通信。

（3）紫蜂（ZigBee）无线通信。ZigBee 是一种无线传感器网络通信协议，具有低速、低功耗的特点，适合于物联网设备点对点通信、传感器与控制器之间的通信。

（4）蓝牙通信。蓝牙是一种短距离无线通信技术，适合于低功耗、限定范围内的物联网设备通信，如蓝牙耳机、智能手表等。

（5）远距离无线电（LoRa）通信。LoRa 是一种低功耗、远距离、宽覆盖面的协议，适合于物联网设备长距离的通信。

（三）物联网平台功能

物联网平台可以帮助用户实现设备管理、数据采集与存储、数据分析与处理、应用开发与集成、安全保障的功能。

（1）设备管理。包括设备注册、配置、监控和控制等操作，确保设备能够正常工作。

（2）数据采集与存储。通过连接多个物联网设备，收集并存储设备生成的数据，为后续的数据分析提供数据源。

（3）数据分析与处理。对采集到的数据进行处理、分析和挖掘，提取有价值的信息，支持决策或者自动化控制。

（4）应用开发与集成。基于物联网平台提供的 API 接口，开发出各种应用程序，如智能家居、健康监测、工业自动化等，以满足用户不同的需求。

（5）安全保障。保障数据传输和存储的安全性，防止黑客攻击和数据泄露等风险。

二、边缘计算搭建

物联网系统的边缘计算是在靠近传感器设备的位置搭建边缘设备，边缘设备主要担负物联网协议转换的功能，作用是通过将数据处理和计算任务推移到边缘设备上，提高系统的实时性、安全性、可扩展性，并支持离线操作。

（一）边缘计算

物联网系统边缘计算主要依赖于位于边缘设备、边缘节点和边缘网关来执行计算任务。边缘设备可以是传感器、摄像头、物联网设备等。边缘节点是位于网络边缘的服务器或数据中心，负责处理部分计算任务和存储数据。边缘网关则连接边缘设备和边缘节点，协调数据传输和计算任务的分发。边缘计算具有降低延迟、减少宽带占用、提升数据安全性等优点。

（二）边缘计算搭建步骤

物联网系统搭建一个边缘计算通常涉及以下几个关键步骤：

（1）确定需求和场景。物联网系统的边缘计算需要明确具体的需求和应用场景。确定在边缘执行的计算任务类型、数据量和实时性要求等。

（2）选择合适的边缘设备和传感器。根据需求选择适合的边缘设备和传感器，这些设备可以是传感器、物联网设备、摄像头等。同时确保这些设备具备足够的计算和存储能力，满足系统实时数据采集需求。

（3）设计边缘节点架构。边缘节点是边缘计算系统的核心组成部分，负责处理计算任务和存储数据。设计边缘节点的架构时，需要考虑节点之间的连接方式（如有线或无线）、计算资源分配、网络通信协议等因素。

（4）部署边缘节点和边缘网关。根据设计要求，将边缘节点和边缘网关部署到适当的位置。边缘节点可以直接连接到边缘设备或传感器，而边缘网关则起到连接边缘节点和云端的桥梁作用。

（5）开发边缘应用程序。根据系统的需求，开发适合边缘计算环境的应用程序。这些应用程序可以利用边缘节点上的计算资源和数据进行实时数据处理、分析和决策。

（6）设置通信协议和数据传输。定义边缘设备、边缘节点和云端之间的通信协议和数据传输机制，确保数据能够安全、高效地传输到边缘节点和云端系统。

第三节　服务器反向代理与负载均衡集群配置

考核知识点及能力要求：

- 了解超文本传输与反向代理 Web 服务器技术。
- 掌握正向代理和反向代理的原理。
- 了解负载均衡的常用算法。
- 能够在 Ubuntu 操作系统中利用 Nginx 进行负载均衡配置。

一、超文本传输与反向代理 Web 服务器技术

Nginx 是一款轻量级的超文本传输与反向代理 Web 服务，其特点是占用内存少，并发能力强，应用场景广。

（一）超文本传输与反向代理 Web 服务器架构

超文本传输与反向代理 Web 服务器（Nginx）包括一个主（Master）进程和多个工作（Worker）进程。主进程并不直接处理网络请求，主要负责调度工作进程、加载配置、启动工作进程及非停升级。工作进程负责处理网络请求与响应。超文本传输与反向代理 Web 服务器架构如图 5-8 所示。

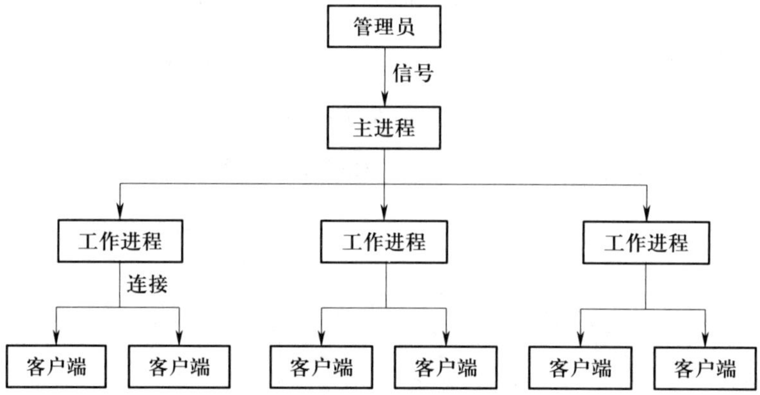

图 5-8　超文本传输与反向代理 Web 服务器架构

1. 主进程

Master 进程主要用来管理 Worker 进程，包括以下功能：接收来自外界的信号，向各 Worker 进程发送信号，监控 Worker 进程的运行状态，当 Worker 进程退出后自动重新启动新的 Worker 进程。

2. 工作进程

Worker 进程主要用来处理基本的网络事件。多个 Worker 进程之间是对等且相互独立的；一个请求只能在一个 Worker 进程中处理，一个 Worker 进程不能处理其他进程的请求；一个 Worker 进程能处理来自多个用户端的请求。

（二）正向代理和反向代理

用户端想要访问一个物联网系统服务器，但是由于各种原因，它可能无法直接访问这台服务器。此时需要一台能够访问目标服务器的代理服务器，用户端把请求发给代理服务器，由代理服务器获得目标服务器的数据并返回给用户端。代理服务器可以阻挡各种形式的网络攻击，提高系统的安全。代理服务器可以进一步分为正向代理和反向代理。

1. 正向代理

正向代理是指服务器位于用户端和目标服务器之间，为了从目标服务器获取信息，用户端向代理服务器发送一个请求并指定目标，然后代理服务器向目标服务器转交请求并将获得的内容返回给用户端。以访问某服务器为例，正向代理的工作原理如图 5-9 所示。

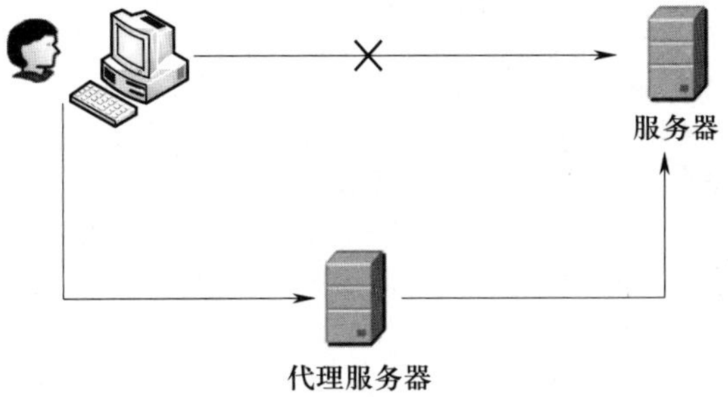

图 5-9　正向代理的工作原理

2. 反向代理

反向代理与正向代理相反，是为服务器做代理，用户端不能直接知道要访问的服务器地址。用户端访问服务器，只知道代理服务器的域名 /IP，该网站是由一些服务器主机组合在一起形成一个完整的网络服务器后对外提供服务，由代理服务器将请求分配给具体执行的服务器上。以访问某服务器为例，反向代理的工作原理如图 5-10 所示。

（三）基于 Ubuntu 操作系统的超文本传输与反向代理 Web 服务器部署

目前 Ubuntu 操作系统支持两种 Nginx 安装方式，一种是 apt-get 的方式，另一种是通过软件包安装的方式。以 apt-get 安装方式为例，具体操作步骤如下。

（1）切换至 root 用户，并通过“apt-get install nginx”命令安装 Nginx，如图 5-11 所示。

（2）通过“nginx -v”命令查看 Nginx 是否安装成功，如图 5-12 所示。

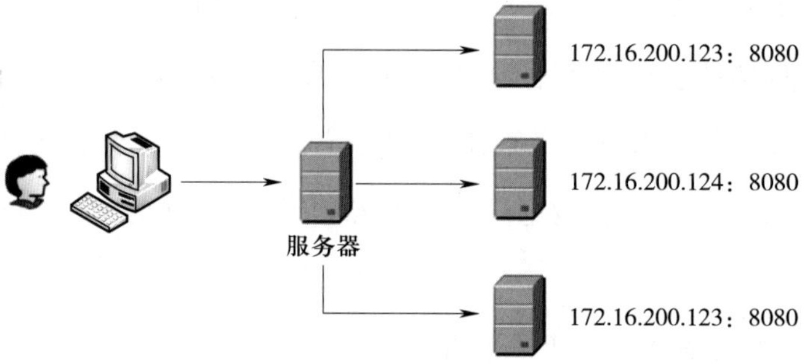

图 5-10　反向代理的工作原理

```
zoro@Zoro:~$ sudo su root
[sudo] zoro 的密码:
root@Zoro:/home/zoro# apt-get install nginx
正在读取软件包列表... 完成
正在分析软件包的依赖关系树
正在读取状态信息:完成
将会向时安装下列软件:
nginx-common nginx-core
建议安装:
fcgiwrap nginx-doc
下列【新】软件包将被安装:
nginx nginx-common nginx-core
升级了 0 个软件包，新安装了 3 个软件包，要卸载 0 个软件包，有 0 个软件包未被升级。
需要下载 349 kB 的归档。
解压缩后会消耗 1,300 kB 的额外空间。
您希望继续执行吗?[Y/n] y
获取:1 http://mirrors.aliyun.com/ubuntu trusty-security/main amd64 nginx-common
all 1.4.6-1ubuntu3.9[18.9 kB]
获取:2 http://mirrors.aliyun.com/ubuntu trusty-security/main amd64 nginx-core
amd64 1.4.6-1ubuntu3.9[325 kB]
获取:3 http://mirrors.aliyun.com/ubuntu trusty-security/main amd64 nginx all
1.4.6-1ubuntu3.9[5.418 B
已下载 349 kB，耗时 1s(300 kB/s)
正在预设定软件包
正在选中未选择的软件包 nginx-common。
(正在读取数据库..系统当前共安装有 167375 个文件和目录。)
```

图 5-11　超文本传输与反向代理 Web 服务器安装

```
root@Zoro:/home/zoro# nginx-v
nginx version: nginx/1.4.6(ubuntu)
```

图 5-12　查看超文本传输与反向代理 Web 服务器安装成功与否

（3）通过“service nginx start”命令启动 Nginx，并在网页输入 IP 地址，即可看到 Nginx 的欢迎页面，至此 Nginx 安装成功。

二、负载均衡

负载均衡是通过将网络请求分发到多个服务器上，以此来提高物联网系统服务器的响应速度和可用性，负载均衡具有高并发、伸缩性、高可用和安全防护等优势。

（一）负载均衡算法

负载均衡算法主要分为静态和动态两类，静态负载均衡算法是指不考虑服务器具体状态，而以固定的概率分配任务，如轮询算法、加权轮询算法等；动态负载均衡算法根据服务器的实时负载状态情况决定任务的分配，如最少连接算法、加权最小连接算法等。常用的负载均衡算法包括随机算法、轮询算法、加权轮询算法、动态轮询算法、最少连接算法和 IP 哈希算法等。

（二）负载均衡实现

Nginx 内置了三种负载均衡算法：轮询算法、最少连接算法和 IP 哈希（IP_Hash）算法。IP_Hash 算法是指绑定处理请求的服务器，在第一次请求时根据该用户端的 IP 算出一个 Hash 值，将请求分配到集群中与该 Hash 值对应的服务器中。

以 Ubuntu 操作系统中采用轮询算法的 Nginx 配置为例，展示如何进行配置。

（1）首先确定配置文件位置，Nginx 配置包括四个文件。conf.d：用户自己定义的 conf 配置文件。sites-available：系统默认设置的配置文件。sites-enabled：由 sites-available 中的配置文件转换生成。nginx.conf：汇总以上三个配置文件的内容，同时配置所需要的参数。

（2）然后修改 Nginx 默认网络服务的端口，根据项目实际端口信息进行修改，Nginx 默认配置文件是 /etc/nginx/sites-enabled/default，如图 5-13 所示。

（3）修改 Nginx 的默认页面并做上标记，便于区分。设置服务器 IP 地址，例如局域网 IP 地址为 192.168.1.106，如图 5-14 所示。

```
# You may add here your
# server {
#           ...
# }
# statements for each of your virtual hosts to this file

##
# You should look at the following URL's in order to grasp a solid understanding
# of Nginx configuration files in order to fully unleash the power of Nginx.
# http://wiki.nginx.org/Pitfalls
# http://wiki.nginx.org/Quickstart
# http://wiki.nginx.org/configuration
#
# Generally, you will want to move this file somewhere, and start with a clean
# file but keep this around for reference. Or just disable in sites-enabled.
#
# Please see /usr/share/doc/nginx-doc/examples/ for more detailed examples.
##

Server {
            listen 80 default server;
            listen [::]:80 default_server ipv6only=on;

            root /usr/share/nginx/html;
            index index.html index.htm;
```

图 5–13　修改默认端口

```
<!DOCTYPE html>
<html>
<head>
<title>Welcome to nginx!</title>
<style>
    body {
        width:35em;
        margin:0auto;
        font-family:Tahoma, Verdana, Arial, sans-serif;
    }
</style>
</head>
<body>
<hl>Welcome to nginx!</hl>
<p>If you see this page, the nginx web server is successfully installed and
working. Further configuration is required. </p>

<p>For online documentation and support please refer to
<a href="http://nginx.org/">nginx.org</a>. <br/>
Commercial support is available at
<a href="http://nginx.com/">nginx.com</a>. </p>

<p><em>Thank you for using nginx. </em></p>
<p>IP: 192. 168. 1. 106</p>
</body>
</html>
```

图 5–14　增加 IP 地址

（4）随后在 192.168.1.107 服务器上配置负载均衡，在 /etc/nginx/conf.d/ 目录下新建文件，命名为 nginx.conf（可以为任意 *.conf，即文件名可以任意，后缀名必须为 .conf），填写内容如图 5–15 所示，保存后重启 Nginx。

```
upstream load_banance{
      #负载均衡方法,可选:least_conn,ip_hash等, 不填写则为轮询方式:
      #服务器的访问地址,最好使用服务器的私有IP以获得更好的性能和安全性。
      server 192.168.1.106:8080 weight=1;
      server 192.168.1.107:81 weight=2;
}
server {
        #负载均衡的监听端口
        listen 80 default_server;
        listen [::]:80 default_server;
        #负载均衡服务器的服务名称,没有时填写_
        server_name _;
        proxy_set_header Host $host;

        location / {
              #代理转发,注意这个load_banance要与 upstream 后的字符串相同
              proxy_pass http://load_banance;
        }
}
```

图 5–15　配置负载均衡内容

（5）最后测试负载均衡，在浏览器中输入 192.168.1.107，刷新页面后发现来自 192.168.1.107 服务器的页面和来自 192.168.1.106 服务器的页面轮番出现，且 107 页面出现的概率是 106 页面的两倍，因为填写配置文件时，权重设置不同。

第四节　物联网南北向数据通信

考核知识点及能力要求：

- 了解南向通信基础知识。
- 了解北向通信基础知识。
- 了解南向通信的实现。
- 了解北向通信的实现。

物联网南北向数据通信构成了物联网系统的通信框架，实现了设备与设备、设备与云平台之间的互联和数据交换。以网关为分界点，南向通信是物联网设备能够实时采集和传输数据；而北向通信使得这些数据能够被应用于数据分析、决策制定和远程控制等高级应用中。这种双向通信的结构为物联网系统的智能化和自动化提供了基础，并支持了各类物联网系统的开发和部署。

一、南向通信

南向通信的主要目的是实现对物联网设备的监控、管理和控制。通过南向通信，物联网平台可以向设备发送指令或配置参数，获取设备的状态信息、传感器数据或执行操作等。这样，物联网平台就能与物联网设备进行双向交互，并实现对设备的远程管理和控制，即向下提供接口，如图 5–16 所示。南向接口是为控制平面的控制器和数据平面的交换机之间进行信息交互而设计的。

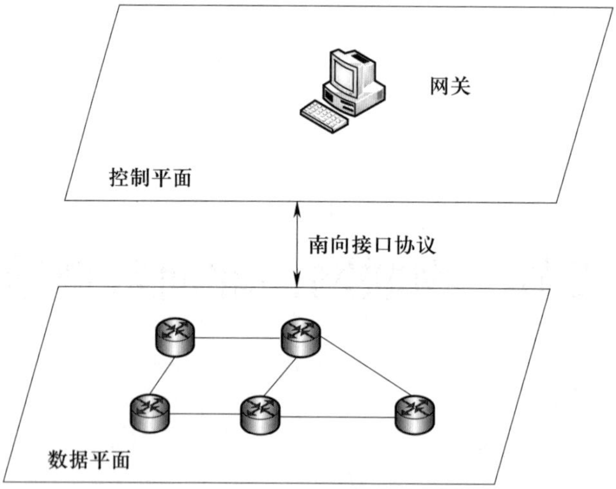

图 5–16　南向通信实现方式

南向通信的实现主要是登录边缘网关设备，之后设置边缘网关与传感器的连接，最后通过数据的传输显示来验证网关的搭建是否成功。以某款边缘网关设备为例，边缘网关登录成功之后可通过主界面创建连接器，再通过连接器新增传感器，最后进行数据传输。对连接器参数进行设置时，连接器名称根据实际项目需要编写，设备类型选择“NLE MODBUS–RTU SERVE”，设备接入方式选择串口接入，设置波特率为"9600"，选择串口名称为"/dev/ttyS3"，采集间隔为 3s。在主界面通过数据监控可以查看传感器传输的信息，并看到传感器通过相应的网关传输的数据，如图 5-17 所示。

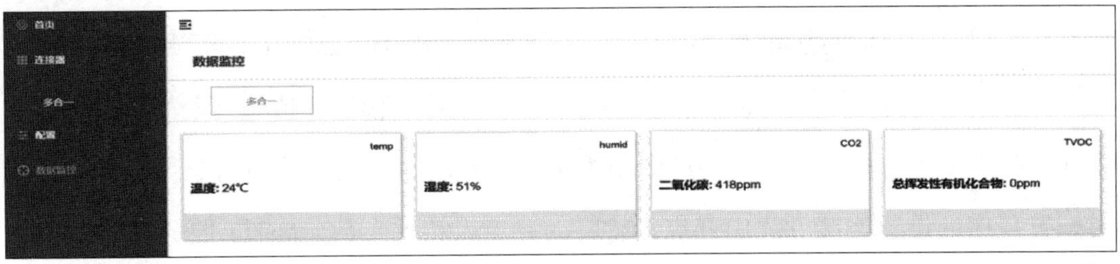

图 5-17　数据监控

二、北向通信

北向接口是连接上层应用的，如图 5-18 所示。由于上层应用的多样性，北向接口需要满足多样性、合理性和开放性，所以尚未形成业界公认标准。

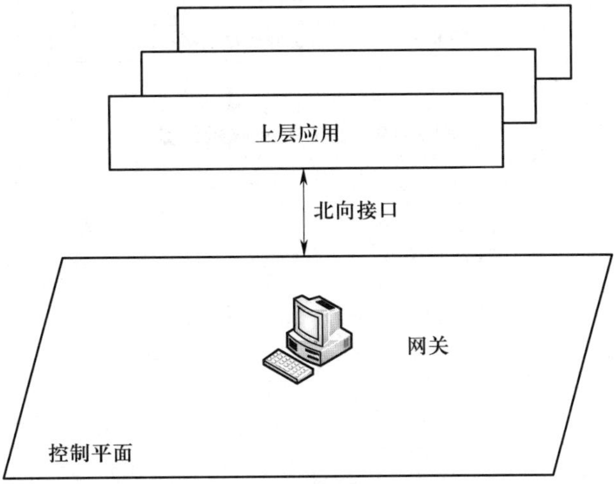

图 5-18　北向通信实现方式

（一）北向通信

北向通信是指物联网系统中网关与上层应用、云平台等之间的通信。网关将从设备和传感器中收集到的数据发送到云平台或应用程序中进行处理、存储和分析。北向通信还可以将云平台中的指令、配置和控制命令传输回物联网设备，以实现对设备的远程管理和控制。北向通信通常使用互联网协议进行数据传输，确保数据的安全性和可靠性。

（二）北向通信实现

在实现南向通信的基础上，登录上层应用平台。以 ThingsBoard 开源物联网平台为例，创建网关设备，device profile 可以选择默认，名称、标签和传输类型都可以根据用户的实际需要进行修改，注意要选中网关选项。复制网关设备的访问令牌，在边缘网关配置程序的设置连接方式中开启 TBClient 并填入相关参数，MQTT 服务端根据实际的项目地址填写，MQTT 服务端端口默认是“1883”，Token 参数为网关的访问令牌，根据之前的操作复制得来，如图 5-19 所示。上述操作完成后，在 ThingsBoard 开源物联网平台设备中可以看到遥测数据。

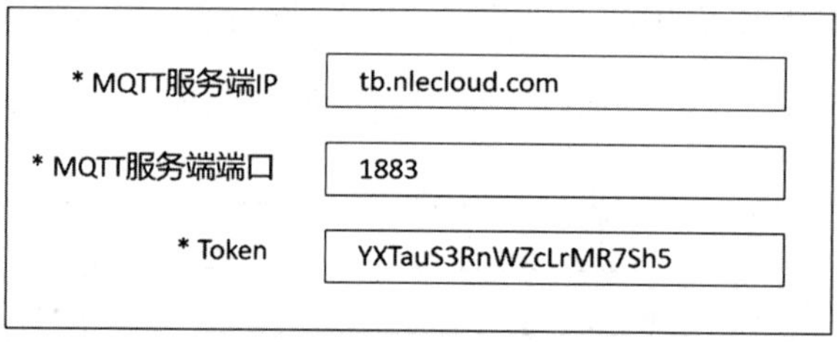

图 5-19　TBClient 参数设置

第五节　云平台上部署与呈现

考核知识点及能力要求：

- 了解 ThingsBoard 开源物联网平台项目虚拟设备配置的概念。
- 掌握 ThingsBoard 开源物联网平台项目虚拟设备配置的方法。
- 掌握智慧农业牧场的 ChirpStack 开源物联网网络服务器网关配置内容。
- 掌握智慧农业牧场虚拟设备的接线连接。
- 掌握虚拟设备的仪表盘配置。

一、ThingsBoard 开源物联网平台配置项目

智慧农业牧场项目规划如图 5–20 所示，在云平台上部署时，需要在 ThingsBoard 开源物联网平台中配置相关的资产、设备配置和网关信息。

（一）登录 ThingsBoard 开源物联网平台

与真实设备的登录相似，进入任务实验界面，单击选择 ThingsBoard 开源物联网平台的实验环境，跳转至平台实验环境标签页，并自动登录 ThingsBoard 开源物联网平台。

（二）创建资产

虚拟设备资产的创建步骤同上，进行新的资产创建，具体资产创建信息见表 5–2。

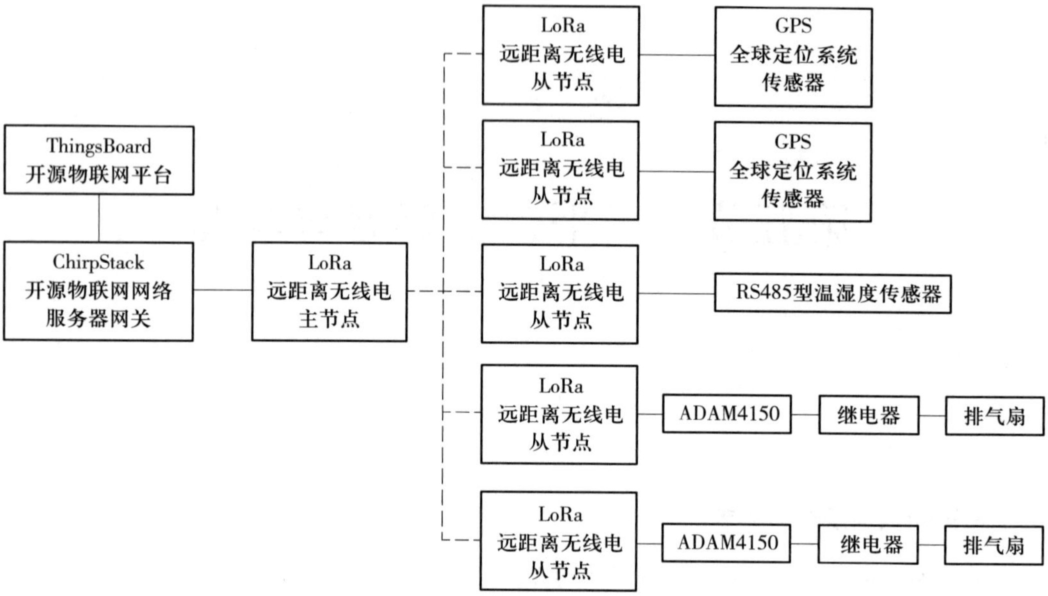

图 5-20　智慧农业牧场项目规划

表 5-2　　资产创建信息

名称	资产类型	标签
Herd_DairyCow1	Herd_DairyCow	奶牛 1
Herd_DairyCow2	Herd_DairyCow	奶牛 2
Herd_ElectronicFence	Herd_ElectronicFence	电子围栏
Herd_CowShed	Herd_CowShed	牛棚

（三）创建设备配置

智慧农业牧场项目的设备配置见表 5-3。

表 5-3　　智慧农业牧场项目的设备配置

Name	规则链	Queue Name	Dercription
Herd_GPSTracker	Root Rule Chain	Main	GPS 传感器类型
Herd_Fan	Root Rule Chain	Main	排气扇类型
Herd_Sensor	Root Rule Chain	Main	传感器类型
Herd_Gateway_V	Root Rule Chain	Main	智慧农业牧场系统虚拟网关设备配置

（四）添加网关设备

虚拟网关设备的创建步骤与真实设备一致，在 ThingsBoard 开源物联网平台中添加对应信息，最终完成新的网关设备创建，具体添加信息见表 5-4。

表 5-4　　ThingsBoard 开源物联网平台网关设备创建信息

名称	Label	Transport type	Device profile	是网关	说明
Herd_Gateway_V	智慧农业牧场虚拟网关	Default	Herd_Gateway_V	√	/

二、仿真网关配置

虚拟设备是采用 LoRaWAN 通信模块，从而能够加入 LoRaWAN 网络。LoRaWAN 节点的数据，经过 LoRa 网关转换成 TCP/IP 数据，到达 ChirpStack 开源物联网网络服务器的 Application Server，通过相应的 Application Server 的 ThingsBoard 开源物联网平台集成模块，将数据汇入 ThingsBoard 开源物联网平台。

（一）部署开源物联网网络服务器

部署开源物联网网络服务器是在容器中进行的，可参考以下步骤：①用 wget 命令下载安装 ChirpStack 的 docker-compose 压缩文件，具体命令为“wget https://newland-test.obs.cn-east-3.myhuaweicloud.com/student/chirpstack-docker-cn.tgz”；②使用“tar -zxf chirpstack-docker-cn.taz”命令解压缩下载文件；③如图 5-21 所示，使用“ls”命令查看当前下载安装包路径下的文件；④使用 nano 编辑器完成安装文件参数的修改与配置 ChirpStack 频段区域；⑤采用“docker-compose up -d”命令启动安装 ChirpStack。

ChirpStack 启动安装完成后，单击实验终端旁边的“+”，选择进入 ChirpStack 环境，弹出登录界面后，输入默认的登录账号及密码（admin/admin）登录。

（二）配置开源物联网网络服务器

ChirpStack 配置包括网络服务、网关配置文件和服务配置文件设置，如图 5-22 所示。

添加设备配置文件，在左侧菜单栏中选择设备配置文件，将数据填入后单击创建设备配置。

```
容器启动预计需要1~3min，请耐心等待.....
容器正在启动中......
ssh连接中......
*** SSH CONNECTION ESTABLISHED ***
Welcome to Alpine!

The Alpine wiki contains a large amount of how-to guides and general information about
administrating Alpine systems.
See <httpt//wiki.alpinelinux.org/>.

You can setup the system with the command: setup-alpine
You may change this message by editing /etc/motd.
ec30c8405c81:~# wget https://newlandblob.blob,core.chinacloudapi.cn/test/chirpstack-docker-cn.tgz
Connecting to newlandblob.blob.core.chinacloudapi.cn(40.73.81.68:443)
saving to"chirpstack-docker-cn.tgz
chirpstack-docker-cn 100% |********************************************* |52220 0:00:00 ETA
chirpstack-docker-cn.tgz' saved
ec30c0405c81:~# tar -zxf chirpstack-docker-cn.tgz
ec30c0405c81:~# cd chirpstack-docker-cn/
ec30c0405c81:~/chirpstack-docker-cn# ls
LICENSE      confiquration          docker-compose-env.yml
README.md    data                   docker-compose.yml
ec30c0405c81:/chirpstack-docker-cn#
```

图 5-21　查看 docker-compos 解压缩文件

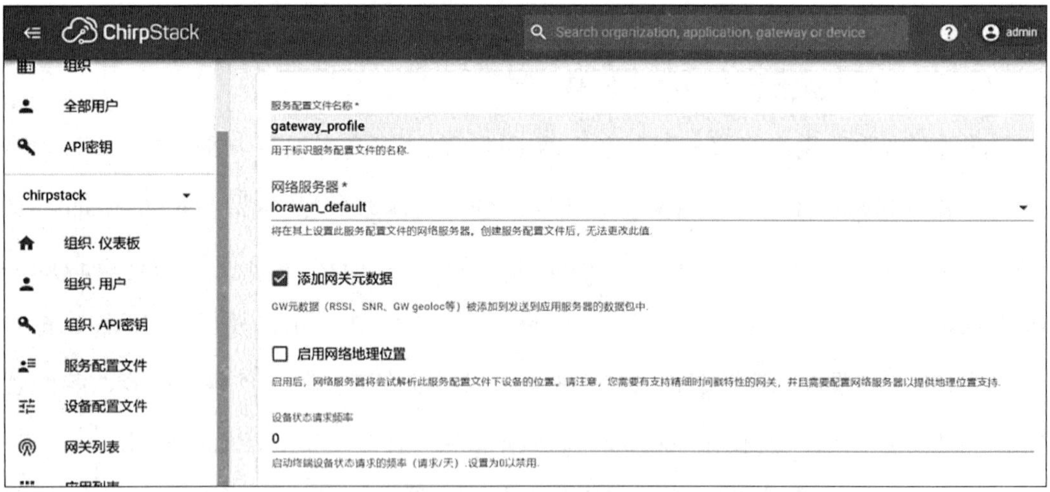

图 5-22　ChirpStack 配置

（三）开源物联网网络服务器添加牧场项目实体

首先添加 LoRa 网关设备，选择左侧菜单栏中的网关列表，单击创建，将数据填入，智慧农业牧场项目创建两个 LoRa 网关设备，见表 5-5。

接下来添加应用，这个应用承载着对所有 LoRa 终端节点设备的数据解析，以及与 ThingsBoard 开源物联网平台的集成，是一个非常关键的实体。选择左侧菜单栏中的应用列表，单击创建，服务配置文件选择 service_profiles，并填入应用名称和应用说明，然后单击创建应用，如图 5-23 所示。

表 5-5　　网关设备

网关名称	网关说明	网关 ID	网络服务器	网关配置文件
gateway1	gateway1	单击刷新自动生成网关 ID	lorawan_default	gateway_profile
gateway2	gateway2	单击刷新自动生成网关 ID	lorawan_default	gateway_profile

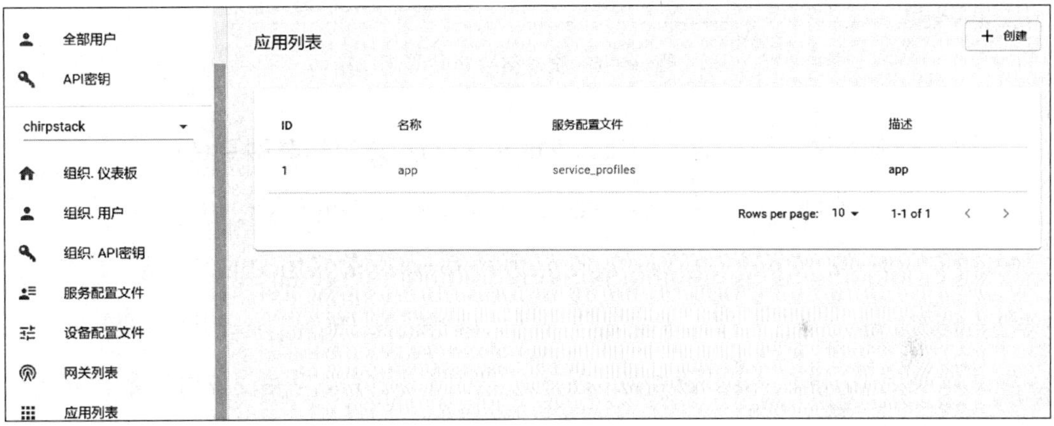

图 5-23　创建应用

在 ChirpStack 中，传感层的设备在它的应用这里体现出来，所以需要在一个 ChirpStack 的应用下面创建传感层的设备实体。创建智慧农业牧场项目的设备，输入相应的信息后单击创建设备，对应信息见表 5-6。

设备创建成功界面如图 5-24 所示。

表 5-6　　实体设备列表

设备名称	设备描述	设备 devEUI	设备配置文件
Fan	Fan	单击刷新按钮自动生成	
AutoFan	AutoFan	单击刷新按钮自动生成	
GPSTracker1	GPSTracker1	单击刷新按钮自动生成	device_profile
GPSTracker2	GPSTracker2	单击刷新按钮自动生成	
Temperature_Humidity	Temperature_Humidity	单击刷新按钮自动生成	

图 5-24 设备创建成功界面

（四）开源物联网网络服务器接入 ThingsBoard 开源物联网平台

在智慧牧场项目，所有的传感层设备最终需要通过 ChirpStack 接入 ThingsBoard 开源物联网平台。接入第三方平台的功能是由 ChirpStack 的应用中的“三方平台接入”模块完成的。这个第三方接入模块是作为网关设备接入 ThingsBoard 开源物联网平台。首先，需要从 ThingsBoard 开源物联网平台上把对应的虚拟网关设备访问令牌复制出来。选择左侧列表中的应用列表，然后选择对应的应用，单击“三方平台接入”，在第三方平台设置中选择 ThingsBoard 开源物联网平台并设置 ChirpStack 接入 ThingsBoard 开源物联网平台的参数，ThingsBoard 开源物联网平台网关设备 Token 则为从 ThingsBoard 开源物联网平台中对应的虚拟网关设备的访问令牌，结果如图 5-25 所示。

图 5-25 设备创建成功

然后为每个设备配置一个接入 ThingsBoard 开源物联网平台的设备名称，ChirpStack 中的所有传感层设备，对应在 ThingsBoard 开源物联网平台上的设备名称，是通过设备变量定义的，见表 5–7。

表 5–7　　设备变量列表

<table>
<tr><th>设备名称</th><th>Name</th><th>Value</th></tr>
<tr><td>Fan</td><td rowspan="5">ThingsBoardDeviceName</td><td>Herd_Fan</td></tr>
<tr><td>AutoFan</td><td>Herd_AutoFan</td></tr>
<tr><td>GPSTracker1</td><td>Herd_GpsTracker1</td></tr>
<tr><td>GPSTracker2</td><td>Herd_GpsTracker2</td></tr>
<tr><td>Temperature_Humidity</td><td>Herd_TempHum</td></tr>
</table>

选择创建的实体设备，在“配置”栏中选择变量，添加相应的变量名称及变量值。配置完成后检查 ChirpStack 是否正确，唯一的标准是在 ThingsBoard 开源物联网平台的设备列表中，查看创建的实体设备是否自动创建，如果设备列表不完全，重新检查 ChirpStack 的配置。验证配置是否正确，唯一标识是检查在 ThingsBoard 开源物联网平台的设备列表中实体设备是否自动创建。设备创建成功如图 5–26 所示。

图 5–26　设备创建成功

三、智慧农业牧场系统可视化配置

智慧农业牧场系统的可视化包括牛棚的位置、真实设备的检测数据和虚拟检测的数据。

（一）仿真平台安装智慧农业牧场设备

完整智慧农业牧场项目设备接线如图 5-27 所示。

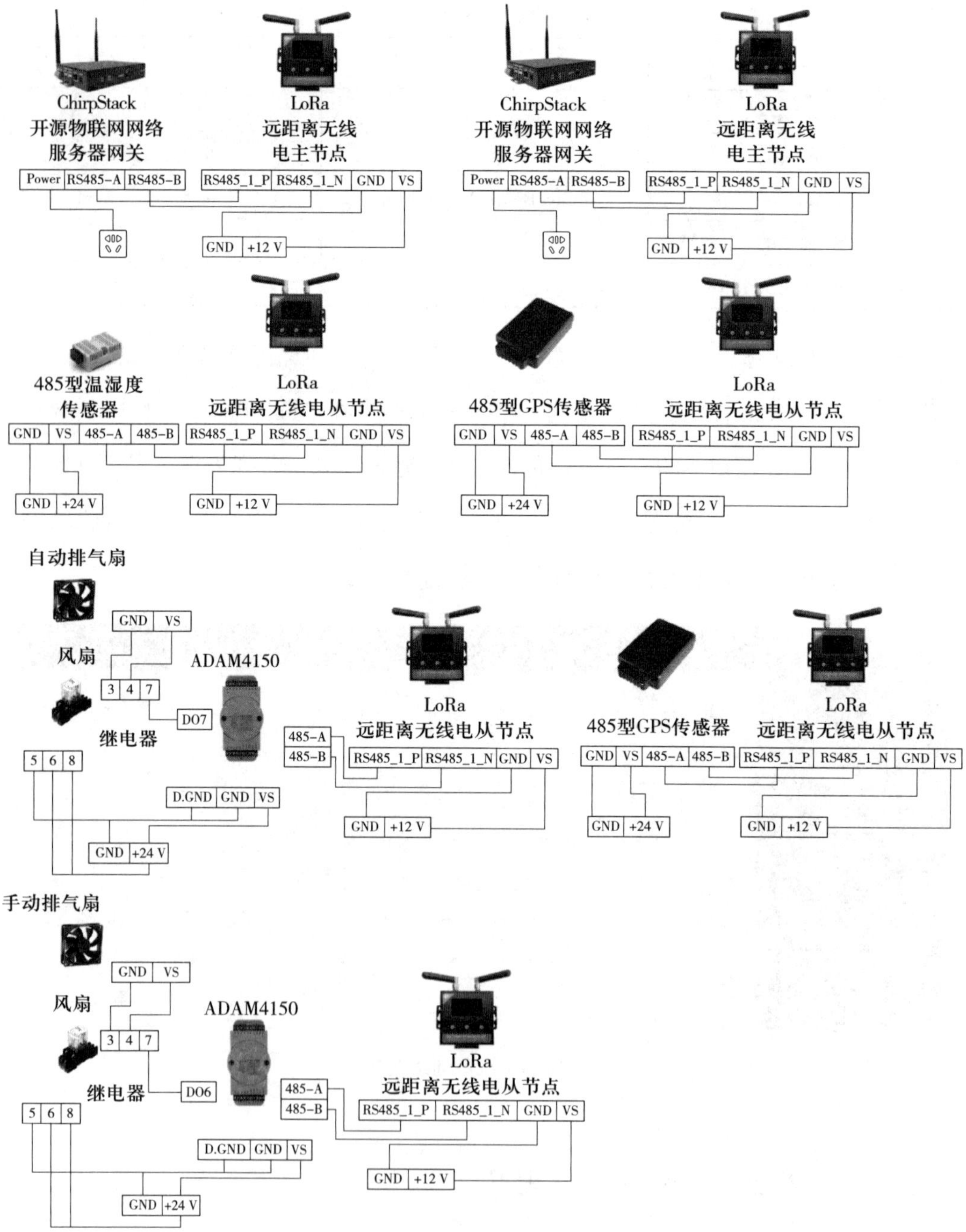

图 5-27　完整智慧农业牧场项目设备接线

上述模块都安装配置完成后检查配置是否正确，可以通过查看 ThingsBoard 开源物联网平台是否有遥测数据。首先在仿真设备平台上，开启模拟实验，然后在 ChirpStack 与 ThingsBoard 开源物联网平台都启动的情况下查看 ThingsBoard 开源物联网平台中是否有遥测数据，如图 5–28 所示。

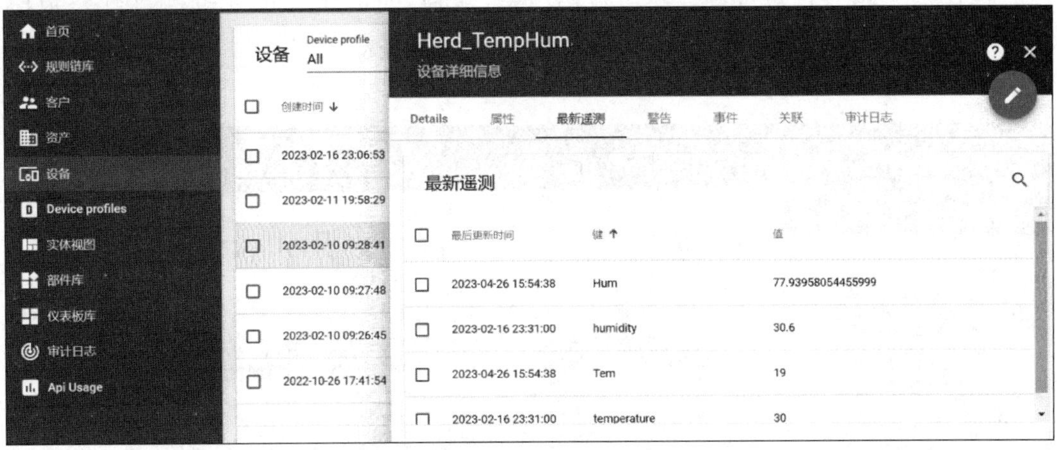

图 5–28　ThingsBoard 开源物联网平台遥测数据

（二）修改设备配置类型及关系

为了后续实现实时数据监控仪表盘和规则链的需要，需要修改这些自动生成的 ThingsBoard 开源物联网平台的设备 Device Profile，并修改资产与设备的关系。以电子围栏为例，选择“资产”，然后选择“Herd_ElectronicFence”，选择“属性”，选择“服务端属性”，单击“+”，输入键名称，选择值类型，最后输入键值并添加，如图 5–29 所示。

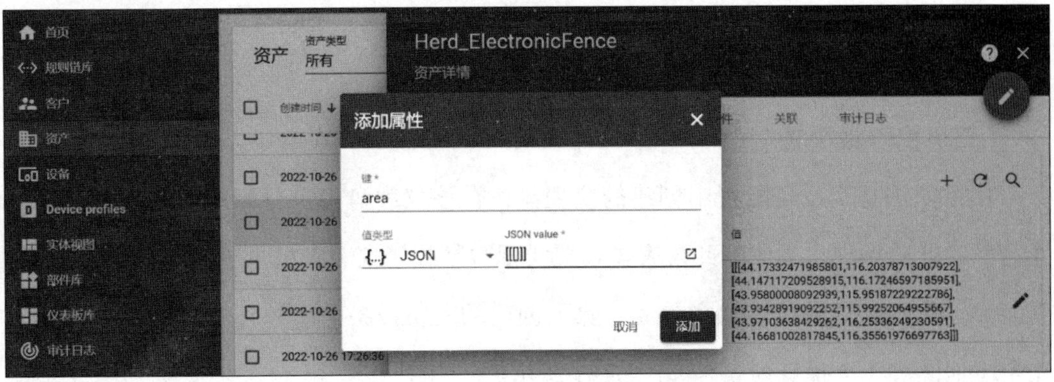

图 5–29　修改资产与设备关系

选择资产中的电子围栏资产，找到服务端属性，复制 area 键除了最外层括号的坐标值，选择规则链中的“北斗定位电子围栏过滤器”，取消勾选“Fetch perimeter information from message metadata”并选择 Polygon，然后将值粘贴至“Polygon definition”并保存。最后打开规则链中的根规则链，拖拽“rule chain”至编辑区，选择奶牛越界告警规则，然后拉出一条“Post telemetry”的连线，如图 5-30 所示。

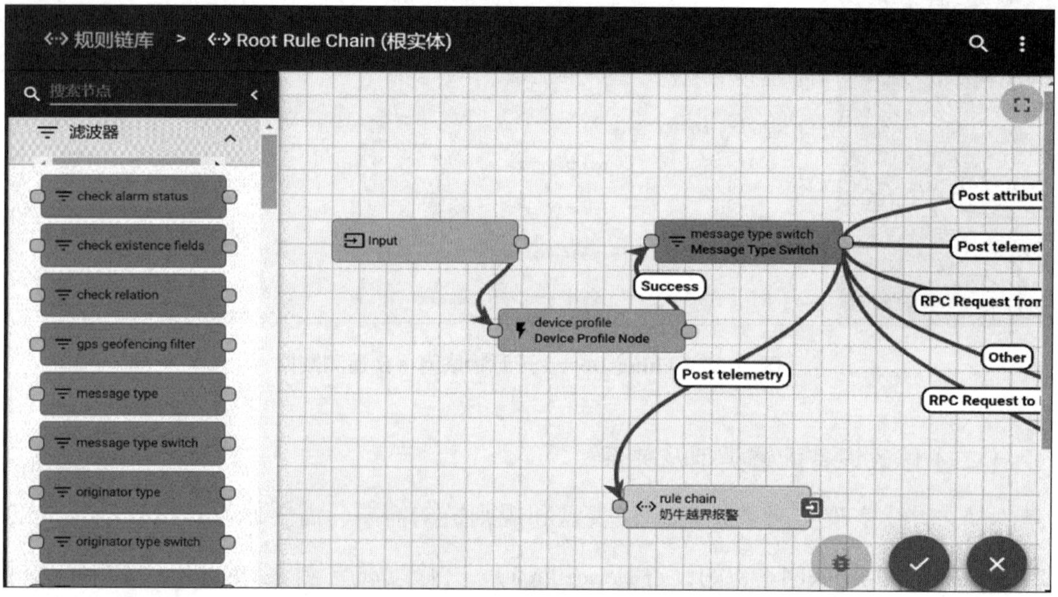

图 5-30 电子围栏的实现

为了检查配置是否正确，通过终端打开 ChirpStack，然后启动仿真模拟实验，在仿真实验中可以通过修改北斗定位的值更改奶牛坐标，查看主仪表盘是否有报警数据。

（三）仪表盘配置

项目使用真实设备配置中创建的仪表盘，在该仪表盘中进行配置添加，最终将整个智慧农业牧场项目集成到此仪表盘处。实现智慧牧场仪表盘的主界面——电子地图，智慧农业牧场项目的仪表盘主界面，除了创建的真实设备的室外环境监测，还包括一个电子地图和一个报警列表，如图 5-31 所示。

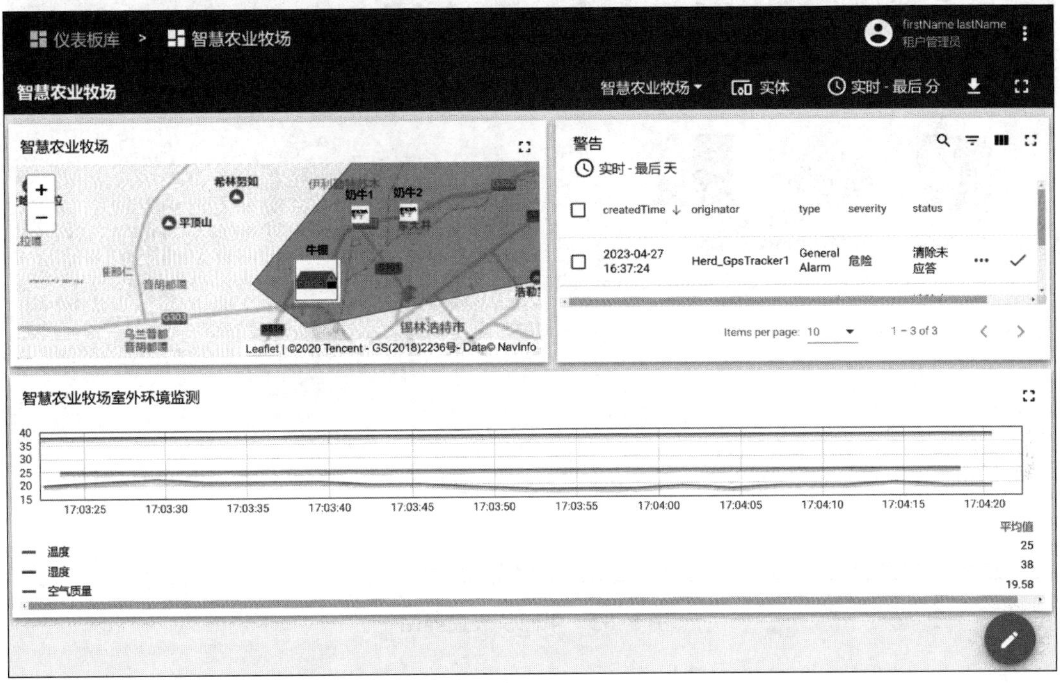

图 5–31 仪表盘配置

牛棚子界面主要包括温湿度传感器、排气扇等设备，添加相应的实体别名，见表 5–8。

表 5–8 牛棚实体别名

<table>
<tr><th>序号</th><th>实体别名</th><th>过滤类型</th><th colspan="2">三级选择项</th><th>多实体</th><th>说明</th></tr>
<tr><td rowspan="2">1</td><td rowspan="2">温湿度传感器</td><td rowspan="2">单个实体</td><td>类型</td><td>设备</td><td rowspan="2">否</td><td rowspan="2">温湿度传感器</td></tr>
<tr><td>设备</td><td>Herd_TempHum</td></tr>
<tr><td rowspan="2">2</td><td rowspan="2">排气扇</td><td rowspan="2">单个实体</td><td>类型</td><td>设备</td><td rowspan="2">否</td><td rowspan="2">手动控制的排气扇</td></tr>
<tr><td>设备</td><td>Herd_Fan</td></tr>
<tr><td rowspan="3">3</td><td rowspan="3">建筑物设备</td><td rowspan="3">关系查询</td><td colspan="2">根实体</td><td rowspan="3">是</td><td rowspan="3">选择牛棚中的所有设备</td></tr>
<tr><td>类型</td><td>资产</td></tr>
<tr><td>资产</td><td>Herd_CowShed</td></tr>
</table>

最终将所有设备连接，所有环境启动，对仪表盘进行整理调整，项目搭建完成。牛棚仪表盘界面如图 5–32 所示。

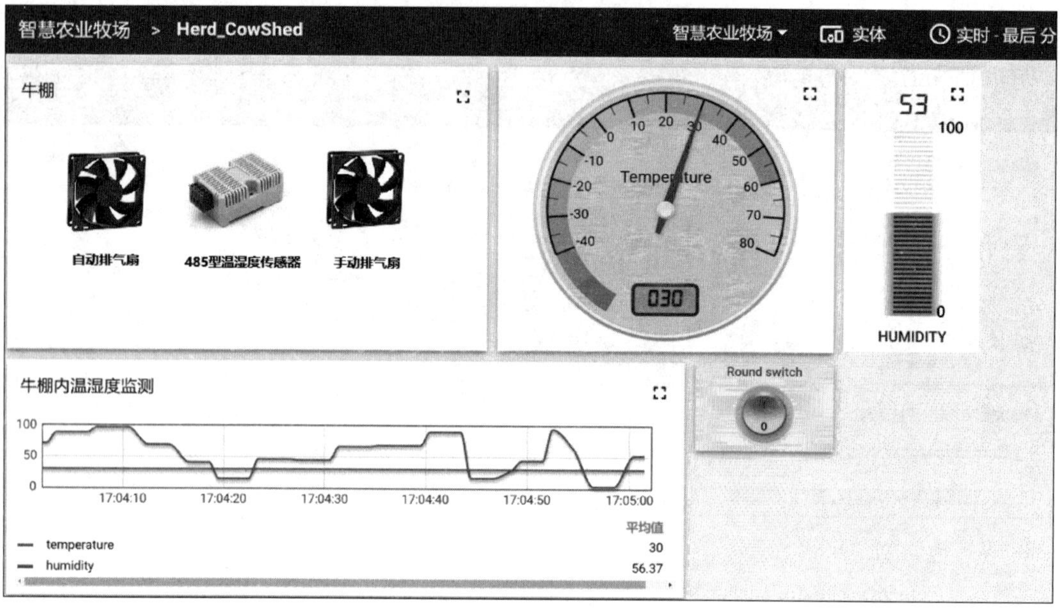

图 5–32　牛棚仪表盘界面

思考题

1. 常见磁盘阵列技术有哪些？
2. 边缘计算网关的作用是什么？
3. 什么是反向代理？与正向代理有什么区别？
4. 常见的负载均衡算法有哪些？
5. 简述南向通信和北向通信的架构组成。

第六章 系统数据库和应用程序处理

物联网技术的发展以计算机技术为基础，计算机的结构从冯·诺依曼结构以运算器为中心，逐渐转变为以存储器为中心，如图 6–1 所示。存储器是计算机系统的记忆设备，用来存放数据和程序。随着物联网技术的发展，数据的存储及处理越来越重要。在物联网系统中，对于系统数据的存储及处理主要是依靠数据库。数据库的本质是一个保证数据传输的应用程序，目的是提供安全、可靠的方式来存储和检索数据，包括数据存储的备份与还原、数据库的权限管理、数据库的存储管理功能。

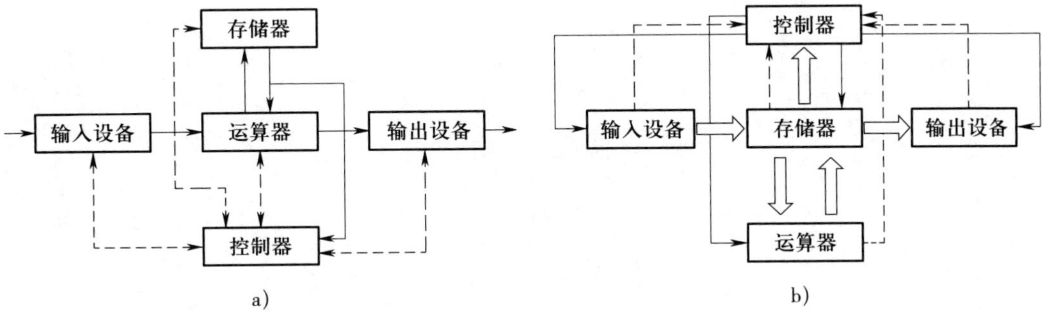

图 6–1　计算机结构的发展

a）以运算器为中心　b）以存储器为中心

物联网系统的配置文件是系统整个生命周期过程中产生的所有信息项和变更记录，配置文件的管理需要对所有应用程序的变化进行标识、控制、审计和报告。应用程序执行过程中，某些特定功能可能无法正常启动，需要进行修复完善，可通过应用程序配置文件修改或还原完成，以实现相应的功能。

- **职业功能：** 物联网系统部署。
- **工作内容：** 系统数据存储及处理、应用程序安装与配置。
- **专业能力要求：** 能根据数据库备份要求编写脚本，完成数据库的备份和还原；能根据数据库管理要求，完成关系型数据库实例、用户、权限、存储空间等的管理；能完成数据库索引、内存、表空间等的维护与管理；能响应业务的需求，还原和修改配置文件；能使用系统工具、命令、脚本，配置应用程序启动策略。
- **相关知识要求：** 数据库操作知识、数据库脚本编写知识、配置文件知识、启动策略知识。

第一节　数据库备份与还原

考核知识点及能力要求：

- 了解数据库备份。
- 掌握 MySQL 数据库备份脚本的编写。
- 了解数据库还原。
- 掌握 MySQL 数据库还原脚本的编写。
- 能够根据备份与还原要求完成脚本的编写。

一、数据库备份

物联网系统数据的存储相对脆弱，人为的操作失误、软件程序错误、硬件故障以及安全漏洞等都可能导致数据库出现数据损坏。如何将这类损失减到最小，最常用的办法就是进行数据库备份。当数据库出现任何故障时，通过备份的数据使得数据库恢复到之前运行的状态。

（一）数据库备份方式

数据库备份是将数据库中数据的全部或者部分内容复制到另一个磁盘中保存起来的过程。数据库备份可以根据不同的分类方式进行划分。

1. 根据数据备份时是否关闭数据库分类

根据数据备份时是否关闭数据库可以分为冷备份和热备份。

（1）冷备份。冷备份是指数据库备份时不允许对数据库进行增、删、改、查等操作，保证数据库的状态处于停止状态。冷备份能够保障备份的数据库的完整性，但会导致数据库的业务中断，影响在线业务工作。

（2）热备份。热备份是指数据库在备份期间可以进行增、删、改、查等操作，备份与用户的操作同时进行。通常来讲，数据库的冷备份操作比较简单，但只有在用户不进行操作或保证用户已操作完成的情况才可以进行，导致数据库的实用性降低。而数据库的热备份弥补了冷备份的局限性，在运行状态下仍然可以对数据库进行备份，但无法保证备份副本数据的准确性。

冷备份、热备份的优点、缺点见表 6–1。

表 6–1　冷备份、热备份的优点、缺点

物理备份	优点	缺点
冷备份	1. 非常快速的备份方法 2. 容易归档 3. 容易恢复到某个时间点上 4. 低度维护，高度安全	1. 单独使用时，只能提供到“某一时间点上”的恢复 2. 在实施备份的全过程中，数据库只能做备份而不能做其他工作 3. 若磁盘空间有限，只能复制到磁盘其他外部存储设备上，速度会很慢
热备份	1. 可进行表或数据文件级备份，备份时间短 2. 备份时数据库仍可使用 3. 可达到秒级恢复（恢复到某一时间点上） 4. 可对几乎所有数据库实体恢复 5. 大多数情况下在数据库工作时恢复	1. 备份期间不可以出错 2. 如果热备份在备份到一半的时候因为某些原因中止了，这个备份的中间结果不能用于后续恢复数据库到中止备份的时间点，而冷备份可以 3. 备份维护困难

2. 根据数据库的备份内容分类

根据数据库的备份内容可以将数据库备份分为全量备份、事务日志备份、增量备份和差异备份。

（1）全量备份。全量备份是指备份整个数据库，包含索引、系统表、视图和存储过程等数据库对象。相较于其他备份方法，全量备份在恢复时不需要其他要求，只需要更多的存储空间，同时全量备份周期由用户自主设置，其过程如图 6–2 所示。

（2）事务日志备份。事务日志作为和数据库文件分开存储的单独文件，记录着所有针对数据库进行过的增、删、改、查等操作，事务日志备份不进行数据本身的备份，

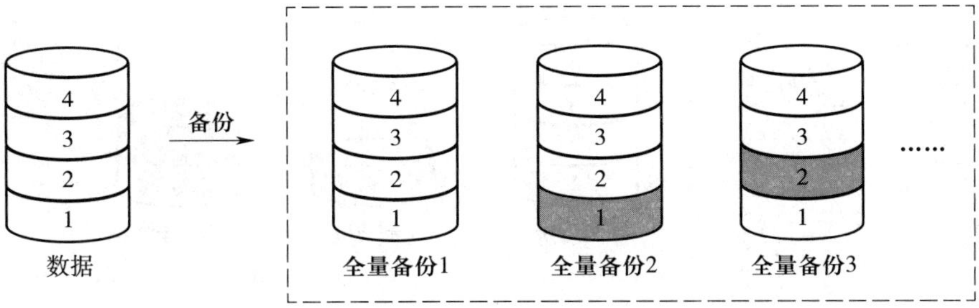

图 6–2　全量备份

主要是针对继上次备份后到当前时间内发生变化的事务日志内容进行备份，相比于其他备份方法占用的资源较少。

（3）增量备份。增量备份是指在一次全量备份或上一次增量备份后，以后每次备份只需备份与前一次相比增加或者被修改的文件，数据量远远小于全量备份，因此，备份时间快，并且每次备份所占用的空间小。但缺点是如果需要恢复前几次备份之前的数据，则需要多次恢复前一次备份数据直到恢复到原来的数据状态，其过程如图 6–3 所示。

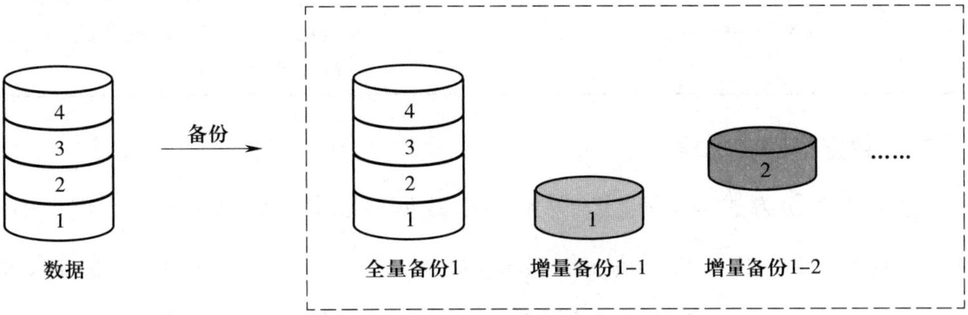

图 6–3　增量备份

（4）差异备份。差异备份是指对上一次全量备份之后所有更改的数据进行备份。与增量备份相比，差异备份是要求前一次是全量备份，在数据库恢复时只需要对第一次全量备份和最后一次差异备份进行恢复，其过程如图 6–4 所示。

以上四种不同备份类型的优点、缺点见表 6–2。

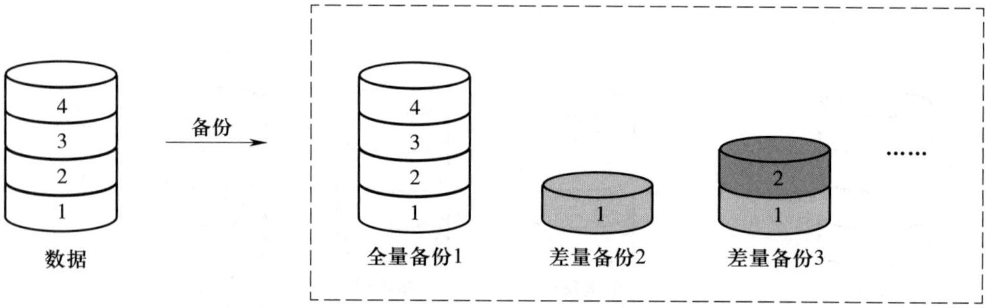

图 6–4　差异备份

表 6–2　四种不同备份类型的优点、缺点

备份类型	优点	缺点
全量备份	最常见的备份类型，备份完整数据，恢复方便	备份耗时久，且反复备份，占用存储空间较多
事务日志备份	可将数据恢复到精确的故障点	日志备份文件数量多，日志备份越多，还原时间越长，管理复杂性也越高
增量备份	备份数据量小，备份速度快	所需恢复时间比全量备份和差异备份所需时间长
差异备份	备份数据量小，备份速度比全量备份快	相对而言，恢复数据所耗费的时间比全量备份时间长。如果大量数据发生变化，差异备份所耗费的时间比增量备份时间长

（二）数据备份脚本编写

各数据库备份方式各有不同，以 MySQL 数据库数据备份脚本编写为例，MySQL 数据库主要通过自带的备份工具 mysqldump 命令来进行备份。该命令可以将需要的数据备份成拓展名为 sql 的文件，其中数据表的结构也存储在文本文件中。备份过程如下。

1. 创建数据库和表

在备份前需要通过 mysql 命令中的 create 语句创建相应的数据库和表，通过 insert 语句来插入数据。创建一个 devicedb 数据库，在数据库中创建 device_info 表，并在表中插入两个具体的数据，对应的代码如下：

```
create database devicedb;
use devicedb;
create table device_info(
设备编号 char(4) primary key,
设备名称 char(8),
设备类别 char(8),
设备安装日期 date,
设备安装位置 varchar (50)
);
insert into `device_info` values ( ’1’ ,’ 2’ ,’ 3’ ,’ 2022-10-11’ ,’ 4’ ),( ’2’ ,
’ qw’ ,NULL,NULL,NULL);
```

2. 创建脚本

创建一个 BAT 格式脚本，脚本代码如下。

```
@echo off
set "Ymd=%date:~0,4%%date:~5,2%%date:~8,2%"
if not exist "D:\mysql_backup" md "D:\mysql_backup"
"C:\Program Files\MySQL\MySQL Server 5.7\bin\mysqldump" --opt --user=root
--password=135790 --host=127.0.0.1 --protocol=tcp --port=3306 --default-character-
set=utf8 --single-transaction=TRUE --routines --events "devicedb" >D:\mysql_backup\
backup_demo_%Ymd%.sql
@echo on
```

需要说明以下几点。

（1）@echo off：表示关闭回显。

（2）@echo on：表示打开回显。

（3）if not exist “D:\mysql_backup” md “D:\mysql_backup”：表示如果不存在这个文

件夹，系统主动创建一个相应的文件夹。

（4）－user=root：表示 MySQL 数据库账号。

（5）－password=135790：表示 MySQL 数据库设置的密码。

（6）－host=127.0.0.1：表示 MySQL 数据库的 IP 地址（这边是本机的地址）。

（7）－port=3306：表示 MySQL 数据库的端口号（默认是 3306）。

（8）－default–character–set=utf8：表示备份默认编码。

（9）D:\mysql_backup\backup_demo_%Ymd%.sql：表示备份文件存储的路径，并且文件名默认设置为系统时间。

（10）set“Ymd=%date:0,4%%date:5,2%%date:~8,2%”：用于设置备份的日期参数，以供命名使用。

脚本文件的运行后自动在 mysql_backup 文件夹下生成一个 backup_demo 的文件，其内部数据如图 6–5 所示。

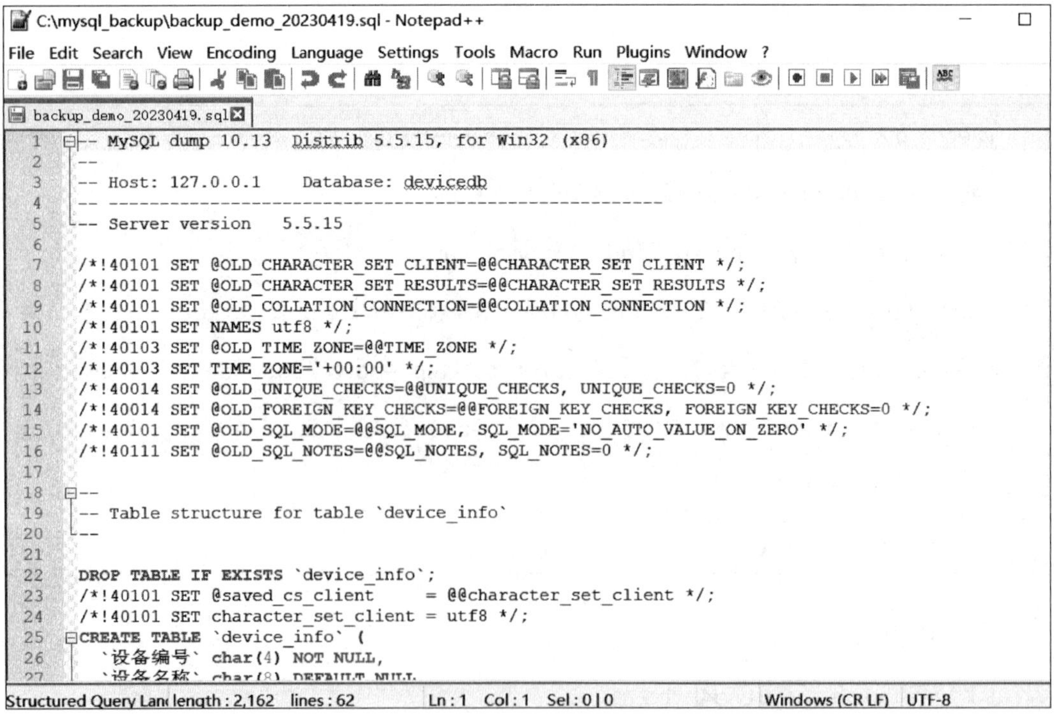

图 6–5　内部数据

二、数据库还原

物联网系统数据库还原是指数据库管理系统将数据库从错误的状态恢复到之前正确的状态，它是和数据库备份相辅相成的技术。数据库还原的最小单位是事务，事务是指数据库的一系列操作，这些操作的特点是要么全部执行，要么都不执行。事务的特性包括原子性（事务不允许再分割，是最小的执行单位）、一致性（事务的操作必须是从一个正确的状态转换成另外一个正确的状态）、隔离性（当存在并发操作时执行的事务不被其他事务干扰，各个事务之间是相互独立的）、持久性（事务被提交后对数据的操作是持久的，不会因为任何原因对其产生影响）。

（一）数据库还原

对于物联网系统数据库而言，不同故障的恢复技术是不同的，但基本思想是一致的。在数据库系统正常运行时建立冗余数据（数据库中备份的重复数据），保证在数据库故障时有足够多的有用信息用于恢复正确的数据。数据库还原是在数据库备份的基础上实现的，数据库的备份与还原是保护数据完整性的最后一层防护，也是数据库系统设计的重要环节。

数据库还原的原则包括减少数据库的故障次数、选择恢复时间最少的恢复方法、尽量减少数据丢失或保证零数据丢失。数据库还原根据故障原因可以分为事务故障还原、系统故障还原和介质故障还原。

1. 事务故障还原

事务故障可以通过数据库系统自身修正，无须数据库管理员参与操作。数据库发生事务故障后会反向扫描数据库的日志文件，并将日志文件更新前的操作数据写入数据库。如果日志文件中是插入操作则进行删除操作，对事务进行逆操作来将数据库还原到之前状态。数据库会持续反向扫描日志文件并继续写入日志文件更新前的操作数据。直至扫描到事务开始标记，从而实现自身修正。

2. 系统故障还原

物联网系统中代码错误、数据库管理员的操作失误、中央处理器故障、外界突然停电等都会导致系统故障出现。此类故障的还原主要由系统启动时自动完成。

3. 介质故障还原

介质故障作为数据库中最严重的故障，磁盘上的物理数据和日志文件都遭到破坏。此类故障的还原需要由数据库管理工程师操作，还原的方法是通过执行数据库管理系统提供的还原命令，还原最近备份的数据库副本与有关的各种日志文件副本。还原的模式包括完整还原模式、大容量日志还原模式和简单还原模式三种，不同还原模式的特点见表 6–3。

表 6–3　　介质故障还原模式的特点

还原模式	特点
完整还原模式	完整还原模式是最高等级的数据库还原模式，在数据库发生故障之后，可以使用该数据库的备份和事务日志迅速还原数据库
大容量日志还原模式	大容量日志还原模式也使用数据库备份和事务日志备份还原数据库，但是在使用了大容量日志还原模式的数据库中，其事务日志耗费的磁盘空间远远小于使用完整还原模式的数据库的事务日志
简单还原模式	可以通过执行全量备份和增量备份来还原数据库，只能还原到已丢失数据的最新备份，最新备份之后的所有数据更改都会丢失，因而备份间隔应尽可能短，以防止大量数据丢失

（二）数据库还原脚本编写

当数据库因为故障或者操作失误导致数据丢失时，可以通过还原已经备份的数据来减少数据丢失的损失。数据库备份是要通过导出数据或者复制表文件的方式来制作数据库的副本。

数据库还原方式各有不同，以 MySQL 数据库数据还原脚本编写为例，下面介绍如何使用 mysqldump 命令或 mysql 命令将数据库中的数据备份成一个文本文件，再通过对应的命令还原数据库。数据表的结构和数据将存储在生成的文本文件中，在备份和还原时都会随之生成并存储在数据库中。命令语法格式如下：

```
mysqldump -u username -p -h127.0.0.1 dbname < filename.sql use devicedb;
```

或

```
mysql -u username -p [dbname] < filename.sql
```

备份好数据库后，遇到突发状况需要还原数据时，可以通过 mysql 命令进行还原。命令语法格式如下：

```
mysql -u root -p [dbname] < filename.sql
mysql> source filename.sql
```

需要说明的是：

（1）username：表示用户名称。

（2）filename：表示数据库名称，该参数是可选参数。如果 filename.sql 文件是 mysqldump 备份命令创建，其中包含创建数据库语句的文件，则执行时不需要指定数据库名；否则指定的数据库名不存在将会报错。

（3）filename.sql：表示备份文件的名称。

注意：mysql 命令和 mysqldump 命令都可以直接在命令行窗口下执行。

在编写还原脚本时，按照上述语法格式，执行命令 "source C:/mysql_backup/backup_demo_20230419.sql"，如图 6-6 所示。如果运行结果不报错，即代表还原成功。

```
mysql> use devicedb;
Database changed
mysql> source C:/mysql backup/backup_demo_20230419.sql
Query OK, 0 rows affected(0.00 sec)
Query OK, 0 rows affected(0.00 sec)
Query OK, 0 rows affected(0.00 sec)
Query OK, 0 rows affected(0.00 sec)
Query OK, 0 rows affected(0.00 sec)
```

图 6-6　数据库还原脚本执行

最终数据库数据恢复，如图 6-7 所示。

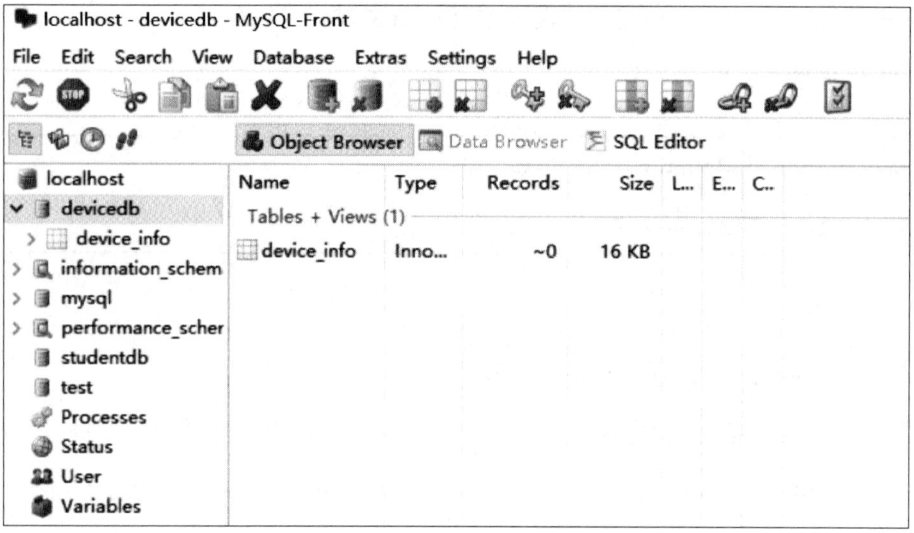

图 6–7　数据库数据恢复

第二节　数据库管理

考核知识点及能力要求：

- 了解数据库面临的风险类型。
- 了解数据库权限管理的内容。
- 掌握关系型数据库权限管理的内容和方法。
- 能够根据要求对关系型数据库的权限进行管理。

一、数据库安全环境分析

数据库的安全环境管理问题是物联网系统安全运行的基础，数据库中不仅包含着物联网系统运行的数据和程序，还存有大量用户的隐私信息，因此，数据库的安全管理至关重要。数据库的安全管理包括数据库面临的风险和数据库权限管理方法。

（一）数据库面临的风险

数据库面临各种各样的风险，数据库要时刻保持大量数据的输入、输出，过程中有可能从外部发生风险，也可能从内部发生风险。数据库面临的风险主要来自操作系统、操作管理和数据库内部。

1. 操作系统风险

操作系统是计算机硬件和软件运行联系的桥梁。数据库的操作是在相应的操作系统上执行的，操作系统中可能存在的病毒或后门也会对数据库的安全构成极大的威胁。操作系统可以控制、管理系统资源和用户的认证，若操作系统被病毒入侵而导致数据库被黑客控制，则系统中的所有数据以及用户的信息都会被窃取。

2. 操作管理风险

数据库的操作管理风险主要是由内部员工安全意识不足、安全管理措施不够导致。具体来说，可能是内部员工对数据库权限随意分配，或者对数据库密码设置过于简单，缺乏一个良好的操作管理制度。其次是内部员工的越权操作，有意或者无意对数据库进行超权操作，从而导致数据库安全风险上升。

3. 数据库内部风险

数据库管理员往往对于数据库的底层代码掌握不足，而数据库在长时间运行过程中，系统出现的漏洞或故障不能及时发现并修补，从而导致数据库发生安全事件。

（二）数据库权限管理方法

数据库权限管理是数据库安全管理的关键环节，不同的数据库有着各自的数据库权限管理方法，但所有数据库的安全性的实现都需要相应的权限管理系统支持。下面以 MySQL 数据库为例讲解数据库的权限管理方法。用户在安装 MySQL 数据库软件时会自动安装一个名为 mysql 的数据库，该数据库中保存的是用户的权限表。当用户登录以后，MySQL 数据库是根据这个权限表为相应的用户赋予权限。user 表是 MySQL 数据库中最重要的一个权限表，记录着可以连接服务器的账号信息。user 表中的字段主要分为四类，分别是用户列、权限列、安全列和资源控制列。

1. 用户列

用户列存储的是连接 MySQL 数据库时需要的账号信息，用户列内容见表 6–4。

表 6–4 用户列内容

字段名	字段类型	是否为空	默认值	说明
Host	char(60)	NO	无	主机名
User	char(32)	NO	无	用户名
authentication_string	text	YES	无	密码

用户在登录时只有输入与表中 Host、User 和 authentication_string 这 3 个字段相匹配的信息后，数据库系统才会允许用户与其建立连接。因此，用户列的功能是赋予用户登录的权限。

2. 权限列

权限列的字段赋予用户相应的操作权限，依据权限内容分为高级管理权限和普通权限。高级管理权限主要负责加载用户、管理超级权限和关闭数据库等；普通权限主要是赋予用户操作数据库的权限，如增、删、改、查等操作。

user 表的权限列是以 priv 结尾的字段，权限列内容见表 6–5。字段类型均为 enum，其中的值只有 Y 和 N 两类。Y 表示该用户拥有相应的操作权限，N 表示用户不具有相应的操作权限。为保证数据库权限的安全，每个用户的权限在初始状态下都是 N。

表 6–5 权限列内容

字段名	字段类型	是否为空	默认值	说明
Select_priv	enum(‘N’ , ‘Y’)	NO	N	是否可以通过 select 命令查询数据
Insert_priv	enum(‘N’ , ‘Y’)	NO	N	是否可以通过 insert 命令插入数据
Update_priv	enum(‘N’ , ‘Y’)	NO	N	是否可以用 update 命令修改现有数据

续表

字段名	字段类型	是否为空	默认值	说明
Delete_priv	enum(‘N’ , ‘Y’)	NO	N	是否可以通过 delete 命令删除现有数据
Create_priv	enum(‘N’ , ‘Y’)	NO	N	是否可以创建新的数据库和表
……				
Event_priv	enum(‘N’ , ‘Y’)	NO	N	是否可以创建、修改和删除事件
Trigger_priv	enum(‘N’ , ‘Y’)	NO	N	是否可以创建和删除触发器
Create_tablespace_priv	enum(‘N’ , ‘Y’)	NO	N	是否可以创建表空间

3. 安全列

安全列的作用是判断用户是否能够登录成功，user 表中的安全列内容见表 6–6。

表 6–6　　安全列内容

字段名	字段类型	是否为空	默认值	说明
ssl_type	enum(‘’, ‘ANY’, ‘X509’, ‘SPECIFIED’)	NO		支持 ssl 标准加密安全字段
ssl_cipher	blob	NO		支持 ssl 标准加密安全字段
x509_issuer	blob	NO		支持 x509 标准字段
x509_subject	blob	NO		支持 x509 标准字段
plugin	char(64)	NO	mysql_native_password	引入 plugin 以进行用户连接时的密码验证，plugin 创建外部代理用户
password_expired	enum(‘N’ , ‘Y’)	NO	N	密码是否过期（N 未过期，Y 已过期）
password_last_changed	timestamp	YES		记住密码最近修改的时间
password_lifetime	smallint(5) unsigned	YES		设置密码的有效时间，单位为天数
account_locked	enum(‘N’ , ‘Y’)	NO	N	用户是否被锁定（Y 锁定，N 未锁定）

4. 资源控制列

资源控制列是对用户的使用资源进行控制，user 表的资源控制列内容见表 6–7。

表 6–7　资源控制列内容

字段名	字段类型	是否为空	默认值	说明
max_questions	int(11)unsigned	NO	0	规定每小时允许执行查询的操作次数
max_updates	int(11)unsigned	NO	0	规定每小时允许执行更新的操作次数
max_connections	int(11)unsigned	NO	0	规定每小时允许执行连接的操作次数
max_user_ connections	int(11)unsigned	NO	0	规定允许执行同时建立的连接次数

除了 user 表是权限表外，还有 db 表（存储用户对数据库的操作权限）、tables_priv 表（单个表的操作权限）、columns_priv 表（单个数据列的操作权限）和 procs_priv 表（存储过程和存储函数的权限设置），均用于存储不同的操作权限。

二、关系型数据库管理

数据库管理中最常见的是关系型数据库，关系型数据库是采用关系模型创建的数据库，数据库的表结构是一种基于关系模型的二维表格式，主要基于行和列的方式存储数据。对于关系型数据库可以使用相应的数据库语句来对数据库进行操作。主流的关系型数据库提供商有 Oracle、DB2、MySQL、Microsoft SQL Server 等，其中 Oracle 数据库和 MySQL 数据库是应用最广泛的两种。

（一）实例管理

数据库实例是访问数据库的应用程序，作为访问数据库的通道，可以理解为一个数据库实例就对应一个数据库，数据库实例结构如图 6–8 所示。

数据库的任何数据操作（增、删、改、查等）都不可以直接在相应的文件系统上直接操作，而是必须通过实例在数据库上进行操作。在 MySQL 数据库中一个实例就是一个 mysqld 进程，MySQL 数据库可以通过开启不同的服务端口来运行实例，并通过不同的 socket 监听不同的服务端来提供服务。

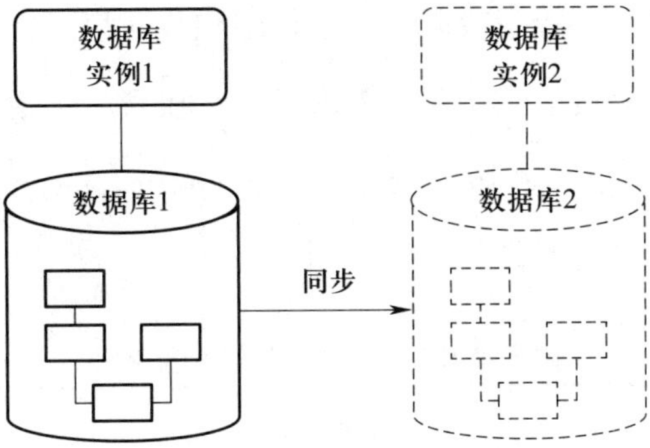

图 6–8　数据库实例结构

（二）用户管理

MySQL 数据库的用户创建可以使用 create user 语句，并设置密码，基本语法为：create user（用户）(identified by (password)　’password’)。以创建一个测试用户“test1”为例，需要输入以下语句：

```
create user ’test1’@’localhost’ identified by ’test1’;
```

需要说明的是：

（1）user：表示创建的用户账号，格式为’user_name’@’host_name’，user_name 是用户名，host_name 为用户连接 MySQL 数据库时所用主机的名字。

（2）identified by 子句：用于指定用户密码。

（3）(password)’password’：表示 password 是参数设置的可选项，并默认使用哈希值设置密码。如果密码是一个普通的字符串，则不需要使用 password 关键字，其中’password’表示用户登录时使用的密码，注意需用单引号括起来。

MySQL 数据库的用户删除可以使用 drop user 语句，基本语法为：drop user（用户 1) [,（用户 2)]……以删除上述创建的“test1”用户为例，需要输入以下语句：

```
drop user ’test1’@’localhost’;
```

需要说明的是，这里的 user 指待删除的用户。

（三）权限管理

数据库的权限管理包括授予权限、查看权限和收回权限，是为了保障数据库的安全。权限管理的原则是只授予满足用户需求的最小权限。若用户需要查询权限，数据库管理员只会授予 select 查询权限，用户不具有 update、insert 或者 delete 权限。数据库的常用权限及其级别和说明见表 6–8。

表 6–8　数据库的常用权限及其级别和说明

权限	权限级别	权限说明
create	数据库、表或索引	创建数据库、表或索引权限
drop	数据库或表	删除数据库或表权限
grant option	数据库、表或保存的程序	赋予权限选项
references	数据库或表	创建表外键的权限
alter	表	更改表，如添加字段、索引等
delete	表	删除数据权限
index	表	索引权限
insert	表	插入权限
select	表	查询权限
update	表	更新权限
create view	视图	创建视图权限
show view	视图	查看视图权限

1. 授予权限

用户作为数据库的使用者，可通过授予用户访问数据库资源的权限实现数据库访问人员的控制，消除安全隐患。完成用户授权的方式包括角色赋予用户和直接授权两种。授权的基本语法为：grant 权限 on 数据库对象 to 用户，如下所示。

```
grant select on testdb.* to ’user1’@’localhost’;
grant insert on testdb.* to ’user1’@’localhost’;
```

```
grant update on testdb.* to ’ user1’ @’ localhost’ ;
grant delete on testdb.* to ’ user1’ @’ localhost’ ;
```

需要说明的是：

（1）grant select on testdb.* to ’ user1’ @’ localhost’：表示授予普通数据用户查询数据库中所有表数据的权利。

（2）grant insert on testdb.* to ’ user1’ @’ localhost’’：表示授予普通数据用户插入数据库中所有表数据的权利。

（3）grant update on testdb.* to ’ user1’ @’ localhost’：表示授予普通数据用户更新数据库中所有表数据的权利。

（4）grant delete on testdb.* to ’ user1’ @’ localhost’’：表示授予普通数据用户删除数据库中所有表数据的权利。

2. 查看权限

在 MySQL 数据库中，可以通过 mysql.user 表中的记录查看某个用户的权限，也可以使用 show grants 语句查看用户的权限。用 show grants 查看用户权限的命令如下所示：

```
show grants for ’ user1’ @’ localhost’ ;
```

3. 收回权限

收回权限是指取消用户的某些权限，在一定程度上保证数据库的安全性。MySQL 数据库中使用 revoke 语句取消用户的某些权限，使用 revoke 收回权限之后，用户账户的记录将从 db、host、tables_priv 和 columns_priv 表中删除，但是用户账户记录仍然在 user 表中保存。注意：在将用户账户从 user 表删除之前，应该收回相应用户的所有权限，基本语法为：revoke 权限 1, 权限 2,…on 数据库名称 表名称 from 用户名 @ 用户地址。收回用户的几种常用权限的命令如下所示：

```
revoke all privileges on *.* from ’ user1’ @’ localhost’ ;
revoke insert,delete,update,select on mysql.* from ’ user1’ @’ localhost’ ;
```

需要说明的是：

（1）revoke all privileges on *.* from ’user1’@’localhost’：表示收回全库全表的所有权限。

（2）revoke insert,delete,update,select on mysql.* from ’user1’@’localhost’：表示收回 mysql 库下的所有表的增、删、改、查权限。

（四）存储空间管理

随着数据库的运行，数据的不断增加会影响系统的运行速度，需要通过数据库的存储管理来提高系统性能。存储空间管理主要包含以下四部分内容：

（1）索引文件和数据文件分开存储，事务日志文件存储在高速设备上。

（2）适时修改数据文件和索引文件的页面大小。

（3）定期对数据进行排序。

（4）增加必要的索引项。

第三节　数据库维护与管理

考核知识点及能力要求：

- 了解关系型和非关系型数据库存储结构。
- 掌握数据库索引的创建与删除。
- 掌握数据库内存的维护与管理。
- 掌握数据库表空间的维护与管理。
- 能够根据要求对数据库进行维护与管理。

一、数据库存储结构

了解数据库的存储结构是数据库维护与管理的基础，有利于合理安排数据的存储，减少系统的I/O操作次数，从而提高系统的性能。数据库的存储结构可以分为物理结构和逻辑结构。物理结构是数据在计算机中的存储方式，主要有顺序存储、链式存储、散列存储和索引存储四种存储方式。逻辑结构代表数据元素间的关联关系，常见的四种逻辑结构为集合结构、线性结构、树状结构和网络结构。

（一）关系型数据库存储结构

关系型数据库中的关系模型是指以数学模型来表示实体以及实体间的各种联系，通常用二维表来描述数据。关系型数据库常见的存储结构由大到小依次是表空间、段、区、页和行。数据是按照行存储的，但是数据库读取数据时是通过一次性加载这些行所在的页完成的，即页才是内存和磁盘交互的基本单位。如果读取一次数据只加载一行，效率会非常低。关系型数据库的存储结构如图6–9所示。

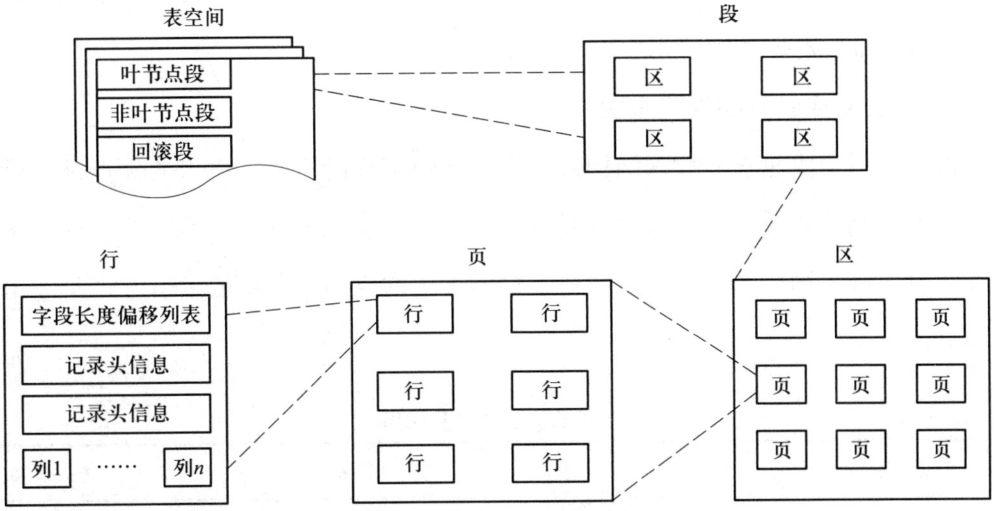

图6–9　关系型数据库的存储结构

所有的数据都按照一定的数据逻辑存放在一个空间中，即为表空间，表空间由段、区、页组成。段是为表和索引分配存储空间的集合，每一个段都有一个特殊的数据结构。页是数据库读写磁盘的单位，又称为逻辑页。

（二）非关系型数据库存储结构

非关系型数据库是指没有按照原子性、一致性、隔离性和持久性原则设计的数据库。不属于关系型的数据库都是非关系型数据库，其特点是具有良好的扩展性和灵活性。不同于关系型数据库，非关系型数据库中数据之间关联性不强。非关系型数据库的存储结构主要包括 Key-Value 存储、列存储、文档存储和图存储，见表 6-9。

表 6-9　典型的非关系型数据库

存储结构	代表数据库
Key-Value 存储	Redis，Voldemort
列存储	Cassandra，HBase
文档存储	CouchDB，MongoDB
图存储	Neo4J，InfoGrid

二、数据库维护内容

数据库的正常运行离不开维护，主要包含数据库索引的创建与删除、数据库内存的维护与管理、数据库表空间的维护与管理。

（一）数据库索引的创建与删除

索引可用于快速查询数据结构，其作用类似于书的目录。索引的优点是可以帮助数据库提高检索速度、降低数据排序成本。缺点是数据的增、删、改、查操作都要在索引上做出相应修改，并且增加了存储索引的空间。常用的索引方式及作用见表 6-10。

表 6-10　常用的索引方式及作用

索引方式	作用
普通索引	加快查询速度
唯一索引	加快查询速度、限制字段唯一性（可为空）
全文索引	文本内容分词
联合索引	提高查询效率
主键索引	加快查询速度、限制字段唯一性（不可为空）

创建索引会占用相应的内存空间，更新数据也需要同时对索引进行维护，这会导致消耗一定的系统性能，因此，要根据实际业务需求规划索引的建立，对于区分度不大的字段、频繁更新的字段、字符串类型的字段以及不在 where 条件列中出现等情况不建议创建索引。索引在不同数据库中有不同的命令语法，MySQL 数据库中索引的常用命令见表 6–11。

表 6–11　　MySQL 数据库中索引的常用命令

命名名称	命名语法
创建普通索引	create index 索引名 on 表名（字段名（长度））
创建唯一索引	create unique index on 表名（字段名（长度））
创建联合索引	create index 索引名 on 表名（字段名 1，字段名 2）
添加主键索引	alter table 表名 add 索引名（字段名）
添加全文索引	alter table 表名 add fulltext 索引名（字段名）

（二）数据库内存的维护与管理

数据库中的数据通常以文件的形式存储在磁盘上，程序通过数据库管理系统完成数据的读写操作。对系统内存的读写操作往往是对磁盘读写操作速度的几十倍，对数据库内存的维护与管理会直接影响系统的运行效率。数据库内存的维护与管理有以下原则：

（1）将尽量多的内存分配给数据库作缓存，同时给操作系统和其他程序预留足够的内存。

（2）MYISAM 存储引擎的数据文件读取依赖于操作系统自身的读写缓存，如果有 MYISAM 表，就需要预留更多的内存给操作系统作读写缓存。

（3）排序区、连接区等缓存是分配给每个数据库会话专用的，其默认值的设置要根据最大连接数合理分配，不合理的连接数会导致数据库物理内存耗尽。

（三）数据库表空间的维护与管理

数据库表空间是数据库的逻辑划分，所有的数据都存放在指定的表空间中。在创建表空间时只需要制定表空间的名称、文件路径、文件大小等。

每个数据库的不同表空间用来存放不同的数据。数据库管理员在创建表格时，要认真规划数据的存放位置以保证数据库系统的性能。不同的数据库类型的表空间命名语法也存在一定区别，以 MySQL 数据库为例，表空间的操作语法见表 6–12。

表 6–12　表空间的操作语法

命名名称	命名语法
创建表空间	create tablespace（表空间名）
修改表空间名称	alter tablespace（原表空间名）rename to（新表空间名）
删除表空间	drop tablespace（表空间名）

第四节　配置文件管理

考核知识点及能力要求：

- 掌握配置文件的管理。
- 了解配置文件的管控流程。
- 能够分析业务需求。
- 掌握配置文件的还原和修改流程。

一、配置文件设计

物联网系统中的软硬件大多具有高可配置性的特点，即开发人员和系统管理人员能够在不修改程序代码的基础上，可以根据实际需求对软硬件进行相应的配置来更改性能或功能。配置文件是指以系统需求和应用的功能、结构及主要特性等为依据，选择和确定相关应用和设备的型号、版本等参数。

（一）配置文件的管理思路

配置文件的管理是根据实际的物联网系统进行的，如线上应用的系统具备多个环境，不同环境对应的数据库、端口等信息都不相同，对应的配置文件管理要求也不同。特殊的项目可能需要修改代码、库文件、图片等资源，对于这些项目，就需要在多环境部署时灵活配置文件或者处理资源文件。大多数配置文件的管理主要围绕以下四个思路展开。

1. 配置识别

配置识别的作用是明确管理对象，以下内容都可以作为配置项进行管理：外部交付的软件与硬件产品和数据、指定的内部软件工作产品和数据、指定的用于创建或支持软件产品的支持工具、供应商提供的软件和用户提供的设备或软件。

2. 配置管控

识别出具体配置项后，这些配置项其实就是配置文件管理涉及的所有工作内容。配置管理大部分工作是针对这些配置项进行有目的的变更，如更新文档、修改配置文件代码、更新测试用例、改变工作流程等，这些都是针对配置项的变更。

3. 配置审计

识别配置项后，对所有配置项的功能、内容和变更进行审查，以保证配置的可跟踪性。审计的评判标准是各项规章制度、研发流程和产品版本等。配置审计可以分为功能审计与物理审计。

4. 配置状态报告

配置文件管理在按照各种规章制度、各种流程对配置项做了变更控制后，需要定期编写配置状态报告。如设备配置更新完成后，应进行一次配置审计，并形成一个完整的配置状态报告。

（二）配置文件的管控流程

1. 组建配置文件管理方案构造小组

该小组负责设计配置文件管理过程中的所有工作，包括了解现有开发、管理现状，选择配置文件管理工具，制订配置文件管理规范。配置文件管理方案构造小组应该包括小组负责人、技术支持专家、配置管理技术专家和配置管理系统用户代表等成员。

2. 了解、评估物联网系统

物联网系统的调查评估工作由配置管理技术专家领导，配置管理系统用户代表参与，提供基本信息，并由小组负责人协调，对相关部门人员进行深入调查获得较全面的数据。对物联网系统的了解、评估应从人员、技术、工作流程、现有项目和期望值几方面入手。

3. 选择配置文件管理工具

市场上现有的配置文件管理工具不下数十种，它们各有所长，在功能、性能等方面有较大的差别，只有对产品及其提供商进行仔细的分析评估，核对系统的需求，才能挑选出合适的工具。管理工具评估可从三个方面进行：配置管理工具的评估、供应商评估和其他用户使用经验的评估。

4. 制订配置管理流程

配置管理流程是物联网系统进行配置文件管理的依据，也是配置文件管理方案构造小组最重要的工作成果。配置管理流程规定物联网系统运行过程中需要做哪些配置管理方面的工作，并确定由谁做、如何做。

制订配置管理流程的方法是通过对物联网系统的调查、评估，定义现有的配置文件管理流程，由配置管理技术专家对管理流程进一步分析，结合常规的配置管理方法制订出新的流程。之后，依据选定的配置管理工具的功能，将新流程中可自动化的环节交由配置管理工具处理，其他环节由新制订的配置管理规范控制。

二、业务需求分析及配置文件的还原和修改

配置文件本质上是包含成功操作程序所需信息的文件，这些信息以特定方式构成。它们不是在程序中进行硬编码，而是用户通过参数的配置实现。配置文件修改从业务需求分析开始，进而进行配置文件的还原和修改。

（一）业务需求分析

完整的物联网系统运行过程主要包括测试、部署和运维。在这三个阶段中，配置文件面临的主要问题既有相似性，侧重点又有所不同。三个阶段对配置文件的

修改需求以配置错误处理和优化为主。测试阶段侧重于配置错误处理，部署阶段侧重于配置参数调优，运维阶段则同时关注配置错误处理和配置参数调优两方面。

1. 配置错误处理

配置错误在配置文件中常见且负面影响极大，因此，尽早地发现软件配置错误并进行修复极为重要。配置错误处理主要分为检测、诊断和修复三个阶段。错误检测主要判断物联网系统是否存在配置错误，或者当前系统错误是否为软件配置导致的。错误诊断主要分析配置错误具体是由哪一个或者哪一组配置项导致的，以及为什么会导致配置错误。错误修复为错误的配置项重新设置正确的值，使系统可以正确运行。

2. 配置参数调优

配置参数与物联网系统性能密切相关，通过调整配置参数以改善物联网系统性能。物联网系统会随着环境或者需求的变化而进行升级改造。当遇到相应部分的变化时，就需要对配置参数进行修改。首先要确定相关配置项与系统性能的关系，然后根据实际需求和约束，为配置项设定恰当的值，通过配置参数调优达到优化系统性能的最终目标。

（二）配置文件的还原和修改

配置文件的作用是为程序或设备配置参数和初始设置，修改会导致系统运行出现不可预料的故障，因此，配置文件应具有还原功能。同时配置文件的修改会对系统正常运行产生影响，必须慎重对配置文件进行修改。

1. 配置文件还原

配置文件还原主要是通过之前配置文件的备份来进行，由于配置文件还原应用场景一般在系统出现故障的情况下，所以属于维修性质的管理工作。配置文件还原流程如图 6–10 所示。

2. 配置文件修改

在系统运行过程中，系统相关的各种因素会发生变化，为保证系统的运行性能，需要对配置文件进行修改，配置文件修改流程如图 6–11 所示。

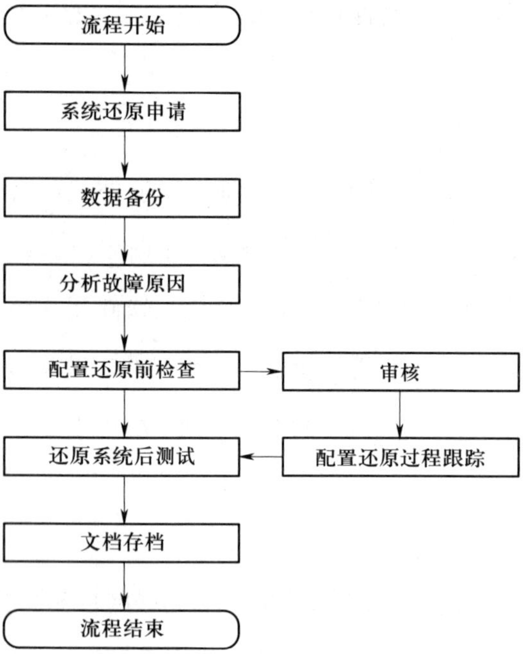

图 6–10　配置文件还原流程

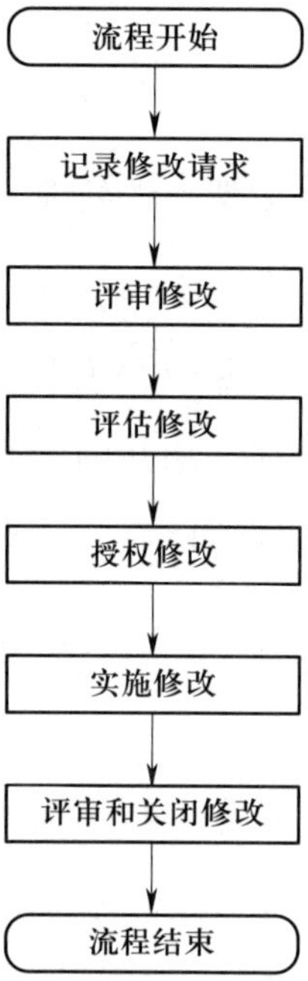

图 6–11　配置文件修改流程

配置文件修改过程中应注意以下事项。

（1）修改请求。修改请求可能有不同的来源（运维人员、设计人员、用户等），但修改请求不是一个简单的记录，而是应该记录修改的详细信息（如修改的原因、要修改的功能）。

（2）评审修改。对于修改请求的评审工作，主要是筛选不符合规定的修改请求。如不切实际的修改请求，重复的修改请求，不完善的提交（如信息不全）。这些修改请求应连同拒绝原因一起返回修改请求提交者，同时记录在日志中。

（3）评估修改。评估修改中要充分考虑修改失败对服务、服务资产和配置的影响，所有修改都需考虑相应的风险。

配置文件的修改需找到相应的应用配置文件，以 Ubuntu 操作系统的网络配置为例，先用 ifconfig 命令查询所需配置网卡的信息，如图 6–12 所示。

由图 6–12 可知，ens33 为本机的网卡名字，在命令行终端工具中输入命令 sudo gedit/etc/network/interfaces 打开配置文件。

```
zoro@Zoro:~$ ifconfig
ens33      Link encap:以太网硬件地址00:0c:29:46:91:4f
           inet 地址:192.168.0.101 广播:192.168.0.255 掩码:255.255.255.0
           inet6 地址: fe80::sfcb:c791:4fc8:7194/64 Scope:Link
           UP BROADCAST RUNNING MULTICAST MTU:1500  跃点数:1
           接收数据包:157004 错误:0 丢弃:0 过载:0 帧数:0
           发送数据包:46712 错误:0 丢弃:0 过载:0 载波:0
           碰撞:0 发送队列长度:1000
           接收字节:229043207(229.0 MB)  发送字节:4272170(4.2 MB)

lo         Link encap:本地环回
           inet 地址:127.0.0.1  掩码:255.0.0.0
           inet6 地址: ::1/128  Scope:Host
           UP LOOPBACK RUNNING  MTU:65536  跃点数:1
           接收数据包:261 错误:0 丢弃:0 过载:0 帧数:0
           发送数据包:261 错误:0 丢弃:0 过载:0 载波:0
           碰撞:0 发送队列长度:1000
           接收字节:23069(23.0KB) 发送字节:23069(23.0KB)
```

图 6–12　查询配置网卡信息

在原有的配置内容下方进行网卡配置文件修改，如下所示。

```
iface lo inet loopback

auto ens33

iface ens33 inet static

address 192.168.1.32

netmask 255.255.255.0

gateway 192.168.1.1

broadcast 192.168.1.255
```

需要说明的是：

（1）iface ens33 inet static：设置网卡的名称，声明 IP 为静态 IP 还是动态 IP。static 表示设置静态 IP，动态 IP 用 dhcp，一般默认就是 dhcp 状态。

（2）address 192.168.1.101：设置 IP 地址。

（3）netmask 255.255.255.0：设置子网掩码。

（4）gateway 192.168.1.1：设置网关。

（5）broadcast 192.168.1.255：设置广播地址。

配置文件修改结果如图 6–13 所示。

```
# interfaces(5) file used by ifup(8) and ifdown(8)
auto lo
iface lo inet loopback

#上面为配置文件初始内容，下面为新增配置内容
#下面是网卡名称
auto ens33
#static表示设置静态IP，动态IP用dhcp，一般默认就是dhcp状态
iface ens33 inet static
#IP地址
address 192.168.1.101
#子网掩码
netmask 255.255.255.0
#网关
gateway 192.168.1.1
#广播地址
broadcast 192.168.1.255
```

图 6–13　配置文件修改结果

之后为完成网络的配置文件修改，修改 DNS。在命令终端窗口输入命令 sudo gedit /etc/resolv.conf 打开配置文件。

在配置文件默认内容下填入新的配置内容，如图 6–14 所示。

```
# This file is managed by man:systemd-resolved(8). Do not edit.
#
# This is a dynamic resolv.conf file for connecting local clients to the
# internal DNS stub resolver of systemd-resolved. This file lists all
# configured search domains.
#
# Run "systemd-resolve --status" to see details about the uplink DNs servers
# currently in use.
#
# Third party programs must not access this file directly, but only through the
# symlink at /etc/resolv.conf. To manage man:resolv.conf(5) in a different way,
# replace this symlink by a static file or a different symlink.
#
# See man:systemd-resolved.service(8) for details about the supported modes of
# operation for /etc/resolv.conf.

nameserver 127.0.0.53
options edns0
search DHCP HOST

nameserver 114.114.114.114
nameserver 8.8.8.8
```

图 6–14　新的配置内容

配置完成后，输入命令 sudo service networking restart 重启网络服务。通过命令 ifconfig 查看是否通过配置文件修改好网络，如图 6–15 所示。

```
zoro@Zoro:~$ ifconfig
ens33       Link encap:以太网硬件地址00:0c:29:46:91:4f
            inet 地址:192.168.1.101 广播:192.168.1.255 掩码:255.255.255.0
            inet6 地址: fe80::20c:29ff:fe46:914f/64 Scope:Link
            UP BROADCAST RUNNING MULTICAST MTU:1500  跃点数:1
            接收数据包:157004 错误:0 丢弃:0 过载:0 帧数:0
            发送数据包:46712 错误:0 丢弃:0 过载:0 载波:0
            碰撞:0 发送队列长度:1000
            接收字节:531(531.0 B)  发送字节:6484(6.4 KB)

lo          Link encap:本地环回
            inet 地址:127.0.0.1  掩码:255.0.0.0
            inet6 地址: ::1/128  Scope:Host
            UP LOOPBACK RUNNING  MTU:65536  跃点数:1
            接收数据包:321 错误:0 丢弃:0 过载:0 帧数:0
            发送数据包:321 错误:0 丢弃:0 过载:0 载波:0
            碰撞:0 发送队列长度:1000
            接收字节:23805(23.0KB) 发送字节:23805(23.0KB)
```

图 6–15　查看结果

第五节　应用程序策略控制

考核知识点及能力要求：

- 掌握 Windows Server 2019 操作系统应用程序的安装和管理。
- 掌握 Ubuntu 操作系统应用程序的安装和管理。
- 能够使用命令配置启动策略。
- 能够使用脚本配置启动策略。

一、应用程序策略设计

成功的应用程序往往会提供良好的用户体验，大多数的用户体验源于用户和程序之间的交互。用户和程序之间的交互往往要通过应用程序的管理与使用，实现策略设计与控制。

（一）应用程序的安装与管理

操作系统本身会安装一些基本的应用程序提供网络或软件服务，但系统本身安装的应用程序功能有限，不足以支撑物联网系统的功能需求，因此，需要安装一些额外应用程序，不同的操作系统拥有不同的管理与使用方法。

1. 操作系统 (Windows Server 2019) 应用程序的安装和管理

Windows Server 2019 操作系统常见的应用安装方式有 exe 安装包（Executable file，可执行文件）、微软官方下载商店、第三方工具。

2. 操作系统 (Ubuntu) 应用程序的安装和管理

在 Ubuntu 操作系统中，软件包的命名遵循一定约定，如 foo_ver-rev_arch.deb，其中 foo 为软件包名称，ver 为软件本身的版本号，rev 为 Ubuntu 操作系统修订版本号，arch 为目标架构名称。

apt 是强大的包管理系统，用于安装、更新及卸载程序包，图形化安装程序都是建立在其基础之上，apt 会自动处理依赖关系，运行时要求用户具有管理员权限。apt 在终端下的一些常用操作命令见表 6–13。

安装 / 卸载 deb 包（Debian 软件包格式的文件扩展名）操作命令见表 6–14。

表 6–13　　apt 在终端下的一些常用操作命令

命令	说明
sudo apt-cache showsrc <package>	查看软件信息
sudo apt-get source <package>	获得源代码
sudo apt-get install <package>	安装软件包
sudo apt-get remove <package>	删除软件包
udo apt-get update	获取新的软件包列表
sudo apt-get upgrade	升级有可用更新的系统
apt-get help	列出更多命令和选项

表 6–14　　安装 / 卸载 deb 包操作命令

命令	说明
sudo dpkg –I <package>	安装 deb 软件包
sudo dpkg –r <package>	删除 deb 软件包

（二）策略设计与控制

应用程序的策略设计与控制首先体现在对应用程序的权限管理，以 Windows Server 2019 操作系统中权限管理为例，可通过以下步骤实现：①在“设置”窗口上转到“设置” > “隐私”，就可以看到所有应用的权限管理界面；②在“应用权限”下看到应用授权使用的权限，并对权限进行授权或者终止授权操作。对应用的位置访问权限管理如图 6–16 所示。

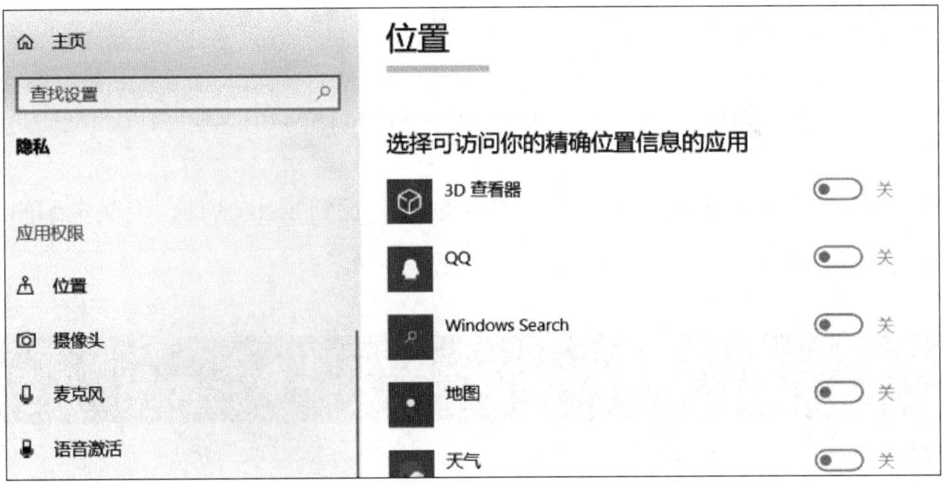

图 6–16　位置访问权限管理

在网络配置方面，以 hosts 配置文件为例，hosts 相当于本地的一个域名系统缓存，hosts 配置文件可以帮助用户提高网站打开的速度。Windows Server 2019 和 Ubuntu 操作系统都使用它来将 IP 地址映射到主机名。

在 Windows Server 2019 系统中，可在路径“C:\Windows\System32\drivers\etc”中找到主机文件，以记事本形式打开，配置文件中每个主机名都有其自己的行，后跟制表位和 IP 地址。此外主机文件允许用户添加注释，所有注释均以符号“#”开头，如图 6–17 所示。

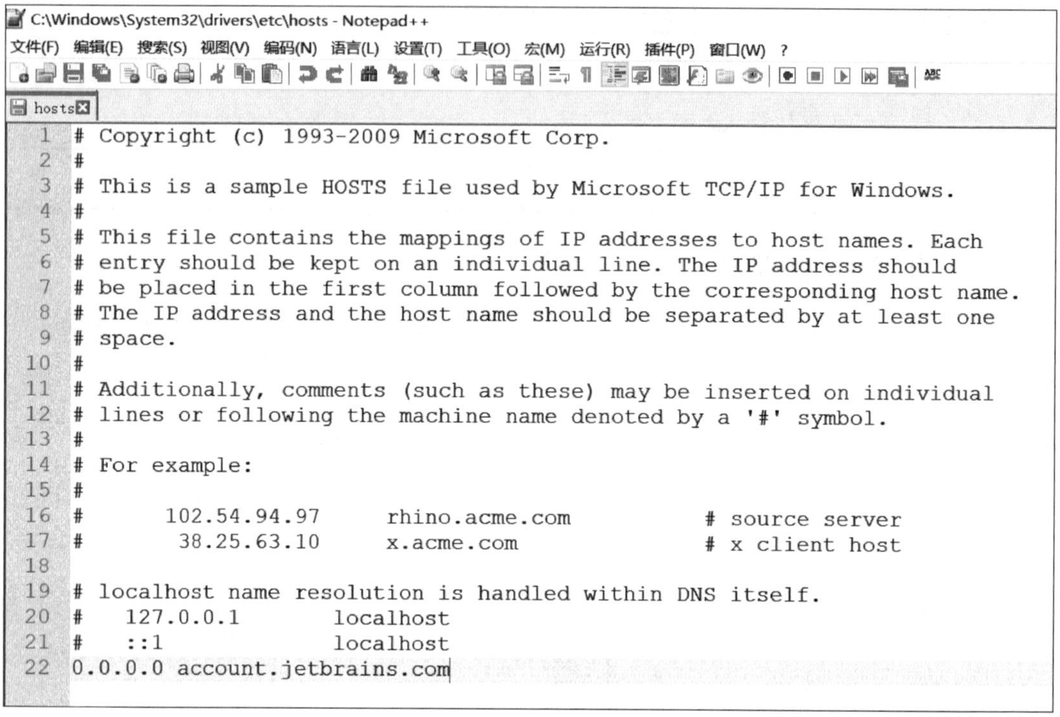

图 6–17　Windows Server 2019 操作系统中 hosts 文件

在 Ubuntu 操作系统中，通过路径“/etc/hosts”找到 hosts 文件，用文本编辑器打开配置文件，如图 6–18 所示。

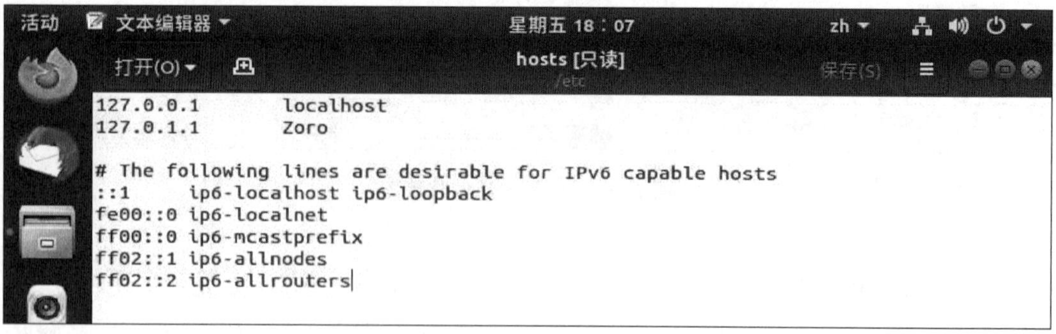

图 6–18　Ubuntu 操作系统中 hosts 文件

（三）应用程序安装与配置示例

Maven 是一个用来运行定义在生命周期阶段中插件目标和逻辑的项目管理工具，包含一个对象模型、一组标准集合和一个依赖管理系统。以应用程序 Maven 的安装与配置为例，分别在 Windows Server 2019 和 Ubuntu 操作系统环境下进行安装和配置。

1. Windows Server 2019 操作系统中 Maven 的安装与配置

（1）下载并安装 Maven，下载地址：http://maven.apache.org/download.html。

（2）安装完成后配置环境变量到 Windows Server 2019 操作系统中，在搜索栏搜索控制面板，进入并选择系统和安全，进入系统，在高级系统设置中配置环境变量，如图 6–19 所示。

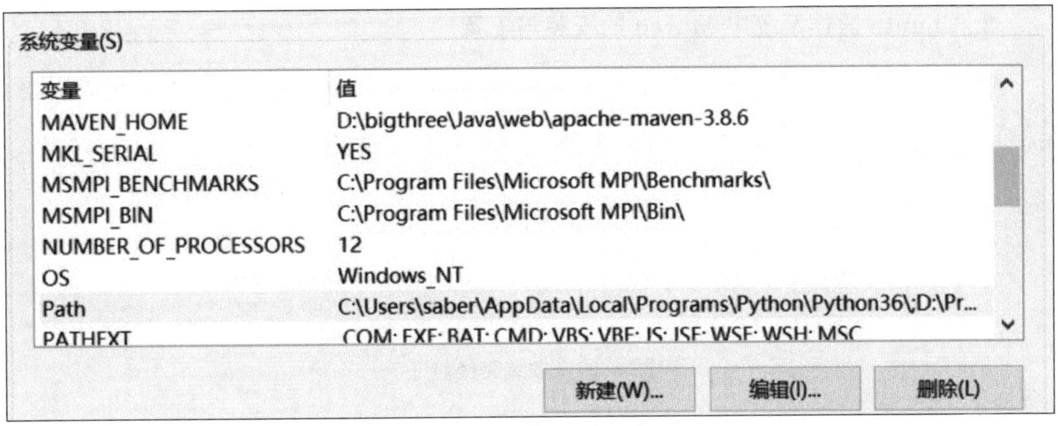

图 6–19　配置环境变量

（3）设置配置文件 settings.xml 文件，并配置本地仓库地址，需配置相应的镜像网址，方便后期插件的下载，如图 6–20 所示。settings 文件是一个全局配置，包含对本地库位置的配置、远程库服务、验证信息等。

```
    <mirror>
            <id>nexus-aliyun</id>
            <mirrorOf>central</mirrorOf>
            <name>Nexus aliyun</name>
            <url>http://maven.aliyun.com/nexus/content/groups/public</url>
    </mirror>
</mirrors>
```

图 6–20　配置镜像

（4）为检查是否配置成功，在命令窗口输入“mvn–v”来检查版本号，当出现如下信息时，就代表安装成功，如图 6–21 所示。

```
C:\Windows\system32\cmd.exe
Microsoft Windows [版本 10.0.19043.1889]
(c) Microsoft Corporation。保留所有权利

C:\Users\saber>mvn -v
Apache Maven 3.8.6 (84538c9988a25aec085021c365c560670ad80f63)
Maven home: D:\bigthree\Java\web\apache-maven-3.8.6
Java version: 17.0.2, vendor: Oracle Corporation, runtime: D:\Program Files\Java\jdk-17.0.2
Default locale: zh_CX, platform encoding: GBK
OS name:"windows 10", version:"10.0", arch:"amd64",family:"windows"
```

图 6–21　配置成功验证

2. Ubuntu 操作系统中 Maven 的安装与配置

（1）下载好需要的 Maven 版本 apache–maven–3.8.6–bin.tar.gz，并将安装包放置在 /usr/local/ 目录下，如图 6–22 所示使用“ls”命令进行安装路径验证。

```
root@Zoro:/home/zoro# cd /usr/local/
root@Zoro:/usr/local# ls
apache-maven-3.8.6-bin.tar.gz   etc     include  man   share
bin                             games   lib      sbin  src
```

图 6–22　安装路径验证

（2）解压 apache–maven–3.8.6–bin.tar.gz 文件，输入命令“tar–zxvf apache–maven–3.6.3–bin.tar.gz”进行解压缩，如图 6–23 所示。

```
root@Zoro:/usr/local# tar -zxvf apache-maven-3.8.6-bin.tar.gz
apache-maven-3.8.6/README.txt
apache-maven-3.8.6/LICENSE
apache-maven-3.8.6/NOTICE
apache-maven-3.8.6/lib/
```

图 6–23　解压缩界面

（3）配置 Maven 仓库，设置镜像仓库。首先进入 apache–maven–3.8.6 目录，输入“mkdir ck”创建仓库存储目录，如图 6–24 所示。

（4）进入 conf 目录，编辑 settings.xml 文件，找到 localRepository 下面复制一行加上 /usr/local/apache–maven–3.8.6/ck，在 mirror 加上仓库配置，配置完成后保存，如图 6–25 所示。

```
root@Zoro:/usr/local# cd apache-maven-3.8.6
root@Zoro:/usr/local/apache-maven-3.8.6# mkdir ck
root@Zoro:/usr/local/apache-maven-3.8.6# ls
bin  boot  ck  conf  lib  LICENSE  NOTICE_ README.txt
```

图 6–24 配置 Maven 仓库

```
  </mirror>
  -->
  <mirror>
    <id>alimaven</id>
    <name>aliyun maven</name>
    <url>http://maven.aliyun.com/nexus/content/groups/public/</url>
    <mirrorOf>central</mirrorOf>
  </mirror>
</mirrors>

<!-- profiles
```

图 6–25 编辑 settings.xml 文件

（5）配置 Maven 环境变量，如图 6–26 所示。

```
# and Bourne compatible shells (bash(1), ksh(1), ash(1), ...).

if [ "${PS1-}" ]; then
  if [ "${BASH-}" ] && [ "$BASH" != "/bin/sh" ]; then
    # The file bash.bashrc already sets the default PS1.
    # PS1='\h:\w\$ '
    if [ -f /etc/bash.bashrc ]; then
      . /etc/bash.bashrc
    fi
  else
    if [ "`id -u`" -eq 0 ]; then
      PS1='# '
    else
      PS1='$ '
    fi
  fi
fi

if [ -d /etc/profile.d ]; then
  for i in /etc/profile.d/*.sh; do
    if [ -r $i ]; then
      . $i
    fi
  done
  unset i
fi
export MAVEN_HOME=/usr/local/apache-maven-3.8.6
export PATH=$PATH:$MAVEN_HOME/bin
```

图 6–26 配置 Maven 环境变量

（6）重新加载，运行命令 source/etc/profile 使新增配置生效。Source 命令用于保留、更改当前 SHell 中的环境变量。安装完成后可通过输入“mvn –v”命令验证安装成功。

二、策略配置方法

策略配置是解决任务运行问题的配置选项。系统应用程序的启动策略配置方法主要包括以下三种。

（一）使用系统工具配置启动策略

使用系统工具配置启动策略是通过桌面快捷方式的图标面直接运行程序，在 Windows Server 2019 操作系统中是主流的方式，但在 Ubuntu 操作系统中使用相对较少，可以在带用户界面的 Ubuntu 操作系统版本中实现。

（二）使用命令配置启动策略

启动策略是操作系统在启动过程中执行的一组规则和操作，其目的是限制或授权用户和应用程序的行为。启动策略包括以下几种设置。

安全选项：控制用户和组登录系统，控制服务和驱动程序的运行权限等。

启动选项：配置 UEFI 或 BIOS 启动选项，指定默认启动操作系统等。

系统设置：设置网络连接、Windows 更新选项、电源管理选项等。

在 Windows Server 2019 操作系统中，使用 PowerShell 命令配置启动策略通常需要以下步骤：

（1）打开 PowerShell 窗口，并以管理员身份运行。

（2）使用 Get–ItemProperty cmdlet 获取当前注册表键值的状态，代码如下。

```
Get–ItemProperty–PathHKLM:\SOFTWARE\Microsoft\Windows\CurrentVersion\
Policies
\System–Name EnableLUA
```

需要说明的是：

1）Windows PowerShell 命令。用于获取名为“EnableLUA”的注册表在“HKLM:\SOFTWARE\Microsoft\Windows\CurrentVersion\Policies\System”位置的属性值。

2）Get–ItemProperty。它是 PowerShell 中用于检索指定路径中属性值的命令。

3）Path HKLM\SOFTWARE\Microsoft\Windows\CurrentVersion\Policies\System。代表检索注册表位置。在示例中，表示为检索计算机上启用用户账户控制（UAC）功能的设置。

4）–Name EnableLUA。指定了要检索的属性名称。若要确定计算机是否启用了 UAC 功能，需要检索“EnableLUA”属性的值。

运行结果如图 6–27 所示。

```
Ps C:\Users 97767> Get-ItemProperty -Path HKLM: \SOFTWARE\Microsoft\Windows\CurrentVersion\Policies\system
-Name EnableLUA

EnableLUA      :1
PSPath         :Microsoft,PowerShell.Core\Registry: :HKEY_LOCAL_MACHINE\SOFTWARE\Microsoft\Windo
                ws\CurrentVersion\Policies\System
PSParentPath   :Microsoft.PowerShell,Core\Registry: :HKEY_LOCAL_MACHINE\SOFTWARE\Microsoft\Windo
                ws\CurrentVersion\Policies
PSChildName    :System
PSDrive        :HKLM
PSProvider     :Microsoft.PowerShell.Core\Registry
```

图 6–27　获取注册表信息

（3）如果需要更改某个注册表键值，使用 Set–ItemProperty cmdlet 来设置新值，代码如下。

```
Set–ItemProperty –Path
HKLM:\SOFTWARE\Microsoft\Windows\CurrentVersion\Policies
\System –Name EnableLUA –Value 0
```

需要说明的是：

1）Set–ItemProperty。这是 PowerShell 中的一个 cmdlet，用于设置指定路径下的属性值。

2）–Path。指定要设置属性值的目标位置。HKLM:\SOFTWARE\Microsoft。

3）\Windows\CurrentVersion\Policies\System。表示要设置系统策略的注册表项。

4）–Name。指定要修改的属性名。在示例中，它是 EnableLUA，表示要修改 UAC 的状态。

5）-Value。指定 ItemProperty 设置为新值。0 表示禁用 UAC。

检查更改是否成功，还是使用 Get-ItemProperty cmdlet 来查询。

（三）使用脚本配置启动策略

以下是几个常见脚本的执行策略选项，包括 Restricted、AllSigned、RemoteSigned、Unrestricted、Bypass 等。

（1）Restricted。此选项禁止所有脚本的运行，包括 PowerShell 脚本和 Windows 批处理文件。这属于默认设置，因为它提供了最高级别的安全性。

（2）AllSigned。此选项要求所有脚本都必须由信任的数字签名证书进行签名后方可运行。

（3）RemoteSigned。此选项要求来自远程计算机的脚本必须由数字签名证书进行签名后方可运行，而本地计算机上创建的脚本则无须签名。

（4）Unrestricted。此选项允许运行任何脚本，包括未经签名的脚本。这会降低系统的安全性，因此不建议在生产环境中使用。

（5）Bypass。此选项完全禁用执行策略检查，允许运行任何脚本。这也会降低系统的安全性，因此不建议在生产环境中使用。

思考题

1. 数据库备份可以分为哪几类？各有什么特点？
2. 存储空间管理包括哪几部分？
3. 简述配置文件的管控流程。
4. Windows Server 2019 操作系统中应用程序的安装方式有哪几种？
5. 启动策略的配置方式有哪几种？

第四篇 物联网系统运行与维护

物联网系统运行与维护包括设备运行管理和系统运行管理两个方面，设备运行管理主要是对物联网系统中的各种设备运行的预防策略，风险管理确保设备的稳定运行和正常使用。这包括对设备的预防策略制订、相应的风险管理和设备的监控维修。系统运行管理则是对整个物联网系统进行运维管理，确保系统的高效稳定运行。这包括对系统安全管理，对系统的性能进行监控和调优，及时发现和解决系统故障，确保系统的安全性和可用性。通过不断地运行与维护，提高物联网系统的可靠性和稳定性，同时保证设备的使用寿命，降低系统运行与维护成本，实现物联网系统的长期稳定运行。

第七章
设备运行管理

随着物联网系统的不断扩张，海量的设备和分布式的实时数据给系统平台带来了一系列的要求和技术挑战。为了维护设备和数据的安全，需要对关键设备的运行状况进行管理。设备运行管理是指对设备的运行过程进行实时监测和维护，以保证设备的安全运行。设备运行监控是物联网系统正常运行的基础，在预防策略的基础上进行风险管理，并根据需求执行监控脚本来实现监控。制订预防策略可以帮助物联网系统工作人员识别设备监控的异常信息并进行分析；风险管理可以帮助物联网系统设计人员分析可能产生的风险并及时制订风险防范策略；监控脚本可以根据运维管理的需求实现设备的监控功能。同时物联网设备的正常运行是物联网系统发挥作用的基础，物联网设备数量多、接入方式各异，在使用过程中必然会出现各类设备故障。为了提高设备利用率，需要对出现故障的设备进行维修，以延长其实际使用寿命。在维修前，技术人员需对故障设备进行详细分析，得出结论后按照设备故障排除方案进行处理，并且进一步消除潜在隐患。

- **职业功能：**物联网系统运行与维护。
- **工作内容：**设备运行监控、设备故障维护。
- **专业能力要求：**能根据异常信息分析出根本原因，制订预防策略；能使用建模技术，分析异常可能产生的风险；能根据运维管理的需求，编写设备运行监控脚本；能根据设备故障信息，分析故障原因并制订优化方案；能根据售后服务方案，将故障设备返厂或维修故障设备；能根据设备故障信息，分析潜在风险、消除故障隐患。

- **相关知识要求：**风险分析方法、建模技术知识、监控脚本编写知识、风险应对方法。

第一节　预防策略制订

考核知识点及能力要求：

- 了解系统运维风险分析的概念。
- 能够从不同角度进行风险分析。
- 掌握预防策略的制订方法。
- 能够根据要求制订预防策略。

一、系统运维风险分析

物联网系统部署完成后，设备的工作效率会随着使用时间的增加而逐渐降低，主要原因在于设备工作环境复杂，而大多设备工作在工况复杂、供电电压不稳的野外环境中，导致系统运维工作难以展开。从物联网系统的运行特点来看，系统运维风险分析包含物理安全分析、网络安全分析、人员安全分析、信息安全分析和信息系统安全分析五个方面。

（一）物理安全分析

物理安全是指对物联网系统实体有关的威胁、缺陷和防范故障的保护措施，也称为实体安全。物理安全的意义在于确保整个物联网系统在对信息进行采集、传输和处理的过程中，不会因为受到各种危害导致信息丢失。物理安全是对通信和网络设备、存储设备和传感器等设备采取的安全措施，在整个系统运维中占据重要位置，物理安全主要包括机房安全、设备安全和通信线路安全三部分。

（二）网络安全分析

网络安全是指采取相应的技术和措施，保障网络系统的硬件和软件能够连续、可靠地正常工作，并且使系统中的网络数据受到保护。防止物联网系统由于偶然和恶意的原因遭到破坏、更改、泄露，确保数据的可用性、完整性和保密性，使网络服务不中断。网络安全涵盖网络安全威胁的类型、网络安全漏洞、网络攻击类型、安全措施目标以及安全技术五个方面。

（三）人员安全分析

由于各种预防策略的实施都是由相关人员执行的，所以运维风险很大一部分来自相应的人员安全。风险的主要原因是工作人员疏忽大意、安全意识差、习惯性地对物联网系统进行违规操作等。物联网系统操作人员的安全素质存在很大的差异，还有文化水平的差异。操作人员安全意识参差不齐的现象给物联网系统运维带来很大的安全隐患。因此，人员安全的重点是执行相应的管理制度，提高人员的安全意识。

（四）信息安全分析

现代社会已经进入信息时代，其突出的特点表现为信息的价值在很多方面超过其信息处理设施以及信息载体本身的价值。现代信息社会对信息安全提出了更高的要求，对信息安全的内涵也不断进行延伸和拓展。国际标准化组织定义信息安全为：为数据处理系统建立和采用的技术、管理上的安全保护措施，目的是保护计算机硬件、软件、数据不因偶然和恶意的原因而遭到破坏、更改和泄露。信息安全的三要素包括保密性、完整性和可用性。

（五）信息系统安全分析

信息系统安全的侧重点会随着信息系统使用者的需求不同而发生变化。个人用户最为关心的信息系统安全问题是如何保护个人隐私的问题，企业用户看重的是如何保证涉及商业利益的数据安全。个人数据或企业信息在传输过程中要保证保密性、完整性和可用性，避免攻击者利用窃听、冒充、篡改和抵赖等手段，对其利益和隐私造成损害和侵犯，同时用户也希望其保存在某个网络信息系统中的数据不会受其他非授权用户的访问和破坏。

二、预防策略管理内容

物联网系统预防策略的基本原理是通过制订相关制度和规范，降低风险发生的概率或者抑制风险的产生。预防策略制订是物联网系统设备运行监控的重要内容，是在系统运维风险识别的基础上开展的工作。其主要是根据实际系统的变化和风险情况，及时预防风险的发生，减小风险损失。预防策略制订需要考虑物理安全管理、网络安全管理、人员安全管理、信息安全管理以及信息系统安全管理五个方面。

（一）物理安全管理

物理安全管理是在确定物理安全问题可能发生的情况基础上进行的管理，根据之前的分析，可以将物理安全管理分为机房安全管理、设备安全管理、通信线路安全管理。

（二）网络安全管理

网络安全管理需要相应的网络安全工具，包括安全操作系统、应用系统、防火墙、网络监控、安全扫描、信息审计、通信加密、网络反病毒等多个安全组件，每个单独的组件只能完成其中部分功能，因此，需要尽可能使用更多的组件来进行网络安全管理。

（三）人员安全管理

由于各种预防策略的实施都是由相关人员执行的，所以整个物联网系统的预防策略最终需要落实到相关人员安全管理方面。

（四）信息安全管理

信息安全管理是指物联网系统中通过维护信息的机密性、完整性和可用性来管理和保护信息资产，是对物联网系统信息安全保障进行指导、规范和管理的一系列活动和过程。

（五）信息系统安全管理

信息系统安全属性包括保密性、完整性、可用性和不可抵赖性。信息系统安全管理是对信息系统的生存周期全过程实施符合安全等级责任要求的管理，包括落实安全管理机构及安全管理人员，明确角色与职责，制订信息系统安全规划；制订系统开发安全策略；实施信息系统风险管理；制订信息系统业务持续性计划和灾难恢复计划；选择与实施安全措施；保证配置、变更的正确与安全；保证维护支持；进行监控、检查，处理安全事件；提高安全意识，进行安全教育与人员安全管理等。

第二节　风 险 管 理

考核知识点及能力要求：

- 了解风险分类和属性。
- 掌握风险识别技术。
- 能够根据要求对风险进行分析。
- 了解风险管理计划的编制。
- 能根据要求分析风险的输入和输出。

一、风险管理相关知识点

风险管理是物联网系统中用于降低风险、避免消极后果的决策过程。首先进行风险识别、风险估测和风险评价，之后选择、优化并组合各种风险管理技术，对风险实施有效控制并处理风险所致损失。风险管理的目标是以最低的成本获得最大的安全保障。

（一）风险建模

风险建模用风险的视角来研究设备的安全问题，安全风险理论的核心思想是通过全面识别系统中潜在的每一个危险源，利用科学方法细致分析每一个危险源的安全风险水平，然后从原因和后果两方面采取有效的控制措施，降低或消除危险源带来的风险，把设备的安全风险水平控制在一个可接受的范围内，从而实现系统安全的目标。风险建模的过程包含如下几个方面。

（1）收集数据。项目风险估计的第一步是收集与风险因素相关的数据和资料，这些数据和资料可以从过去类似项目的经验总结或记录中取得，也可以从勘测或试验中、项目实施过程中取得，还可以从市场、社会发展的历史资料中取得，所收集的资料要求客观真实，具有较好的统计性。

（2）建立风险模型。以取得的有关风险因素的数据资料为基础，对风险事件发生的可能性和可能的结果给出明确的量化描述，即风险模型，该模型又分为风险概率模型和损失模型，分别用以表示不确定性因素与风险因素发生概率的关系，以及不确定性与可能损失的关系。

（3）风险发生概率和后果估计。项目风险模型建立后，就可以用适当的方法去估计每一风险因素发生的概率和可能造成的损失。通常用概率表示风险事件发生的可能性，可能的后果则用费用的损失或工期的拖后来表示。

（4）项目风险因素的影响估计。通常是将风险因素的发生概率和可能的结果综合起来进行评价。

（二）风险分类和属性

最常用的风险分类方式是将风险分为运营风险、决策风险和项目风险，对应到具体的物联网系统，分别是环境风险、信息风险和过程风险。风险的属性有随机性、相对性和可变性。

（1）风险的随机性。风险事件的发生及其后果都具有偶然性。风险事件是否发生、何时发生以及发生之后会出现什么样的后果都是不确定的。

（2）风险的相对性。风险总是相对项目活动主体而言的，同样的风险对于不同的主体有不同的影响。

（3）风险的可变性。当风险发生的条件产生变化时，必然会引起风险的变化，可以通过相应的方法降低风险发生的可能性。

（三）风险识别技术

风险识别是物联网系统风险管理的第一步，也是风险管理工作的基础。只有正确识别系统所面临的风险，管理人员才可以制订相应的方法进行处理。可用于风险识别的技术包括文档审查、头脑风暴、德尔菲技术、风险清单法、假设分析、态势分析和专家判断。

1. 文档审查

对物联网系统的文档（包括各种计划、假设条件、以往的项目文档、协议和其他信息）进行系统的审查。通过审查这些文档来确定物联网系统是否存在潜在的风险。

2. 头脑风暴

头脑风暴的目的是获得尽可能全面的项目风险清单，通常由项目团队开展，团队以外的多学科专家也经常参与其中，参与者提出各种关于项目风险的想法。头脑风暴可采用畅所欲言的方式，也可采用结构化的集体访谈方式。

3. 德尔菲技术

德尔菲技术也称为专家调查法，是组织专家达成一致意见的一种方法。项目风险专家匿名参与其中，其本质上是一种反馈匿名函询法。德尔菲技术有助于减轻风险识别的偏向性，防止任何个人对结果产生不恰当的影响。

4. 风险清单法

风险清单法又称为核对单分析法，是物联网系统中较为常见的风险识别方法。风险清单法是根据以往类似物联网系统和其他来源的历史信息与知识编制的原始风险清单列表，分析人员对照清单上的每一项内容进行核对，并根据经验和当前物联网系统的特点进行必要的改进后，形成适用于本项目的新风险清单。

5. 假设分析

每个物联网系统项目及其计划都是基于一套假想、设想或假设而构建的。假设分析是检验假设条件在项目中的有效性，并识别因其中不准确、不稳定、不一致或不完整所导致的项目风险。

6. 态势分析

基于内外部竞争环境和竞争条件下的态势分析，即 SWOT（strength、weakness、opportunitiy、threat）分析，这种技术从物联网系统项目的每个优势、劣势、机会和威胁出发，对物联网系统进行考察，把产生于内部的风险都包括在内，从而更全面地考虑风险。

7. 专家判断

拥有类似项目或业务领域经验的专家可以直接识别风险。物联网系统设计人员应该咨询相关专家，邀请他们根据以往经验和专业知识客观地指出可能存在的风险。

（四）风险定量分析

风险定量分析是指物联网系统设计人员通过数学方式或者统计工具进行的系统风

险分析，简而言之，就是对已完成的类似物联网系统的数据进行分析和整理，得到现在项目发生风险的概率和后果。

二、风险管理计划编制

风险管理计划编制是识别物联网系统中可能的风险，并给出相应的处理措施（对风险进行转移、规避和降低）的过程。风险管理计划在风险管理中起到控制作用，主要作用是解释说明如何将风险分析和管理步骤应用于整个物联网系统中。风险管理计划组成要素如图 7–1 所示。

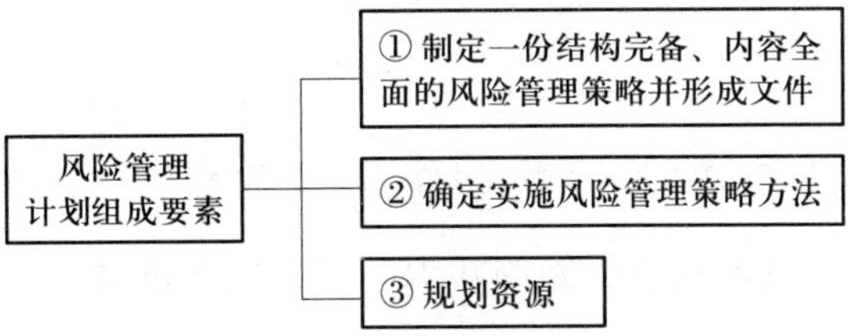

图 7–1　风险管理计划组成要素

风险管理计划的作用是控制和处理物联网系统中的风险，从而保障整个系统的正常运行，防止和减少损失，减轻或者消除风险的不利影响。可以根据不同情况制订若干备选方案，增加整个方案的抗风险能力。通过风险管理计划可以预备时间和经费以应对不可避免的风险。

（一）输入

风险管理计划描述在项目中如何组织和执行风险管理，是项目管理计划的一部分，风险管理计划的输入包含以下几个方面。

1. 项目管理计划

项目管理计划是物联网系统的主要计划或总体计划，它确定了执行、监控和结束项目的方式和方法，包括项目需要执行的过程、项目生命周期、里程碑和阶段划分等全局性内容。项目管理计划中的范围、进度和成本的基准或当前状态都会影响风险。

2. 项目章程

项目章程是证明项目存在的正式书面说明和证明文件。由物联网系统管理层签署，规定项目范围，如质量、时间、成本和交付成果的约束条件等。

项目章程通常是项目开始后的第一份正式文件，主要包括两方面内容：一是项目应满足的商业需求，二是产品描述。其通常也会包括对项目经理、项目工作人员、项目发起人和高层管理人员在项目中承担的主要责任和任务的描述。

3. 事业环境因素

事业环境是物联网系统项目团队不能控制的，会对项目产生影响、限制或指令作用的各种条件，这些条件可能来自团队的内部或者外部。事业环境因素是很多项目管理过程，尤其是大多数规划过程的输入。这些因素可能会提高或限制项目管理的灵活性，并可能对项目结果产生积极或消极的影响。

4. 组织过程资产

任何一种影响项目成功的资产都可以作为组织过程资产。组织过程资产反映了组织从先前项目中吸取的教训和学习到的知识，如完成的进度表、风险数据和实现价值数据等。组织过程资产的组织方式因行业、组织和应用领域的类型而异。

（二）工具与技术

风险管理计划的编制需要依靠一些专门的工具和技术，例如项目工作分解结构、风险核对表法、风险管理表格、风险数据库模式等。项目工作分解结构在之前章节已经介绍了，下面对风险核对表法、风险管理表格和风险数据库模式进行简单介绍。

1. 风险核对表法

风险核对表是基于之前类似项目信息编制的风险识别核对表，一般按照风险来源排列。其优点是快而简单，缺点是受项目可比性的限制。风险核对表法的原理是利用过去经验的启示，推演出物联网系统潜在的风险。风险核对表包含之前项目成果或失败的原因、产品说明、资源等信息。

2. 风险管理表格

风险管理表格记录着管理风险的基本信息，是一种系统记录风险信息并跟踪到底的方式。

3. 风险数据库模式

风险数据库表明识别风险和相关信息的组织方式，它将风险信息组织起来供物联网系统查询、跟踪、排序并产生报告。一个简单的电子表格可作为风险数据库的一种实现，因为它能自动完成排序、报告等。

（三）输出

风险管理计划是项目管理的组成部分，因此，风险管理计划的输出也是项目管理的输出。风险管理计划的输出包括以下内容。

1. 方法论

方法论是认识以及改变世界的理论基础，用于确定物联网系统风险管理使用的方法、工具及数据来源，也是风险管理计划的前提。

2. 角色与职责

确定物联网系统风险管理计划中每个活动的责任者和支持者，以及风险管理团队的成员，并明确其职责，团队中各个角色的分工应该是相对均衡的。如果某一个或者某几个角色过重或过轻，都会给团队带来不小的麻烦，甚至可能是灾难。

3. 预算

预算不仅包含预测，还涉及有计划地处理所有资源，这些资源决定着未来能否实现一定绩效。根据物联网系统分配的资源估算所需资金，将其纳入成本基准，以便制订应急储备和管理储备的使用方案。

4. 时间安排

确定在物联网系统生命周期中实施风险管理过程的时间和频率，制订应急储备的使用方案，确定风险管理活动并纳入项目进度计划。

5. 风险概率和影响

为了确保风险分析的质量和可信度，项目经理需要对项目环境中特定的风险概率和影响的不同层次进行定义。在规划风险管理过程中，应根据具体项目的需要，确定通用的风险概率和影响定义，供后续过程使用。

6. 输出报告

将记录、分析和沟通风险管理过程的结果生成文档，记录风险活动，促进当前项目的开展，明确如何审计风险管理过程，规定风险登记册及其他风险报告的内容和格式。

第三节　监控脚本编写

考核知识点及能力要求：

- 能够收集监控需求。
- 能够分析监控需求。
- 掌握监控脚本的编写步骤。
- 能够根据要求编写并执行监控脚本。

一、监控需求获取

监控需求获取是物联网系统监控脚本编写过程的第一步，监控需求的质量是决定监控脚本成功与否的重要因素。监控是整个物联网系统生命周期中必不可少的一环，事前可以及时预警发现故障，事后提供翔实的数据用于追查、定位问题。因此，如果获取的监控需求存在偏差或遗漏，则其结果可能导致后续的设计和开发工作都出现问题。

（一）监控需求收集

监控需求收集为定义和管理物联网系统设备监控范围奠定了基础。监控需求的来源大多由具体用户提供。监控需求收集通常有问卷调查、人物访谈、头脑风暴、数据反馈和标杆对照等方法。

（二）监控需求分析

监控需求分析是指对物联网系统设备进行深入细致的调研和分析，准确地理解系统和设备的功能、性能、可靠性等具体需求，将需求转化为完整的需求定义，从而确定设备监控的内容。监控需求分析包括问题识别、分析与综合、制订规格说明和评审四个阶段。

二、监控脚本编写与执行

监控脚本是批处理文件的延伸，是一种纯文本保存的程序，脚本是确定的一系列控制计算机进行运算操作动作的组合，在其中可以实现一定的逻辑分支等。脚本相对一般程序来说比较接近自然语言，可以不经编译而直接执行，利于快速开发或一些轻量的控制。常见的脚本有 Windows Server 2019 操作系统的 BAT 脚本和 VBS 脚本、Ubuntu 操作系统的 Shell 脚本、浏览器的 JavaScript 脚本和 PHP 脚本等。

（一）脚本编写步骤

监控脚本的编写步骤包括确认监控目标、选择监控方法和确定监控流程。

1. 确认监控目标

物联网系统是由各种设备组成的，监控的目标确定是脚本编写的首要任务，不同的监控目标需要不一样的监控方法。以服务器的监控为例，监控目标包括：对系统不间断实时监控；实时反馈系统当前状态，查看当前系统状态处于正常、异常或故障状态中的哪一种；保证系统、服务、业务的可靠性和安全性；保证业务持续稳定运行，监控若做得很完善，即使出现故障也能及时接收到故障报警，并在第一时间处理解决。

2. 选择监控方法

监控方法的选择在监控目标确认之后进行，包括了解监控对象、性能基准指标、报警阈值定义和故障处理流程。

（1）了解监控对象。编写监控脚本的人员应充分了解监控对象，例如只有掌握中央处理器的工作机制，才能编写出合适的监控脚本。

（2）性能基准指标。应确定具体要监控某个设备或部件的属性，例如中央处理器的使用率、负载、用户态、内核态和上下文切换等属性。

（3）报警阈值定义。确定设备处于什么样的状态才算是故障，以及选择报警的方式，如中央处理器的负载达到多少，用户态、内核态分别超过多少，确定具体的数值作为报警的阈值。

（4）故障处理流程。收到故障报警后应根据故障处理规定设计高效的处理流程。

3. 确定监控流程

监控流程包括数据采集、数据存储、数据分析、数据展示和监控报警等内容。以 Windows Server 2019 操作系统环境下的 BAT 脚本为例，通过编写相应脚本实现监控查看计算机主板、中央处理器、网卡、内存信息，脚本内容如下。

```
@echo off
color 0a
title 硬件检测
mode con cols=90
sc config winmgmt start= auto >nul 2<&1
net start winmgmt 2>1nul
setlocal ENABLEDELAYEDEXPANSION
echo 主板：
for /f "tokens=1,* delims==" %%a in ('wmic BASEBOARD get Manufacturer^,Product^,
Version^,SerialNumber /value') do (
set /a tee+=1
if "!tee!" == "3" echo 制造商 = %%b
if "!tee!" == "4" echo 型号 = %%b
if "!tee!" == "5" echo 序列号 = %%b
if "!tee!" == "6" echo 版本 = %%b
)
set tee=0

echo CPU:
for /f "tokens=1,* delims==" %%a in ('wmic cpu get name^,ExtClock^,CpuStatus^,
Description /value') do (
```

```
set /a tee+=1
if "!tee!" == "3" echo CPU 个数 = %%b
if "!tee!" == "4" echo 处理器版本 = %%b
if "!tee!" == "5" echo 外 频 = %%b
if "!tee!" == "6" echo 名称及主频率 = %%b
)
set tee=0
echo.
echo 硬盘：
for /f "tokens=1,* delims==" %%a in ('wmic DISKDRIVE get model^,interfacetype^,
size^,totalsectors^,partitions /value') do (
set /a tee+=1
if "!tee!" == "3" echo 接口类型 = %%b
if "!tee!" == "4" echo 硬盘型号 = %%b
if "!tee!" == "5" echo 分区数 = %%b
if "!tee!" == "6" echo 容 量 = %%b
if "!tee!" == "7" echo 总扇区 = %%b
)
echo 分区信息：
wmic LOGICALDISK where mediatype='12' get description,deviceid,filesystem,size,
freespace
set tee=0
echo.
echo 网卡：
for /f "tokens=1,* delims==" %%a in ('wmic NICCONFIG where "index='1'" get
ipaddress^,macaddress^,description /value') do (
set /a tee+=1
```

```
    if "!tee!" == "3" echo 网卡类型 = %%b
    if "!tee!" == "4" echo 网卡 IP = %%b
    if "!tee!" == "5" echo 网卡 MAC = %%b
    )
    set tee=0
    echo.
    echo 声卡 :
    for /f "tokens=1,* delims==" %%a in ('wmic SOUNDDEV get name^,deviceid /value')
do (
    set /a tee+=1
    if "!tee!" == "3" echo 其他信息 = %%b
    if "!tee!" == "4" echo 型 号 = %%b
    )
    set tee=0
    echo.
    echo 内存 :
    for /f "tokens=1,* delims==" %%a in ('systeminfo^|find " 内存 "') do (
    echo %%a 4534 %%b
    )
    echo.
    pause
```

（二）脚本执行

脚本在不同的操作环境下有不一样的执行方式，下面以 Windows Server 2019 和 Ubuntu 操作系统两种情况为例进行介绍。

1. Windows Server 2019 操作系统

在 Windows Server 2019 操作系统环境下主要以两种方式执行脚本。

（1）在 Windows Server 2019 操作系统环境下，双击脚本图标（脚本文件与一般可执行文件的运行方式相同)。

（2）在 Windows Server 2019 操作系统环境下，单击“开始”按钮，然后选择“运行”命令，在“运行”对话框的“打开”字段中，导航到脚本所在的文件夹，输入脚本的完整路径名称，然后单击“确定”按钮即可运行脚本。

2. Ubuntu 操作系统

在 Ubuntu 操作系统下，若脚本文件名称为 script.sh，则需确认脚本文件是否有执行权限。若没有执行权限，可使用以下命令进行权限添加并执行。

```
chmod +x script.sh
./script.sh
```

无论是否具有执行权限，均可采用以下 bash 命令执行脚本。

```
bash script.sh
```

第四节　设备故障分析

考核知识点及能力要求：

- 了解常见的设备故障类型。
- 能够根据故障现象分析故障原因。
- 能够根据要求制订设备维护优化方案。
- 能够根据要求编制设备故障排查记录表。

一、常见故障类型

物联网系统设备故障是指设备失去或降低其原有设计功能的现象。主要表现为设备的零件精度或性能出现了明显降低现象，导致设备不能正常运行，从而进一步导致设备运行中断或系统运行效率降低而影响业务运行。在发生故障以致设备降低或失去预定的功能，甚至造成严重的事故时，为了降低设备故障对整个物联网系统的不利影响，必须从常见故障类型中辨别该故障对应的类型，进而分析故障原因，以便进行后续维修。

物联网系统设备故障按设备类型划分包括传感器设备故障和网络设备故障，以下将从这两个方面进行详细描述。

（一）传感器设备故障

物联网系统中应用了大量的传感器设备，传感器设备正常工作是物联网系统正常运行的必要条件。传感器的好坏不仅直接关系到设备的运行状态，而且对整个系统的安全有着至关重要的影响。特别是一些具有控制功能的传感器，其状态直接影响到整个物联网系统的状态。传感器设备故障主要包括网络异常和显示异常。

（二）网络设备故障

物联网系统的网络设备故障会直接导致网络连接出现问题，硬件问题、软件漏洞、病毒侵入等引起网络服务异常的状态。物联网系统的网络设备故障可以分为物理类故障和逻辑类故障。

二、设备故障排查记录表

物联网系统的设备故障排查记录表是对各种设备故障、保留其故障诊断状况的记录。通过将待处理设备的信息绘制成表格的形式，使得维修人员对故障设备的信息一目了然。编制设备故障排查记录表可以防止类似故障再次发生，并帮助技术人员提高设备维护和管理能力。设备故障排查记录表通常包含设备编号、故障发现人、故障现象描述、故障排查记录等内容。

（一）分析设备故障根本原因

导致物联网系统设备故障的原因有很多，通过对大量故障原因进行分析归类，可将设备故障的根本原因分为操作环境的影响、设备维护体系不健全、设备配置问题、设备连通问题和设备负载问题。

（二）制订设备维护优化方案

设备在长期使用过程中会出现部件磨损、间隙增大、性能降低等问题，这直接影响到设备原有的平衡、稳定性和使用期限。为了保证物联网设备长期处于良好的技术状态以便随时投入运行，并减少故障停机、减小设备磨损、延长使用寿命、降低运行和维修成本且确保生产安全，应当对设备进行定期维护，并制订详细的设备维护优化方案。设备维护优化方案包括设备维护优化目的、设备检查优化和设备保养优化三部分。

1. 设备维护优化目的

正确使用与维护设备既是物联网系统正常运作的基础，也是设备自身运行的客观要求。由操作人员和专业人员根据设备的技术资料、参数要求和保养细则对设备进行一系列的维护工作。

2. 设备检查优化

设备检查优化是为了及时掌握设备的工作状态，是对设备状态监测的有效手段，可以为维护设备做好准备工作。通过检查可以及时发现并消除设备隐患，防止突发故障和事故，这是保证设备正常运转的一项重要工作。

3. 设备保养优化

设备保养优化可归纳为“整齐、清洁、润滑、安全”。

（三）编制设备故障排查记录表

实践证明，对物联网系统设备进行安全检查最有效的工具是设备故障排查记录表，该表是为检查设备整体状况而制定的。为了使设备故障排查记录表能全面体现不安全因素，要根据检查的需要、目的、被检查的对象，编制多种类型的安全检查表。设备故障排查记录表可以使工作人员很好地掌握设备的运行状态，起到预防故障作用，同时有利于故障诊断的分析和后期设备的保养。设备故障排查记录表见表 7–1。

表 7–1　设备故障排查记录表

故障所在屏号	LT42810DU	设备编号	001
故障发现时间	2023.02.09	故障发现人（签字）	张三
故障现象描述	工作指示灯不亮		
故障排查记录	1. 检查设备之间的通信参数是否设置正确，发现数据可以正常传输 2. 检查硬件电路，发现指示灯虚焊，造成设备指示灯显示不稳定		
故障排除时间	2023.02.09	管理员确认	故障排除

第五节　设备故障排除

考核知识点及能力要求：

- 了解常见的售后服务方案。
- 掌握设备故障的排除流程。
- 掌握常见设备故障的排除方法。
- 能够按照标准步骤进行设备故障排除。

一、设备故障排除方案

物联网系统设备故障排除包含两方面的含义，一方面是通过日常维护，使设备设施保持在最佳运行状态下工作，另一方面是当物联网系统设备出现故障时及时进行修复，使系统尽快恢复正常运转，减少故障给用户带来的不便。要想在设备出现故障时能够有条不紊地进行维修，必须事先制订设备故障排除方案。设备故障排除方案是可操作性较强的书面计划，可以帮助维修人员在紧急情况下按步骤迅速找到设备的故障所在，并有针对性地进行排除。

（一）常见的售后服务方案

售后服务是指物联网系统产品在售出以后，服务提供商向用户提供的各种后续服务。第二章已详细介绍过售后服务方案的其他内容，这里只介绍其中和故障排除相关的部分。常见的售后服务方案包括售后服务总则和售后服务承诺两部分内容。

1. 售后服务总则

售后服务总则有利于整个售后服务方向的确定，常见的售后服务总则中与故障排除相关的内容如下。

（1）制订具体的售后服务措施，在物联网项目产品的全寿命周期内向用户提供持续的售后服务。

（2）为用户培养和建立优质的系统维护队伍，该队伍能对物联网系统产品正式运行后的使用和维护提供全面的技术支持，并能积极参与售后服务的优化和升级工作。

（3）提供快捷的、全面的物联网系统产品故障分析、系统维护、维修、升级、扩充等一系列服务支持，把确保产品稳定运行作为首要任务，对现场的问题做出最快的响应。

2. 售后服务承诺

售后服务承诺是指物联网系统产品在售出后，服务提供商对用户做出的保证，以便在系统出现故障时会有对应的保障措施来维护用户的权益。售后服务承诺中与故障排除相关的内容包括售后响应时间、售后服务队伍、售后设备的替换、全套的维护资料和技术支持等。

（二）设备故障排除流程

物联网系统设备故障排除流程为用户发现故障并报修，随后物联网系统服务供应商组织实施，之后委派技术人员维修，最终完成整个维修工作。

1. 检测和排查

对故障设备的不同零件逐一进行检测和排查，对可能出现的故障进行初步判断，并对设备进行检查，以确认故障发生的具体位置和范围，为之后的故障排除打下基础。

2. 报修

用户在遇到物联网系统设备故障时，应根据售后服务方案提供的联系方式与负责该设备的售后人员取得联系，通常情况下使用报修单报修，紧急情况下可使用电话报修，事后补填报修单。

3. 组织实施

物联网系统设备的管理技术人员根据维修项目分配任务，要求维修中随时汇报工作完成情况和故障所处位置情况，对于紧急报修，优先委派维修技术人员去现场查看情况。

4. 维修

区域设备维修人员接到维修任务后，携带维修单及时赶到维修地点排除故障。区域设备维修人员不得随意动用现场与维修无关的物品，保持维修现场整洁，维修结束后清理现场；若维修有困难，可带回损坏设备并通知物联网系统厂家检测、维修，对故障原因做简单描述，并初步判定排除故障所需配件信息，向设备管理工程师或设备经理汇报，并申请送外维修。

5. 完成归档

维修任务完成后，请报修单位签名验收，维修人员须在维修单上注明完成时间、更换配件及维修人员姓名并由报修人员确认。对维修单进行审核之后，将已完成的维修单整理归档。

（三）设备故障排除方案制订

为保证设备维修的质量，防止维修过程中出现意外情况，应对设备故障排除的过程进行规范，并提前制订设备故障排除方案。设备故障排除方案的制订主要包括方案目的、适用范围、维修步骤、维修效果和维修进度五部分。

1. 方案目的

方案目的是尽快修复关键设备，维护物联网系统的正常运行，最大限度地减小设备故障给用户造成的损失。

2. 适用范围

适用范围为物联网系统中的设备、系统故障排除。

3. 维修步骤

常规的维修步骤包括分析故障、检查设备、确定故障位置、排除故障和检查维修后的设备性能。

4. 维修效果

设备的维修效果应以出厂标准为样例，必须保证维修后的设备能够维持使用周期并安全稳定运转。

5. 维修进度

为了保证维修工作的有序进行，应对设备维修进度加以控制，主要包括以下环节：明确维修任务，确定维修目标；分解维修任务，明确各项维修任务进度安排；编写设备维修进度报告，送至相关部门进行审核。

二、设备故障排除处理

为了防止物联网系统部分设备的故障导致整个物联网系统的运行崩溃，物联网系统设备出现故障后必须立即联系维修人员进行维修处理，维修人员在掌握直接分析和间接分析等常见故障排除方法的基础上，需根据故障排除标准步骤进行逐步处理。

（一）常见故障排除方法

从故障分析的方法看，常见故障排除方法可分为直接分析法和间接分析法。

1. 直接分析法

直接分析法在设备维修中最为常见，即通过维修人员看、听、闻、摸的方法来判定设备故障。

2. 间接分析法

间接分析法是指借助逻辑推理来判定设备故障原因。以手机控制车库门的关闭功能为例，若智能车库门开启器未响应手机的远程“关闭”命令，则可能是车库门结构件的机械故障，或者电动机出现问题，也可能是手机应用程序有漏洞被网络病毒渗透导致控制失效等。

（二）故障排除标准步骤

为了减少对故障的误判或错判并提高故障排除速度，应对故障排除步骤加以规定，最大可能地减少故障排除过程中的纰漏，进而保障物联网系统快速恢复至正常运行状态。故障排除标准步骤通常可以分为了解情况、发现故障、维修和检验四步。

第六节　故障隐患消除

考核知识点及能力要求：

- 了解常见的设备故障隐患类型。
- 能够分析设备故障隐患的原因。
- 掌握设备故障隐患的消除方法。

一、常见的设备故障隐患及其原因

设备故障隐患是指设备存在的潜在危险或使用时未采取有效管理措施可能导致设备故障的情形。日常使用物联网系统设备时，会出现各种各样的设备故障，为了保证物联网系统使用的稳定性，需及时找出设备可能存在的问题，通过专业技术分析总结设备故障隐患存在的原因。通过分析设备故障，可以总结出常见的设备故障隐患，做好预防工作，降低故障出现频率。

（一）常见的设备故障隐患类型

随着更多的物联网系统设备投入使用，设备故障的数量也在不断增加，故障的形式也有所不同，针对已发生的故障进行分类研究，总结出故障隐患的类型。根据不同的分类形式进行划分，故障隐患分类的形式主要有三种。

1. 按故障隐患的严重程度分类

（1）破坏性故障隐患。它既是突发性的，又是永久性的，这类隐患导致的故障发生后往往危及设备和人身安全。

（2）非破坏性故障隐患。它既是渐发性的，又是局部性的，这类隐患导致的故障发生后暂时不会危及设备和人身安全。

2. 按故障隐患出现的原因分类

（1）外因故障隐患。操作人员操作不当或条件恶化所造成的故障隐患，如调节系统的误动作等。

（2）内因故障隐患。设备设计本身所造成的故障隐患，如设备上的薄弱环节、制造时残余的局部应力和变形、材料的缺陷等。

3. 按故障隐患相关性分类

（1）相关故障隐患。也称为间接故障隐患，相关故障隐患是指与特定设备和系统的正常运行有关的潜在故障，其可能会影响整个系统的性能、可靠性或安全性。这类故障隐患通常是由设备在制造或使用中的错误产生的，例如缺陷零部件、不当的维护或使用条件等。

（2）非相关故障隐患。也称为直接故障隐患，这类故障隐患是设备零部件的本身直接因素引起的，是设备故障诊断时首先考虑的潜在因素。

（二）产生设备故障隐患的原因

产生设备故障隐患的原因部分在于设备本身的磨损，还有大部分由设备的物理损坏、异常操作、违规改变设备功能、超负荷使用、电磁干扰、设计存在缺陷和预置陷阱导致。

二、消除设备故障隐患的有效方法

了解设备故障隐患可能产生的原因对于消除设备故障隐患有一定帮助，前提是需要提高设备的生产质量、完善设备使用规范和提高设备维护能力。

（一）减少现有设备故障隐患

为了最大限度地减少物联网系统设备故障隐患，保证系统正常运转，需以科学的态度，结合实际，采取以下方法进行预防和维护。

1. 选择和采用适宜的排除方法

做好维修前的技术准备工作，可以为科学、适宜的排除方法提供技术依据。合理的排除方式和方案是立足于准确的技术数据的。

2. 对重点和关键设备实行预防性检测

根据已掌握的物联网系统设备的劣化状况数据分析结果，通过对关键设备失效前的预防性检测来消除故障隐患，从而延长设备正常使用周期。

3. 对有备用的设备可采用事后维修或定期计划检修

一些重要物联网系统设备或装置，一般按一用一备、二用一备或多台配置。由于有备用设备，所以可采用事后维修或定期计划检修。重点是确保备用设备必须随时处于完好状态，以便及时投入运行。

（二）提高设备生产质量

为降低物联网系统设备出现故障隐患的可能性，应做到预防大于维修，这就要求提高设备质量，可以从以下几个方面对物联网系统设备生产质量进行控制。

（1）确保设备物理安全，保持物联网系统设备相对封闭，并防止恶意的物理访问。

（2）保证物联网系统设备最新固件状态，一旦设备制造商发布更新和补丁，设备管理员就主动对相应的设备进行更新。

（3）对物联网系统设备进行运行测试，以发现硬件代码的弱点和漏洞。

（4）进行设备操作的身份验证要避免使用默认密码，尽可能使用复杂的密码并定期更新。

（5）在蓝牙、ZigBee、Wi-Fi、蜂窝、低功耗无线个人区域网上的 IPv6（6LoWPAN）、近场通信（NFC）和类似物联网协议上使用强加密来分配安全的数据传输介质。

（6）限制设备带宽，将网络容量和带宽限制在尽可能小的值，足以支持物联网系统设备运行，但不能用于基于物联网的分布式拒绝服务攻击。

（7）保护敏感信息。通过限制发现物联网系统设备来防止敏感个人身份信息泄露。要求授权用户端实施适当的服务机制和身份验证协议来确认物联网系统设备。

（三）完善设备使用规范

设备使用规范是指操作人员正确操作设备的有关规定和程序，为了加强设备使用规范，防止人为失误损坏设备导致设备故障隐患的存在，需要完善设备使用规范。

1. 目的和作用

正确使用设备是保证设备正常运行的首要前提，可以避免设备的不正常磨损或损坏，避免设备故障隐患的存在，延长设备的使用寿命和大修周期，减小备件消耗，减少维修费用，是确保生产正常进行的关键环节。因此，设备使用单位和生产操作人员必须严格按照设备使用规程正确使用设备。

2. 管理职责

各设备使用部门应严格按照设备使用管理制度的规定要求，加强对本部门设备的管理，在生产作业活动中贯彻好“设备使用规程”，认真抓好各设备在使用前、使用中和使用后的管理，将工作做细、做扎实。

3. 具体内容

（1）仔细阅读设备说明书，了解设备的正确使用方法和注意事项。

（2）在使用设备前，检查设备是否存在破损或异常情况，并确保设备已正确接通电源。

（3）使用设备时应按照操作流程进行，不可随意拆卸或更改设备结构。

（4）在设备运行过程中，注意观察设备运行状态，如发现异常情况应立即停机并联系维修人员。

（5）定期对设备进行维护保养，清洁设备表面及内部，避免灰尘等污染影响设备正常工作。

（6）设备保养维修必须由专业人员进行，不得擅自进行。

（7）严格按照设备使用要求使用，如有特殊要求或在特殊场景下使用，请联系设备制造商或经销商进行咨询。

（四）加强设备维护能力

通过加强对设备的维护，可以有效降低设备出现故障的可能性，消除设备故障隐患，延长设备使用寿命。通过建立预防的概念，应有针对性地加强监督，将整体检查和专项检查相结合。

思考题

1. 系统运维风险分析主要包含哪些内容？
2. 监控需求分析分为哪几个阶段？
3. 设备故障的根本原因主要包括哪些？
4. 简述设备故障的排除流程。
5. 简述消除设备故障隐患的有效方法。

第八章
系统运行管理

随着信息技术的不断发展，物联网信息系统的重要性也越来越突出，但是与此同时系统异常事件的发生也日渐频繁。为了保证物联网系统的正常运转，需要对系统运行进行管理。系统运行管理包括系统维护和安全管理。系统维护可以使系统的程序、数据和配置等始终处于正常可用的状态，保证物联网系统能适应用户工作和环境的变化。系统安全管理是指在系统运营全周期内遵循安全规范要求，鉴别并降低系统各环节的危险，从而保证系统在功能、时间和成本的约束下达到最佳安全程度，是物联网系统管理工作的重要组成部分。

- **职业功能：** 物联网系统运行与维护。
- **工作内容：** 系统运行维护、系统安全管理。
- **专业能力要求：** 能根据系统运行情况，进行信息安全、隐私保护、服务器系统安全等管理；能根据系统故障信息，分析故障原因并制订优化方案；能根据运维保障的要求，定期进行系统巡检，并解决各种问题和更正数据错误；能根据物联网安全要求，实现安全事件的分析、评审等全流程控制；能根据安全事件，调整与优化访问控制等安全策略；能根据身份鉴别、自主访问控制等安全机制进行安全审计。

- **相关知识要求：**信息安全管理知识、隐私保护管理知识、服务器系统安全管理知识、维护手册编写知识、安全事件分析知识、访问控制知识、安全审计知识。

第一节　系统安全管理

考核知识点及能力要求：

- 了解服务器系统安全分析的内容。
- 能够通过实时分析鉴别网络监听。
- 掌握防火墙的使用和管理。
- 能够根据要求查看并分析系统日志。
- 掌握保护信息安全的常用技术。
- 掌握隐私保护的常用方法。

一、服务器系统安全管理

随着科技的进步，服务器广泛应用于各行各业，为物联网带来巨大便利，但在其便捷的背后也存在诸多安全隐患。对于物联网来说，服务器系统的安全漏洞会导致用户信息泄露，服务器系统遭到病毒攻击等情况可能造成更为严重的安全问题。加强对服务器系统安全管理的重视，及时做出相应整改，能够有效避免服务器系统出现安全问题。

（一）安全分析

服务器系统安全是指保障服务器及其相关设备设施（含网络）、运行环境和信息的安全，实现服务器的正常运行。服务器系统的安全分析可分为物理安全和软件安全两方面。

1. 物理安全

服务器的硬盘、电源、主板以及维持服务器正常工作的其他硬件都需进行定期维护，只有保证这些硬件的绝对安全才能保证服务器系统正常运行。

2. 软件安全

软件安全包括系统安全、服务安全、密码安全、网络安全和资源安全等。

（1）系统安全。在打好充足补丁的基础上，系统本身通常较为安全。

（2）服务安全。仔细检查注册表和服务项，严禁远程修改。

（3）密码安全。对于弱密码进行及时修改，通过数字加大小写英文字母以及特殊符号的组合提高密码强度。

（4）网络安全。挑战黑洞（challenge cohapsar，CC）和拒绝服务（denial of service，DoS）是两个服务器安全中常见的问题，也是防止木马病毒入侵需要重点考虑的问题。

（5）资源安全。通过资源监控保证资源不被篡改入侵是针对服务器系统的一项重要安全措施，能够及时找出被篡改的资源并发出警告。

为了解决以上服务器系统安全问题，保障服务器系统安全运行，可采用的安全保护方法如下：

（1）及时安装补丁和升级程序。

（2）安装防火墙，根据自己的环境适当设置。

（3）安装网络杀毒软件，并定期或及时升级网络杀毒软件。

（4）管理服务器系统管理员的账号和密码，设置一定的账号管理策略，如强制用户每月更换一次密码。

（5）监控系统日志、分析报告，查看有无异常。

（6）关闭不必要的服务和端口，降低系统的安全风险。

（7）定期备份服务器数据，确保数据的完整性。

（二）网络监听和实时分析

网络监听技术又名网络嗅探技术，可以在他方未察觉的情况下捕获其通信报文和通信内容。由于网络传输采用广播通信方式，所以在网络中传送的分组可能出现在同一冲突域中的所有端口上。在常规状态下，网卡控制程序只接收发送给自己的数据包和广播包，目标地址不是自己的数据包则会被丢弃。如果把网卡配置成混杂模式，它就能接收所有信息，无论信息是不是发送给自己的。如文件传输协议（file transfer protocol，FTP）和远程终端协议（telnet）在传输数据和口令字时不进行加密，采用混杂模式的网络扫描器就可以解读和提取有用信息。利用网络监听技术，既可以进行网络监控，解决网络管理中的问题，也可以进行网络窃听，实现网络入侵。

应对网络监听的方式就是实时分析，对网络进行必要的安全监测分析，尽早发现服务器是否被监听。实时分析可分为以下几类。

1. 端口实时分析

黑客进行网络攻击时，经常会采用网络扫描器来扫描目标机器，获取目标机器的相关信息。通过对网络端口实时分析，利用扫描器可以帮助服务器系统管理员尽早发现网络主机的端口安全缺陷，防止数据被监控。

2. 病毒实时分析

服务器系统包括很多组成部分以及转换环节，在各个环节尤其是网络软件方面存在很多薄弱环节或者漏洞。病毒实时分析是利用人工检测和自动检测的方式对网络病毒进行检测。在服务器系统使用过程中，管理员应定期利用各种杀毒软件对系统进行检测，防止网络病毒对服务器系统监听。

3. 平台实时分析

服务器系统的正常运行离不开操作系统，操作系统是用户和计算机的接口，可以对服务器系统实行有效的管理。平台实时分析是通过对网络主机的操作系统进行分析，查找系统中存在的漏洞，并及时关闭漏洞。平台实时分析有两种方式：模拟黑客攻击方式分析网络平台漏洞；利用操作平台的口令文件进行分析。

（三）系统日志

系统日志是记录系统中软件、硬件以及系统问题的信息，同时包括监视系统中发生的事件。用户可以根据系统日志中记录的信息来检查错误发生的原因，或寻找系统受到攻击时攻击者留下的痕迹。

1. 系统日志管理

系统日志管理不仅可以保证系统运行的安全，同时可以用于系统出现故障后判断故障产生的原因。系统日志一般存储在专门的磁盘空间中。以 Ubuntu 操作系统为例，系统日志文件放在 /var/log/ 目录下，同时只有 root 用户才有权限进行读取，见表 8–1。

表 8–1　　重要的系统日志文件及其说明

日志文件	说明
/var/log/cron	记录与系统定时任务相关的日志
/var/log/cups	记录打印信息的日志
/var/log/dmesg	记录系统在开机时内核自检的信息，也可以直接查看内核自检信息
/var/log/btmp	记录错误登录的日志
/var/log/lasllog	记录系统中所有用户最后一次登录时间的日志
/var/log/mailog	记录邮件信息的日志
/var/log/messages	它是核心系统日志文件，其中包含了系统启动时的引导信息，以及系统运行时的其他状态消息、I/O 错误、网络错误等系统错误信息
/var/log/secure	记录验证和授权信息，涉及账户和密码的程序都会被记录
/var/log/wtmp	永久记录所有用户的登录、注销信息，同时记录系统的启动、重启、关机事件

2. 系统日志分析

想要对系统日志进行分析，必须了解日志文件的格式。日志文件的格式大同小异，以 Ubuntu 操作系统的日志服务 rsyslogd 记录的日志文件为例，日志文件包括以下四列：事件发生的时间、发生事件的服务器主机名、发生事件的服务名或程序名以及事件的具体信息。以 Ubuntu 操作系统接收连接密码的日志为例，其显示代码如下：

```
Jun 5 03: 20: 46 localhost sshd[1630]: Accepted password for root from 192.168.0.104
port 4229 ssh
```

需要说明的是：

（1）Jun 5 03:20:46 表示事件发生的时间为 6 月 5 日 3 时 20 分 46 秒。

（2）localhost 表示发生事件的服务器主机名。

（3）sshd［1630］表示事件的服务名和代号。

（4）Accepted password for root from 192.168.0.104 port 4229 ssh 表示事件的具体信息：接收从 192.168.0.104 主机的 4229 端口发起的 ssh 连接的密码。

二、信息安全

物联网系统包含信息的管理、配置和操作等功能，信息是物联网系统的核心资源。信息安全是为了保护系统的硬件和软件安全，主要针对其中的数据处理系统采取技术和管理上的安全保护，还可以保护数据不因偶然或恶意原因而遭到破坏、更改和泄露。

（一）信息安全问题管理

系统的信息安全问题管理重点包括以下几点。

1. 网络安全

网络安全要保证整个网络系统不受任何威胁和侵害，能正常地实现资源共享和信息交互功能。内部网络可以采取物理隔离、传输加密、审计等措施加以防范；外部网络采取严格访问控制手段，并且设置在网络安全的不同层次中，如终端安全、应用层安全和链路层安全等。

2. 数据安全

服务器系统中处理着大量的系统数据，这些数据的安全是信息防护的重点。由于服务器系统的数据是处于读写的状态，所以对内外介质传输数据要设置加密保护措施，并且在本地与网络中的信息应采取不同等级的加密保护措施，防止数据被恶意泄露后造成损失。

3. 终端安全

终端防护的方式主要针对服务器终端本身，采取审查与行为控制等措施。传统终端安全防护的方案重点为解决外部入侵，终端安全防护能够避免内部人员疏忽和恶意用户攻击。

4. 病毒与黑客攻击

这是服务器系统信息安全的主要问题，采取的措施包括漏洞扫描、病毒防护与入侵检测等，还应及时更新病毒库与扫描引擎，定期自动扫描系统漏洞，对非法入侵进行检测、阻断与报警。

（二）保护信息安全的常用技术

针对服务器系统的信息安全问题，通常通过防火墙技术、入侵检测技术、数据备份、杀毒软件、网络监听和日常管理等方面进行安全防护。

1. 防火墙技术

防火墙部署于网络边界，是服务器系统内部网络和外部网络之间的连接桥梁，部署防火墙能够避免非授权用户与主机对系统内部网络进行访问，从而可以保证服务器系统的信息安全。以 iptables 防火墙和 firewall 防火墙为例，其基本操作与命令见表 8-2、表 8-3。

表 8-2　　iptables 防火墙基本操作与命令

基本操作	命令
查看防火墙状态	service iptables status
停止防火墙	service iptables stop
启动防火墙	service iptables start
重启防火墙	service iptables restart
永久关闭防火墙	chkconfig iptables off
永久关闭后重启	chkconfig iptables on
开启 80 端口	vim /etc/sysconfig/iptables
保存退出后重启防火墙	service iptables restart

表 8-3　　firewall 防火墙基本操作与命令

基本操作	命令
查看 firewall 服务状态	systemctl status firewalld
查看 firewall 的状态	firewall-cmd --state
开启 firewalld.service 服务	service firewalld start
重启 firewalld.service 服务	service firewalld restart
关闭 firewalld.service 服务	service firewalld stop
查看防火墙规则	firewall-cmd --list-all
查询端口是否开放	firewall-cmd --query-port=8080/tcp
开放 80 端口	firewall-cmd --permanent --add-port=80/tcp
移除端口	firewall-cmd --permanent --remove-port=8080/tcp
重启防火墙（修改配置后要重启防火墙）	firewall-cmd --reload

需要注意的是，“firewall-cmd”是 Ubuntu 操作系统提供的操作 firewall 的一个工具，“--permanent”表示设置为持久，“--add-port”表示添加的端口。

2. 入侵检测技术

入侵检测技术建立在防火墙技术的基础上，是主动的网络安全防护对策。通过收集服务器系统内部与网络资源的信息，全面分析可能会出现的网络入侵和攻击，并及时响应入侵、渗透等问题，如事件记录、报警和切断网络连接等。通过入侵检测技术进一步对可能出现的网络攻击进行防护。

3. 数据备份

数据备份是保护信息安全的重要手段，服务器系统的物理故障与逻辑故障都可能导致数据丢失，从而造成信息安全的严重破坏。

4. 杀毒软件

服务器系统需要安装必要的杀毒软件，只有将防病毒融入信息安全防范体系，才能够提高信息安全水平。结合实际情况，充分考虑杀毒软件的便利性和后续服务等性能，降低病毒入侵服务器系统的可能性。

5. 网络监听

网络监听是指监控网络传输的数据，使服务器系统的网络管理更加安全。通过对网络流量状态进行检测、分析，提高数据传输过程中的安全性和保密性。

6. 日常管理

在日常管理中，仅从技术角度考虑服务器系统的信息安全比较片面，要想实现全面的信息安全，应从管理与技术两方面综合考虑。缺少良好的管理体系，会导致安全防范措施无法发挥效用的问题，因此，对于信息安全还需要制定严格、合理、科学的管理制度。针对系统访问、数据备份、物理安全、灾难恢复、病毒防护等设计管理制度与规则，增强管理人员安全意识，定期开展安全培训，避免管理人员缺少安全技术知识导致信息安全隐患，保证系统的安全性。信息安全管理应遵循规范定级，系统动态和全面防范、突出重点的指导性原则。

（1）规范定级原则。有关部门和组织要根据信息的重要程度和敏感程度，并结合自身资源的客观条件，按照标准确定信息安全管理要求的相应等级，并在履行相关的审批手续后，切实遵从相应的等级要求，制订与之相应的安全策略，并认真实施。

（2）系统动态原则。应根据服务器系统的要求，注意各层次、各方面、各时期的相互协调、匹配和衔接。信息安全管理是一种状态和过程，会随着系统强弱的时空分布变化而变化。这就要求相关系统安全员实时观察系统环境，一旦出现了系统威胁，必须及时地将现有的安全策略、风险接受程度和保护措施进行一系列的复查、修改以及调整，以便第一时间处理系统威胁。

（3）全面防范、突出重点原则。要想做到全面防范，就必须从人员、管理和技术多方面在预警、检测、反应、保护、恢复和跟踪等多个环节采用各种技术。同时应结合系统自身的实际情况，突出信息安全管理的重点，以便最大限度地管理好信息安全。

三、防火墙技术

防火墙是一种安全技术，它通过有机结合各类用于安全管理的软硬件设备，帮助计算机网络的内、外部网络构建一道保护屏障，其宗旨是保护用户资源与信息。硬件防火墙是通过硬件和软件的组合来达到隔离内、外部网络的目的，软件防火墙是通过计算机系统上的软件来实现隔离内、外部网络的目的。以下主要介绍软件防火墙的相关内容。

（一）防火墙使用和管理

软件防火墙的使用和管理一般执行以下两种基本策略。

（1）除非明确不允许，否则允许某种服务。

（2）除非明确允许，否则禁止某种服务。

执行第一种策略的防火墙，除非系统对某种服务明确表示禁止，否则在默认情况下允许所有的服务。执行第二种策略的防火墙，除非管理员对某种服务明确表示允许，否则在默认情况下禁止所有的服务。防火墙可以实施一种宽松的策略（第一种），也可以实施一种限制性策略（第二种）。

1. 防火墙的设计策略

为了保证防火墙使用安全，进而实现预期安全策略，应在防火墙设计策略中选择限制性策略，即除非明确允许，否则禁止某种服务。防火墙的设计策略应该解决以下问题。

（1）需要什么服务，如远程终端系统、网络文件系统等。

（2）在哪里使用这些服务，如局域网、互联网等。

（3）是否应当支持拨号入网和加密等服务。

（4）提供这些服务的风险是什么。

（5）若提供这种保护，则其是否可能导致网络使用上的不方便等负面影响，以及相应的影响程度。

2. 防火墙的管理

合理管理防火墙是为了保持防火墙的清洁和安全，需要定期完成数据备份、账号管理和磁盘空间管理等工作。

（二）防火墙的规则要求

防火墙是保护网络安全的第一道防线，主要是为了保障服务器系统日常工作的稳定进行。应该避免随意修改防火墙，并且在使用防火墙时应注意以下要求。

（1）当系统管理员发现防火墙出现以下情况时，应当怀疑可能有黑客正在入侵防火墙：多次企图登录，但多次失败的合法账户，特别是互联网上的通用账户；目的不明的数据包命令；向某个范围中每个端口广播的数据包；在不明站点的成功登录。

（2）当系统管理员发现防火墙出现以下情况时，应当怀疑已有黑客翻过防火墙成功侵入系统：日志文件被删除或者修改；程序突然忽略所期望的正常信息；新的日志文件包含有不能解释的密码信息或数据包痕迹；特权用户意外登录（例如 root 用户），或者意外用户突然成为特权用户；与系统或程序名称相近的应用程序进行试探或者侵袭；登录提示信息发生了改变。

（3）最重要的一点是保证防火墙的实时更新和维护。随着网络技术的飞速发展，黑客随时可能掌握新技术、发现系统新漏洞或者以新方式入侵系统，同时现有的系统工具也会不断更新。因此，只有使防火墙能与入侵技术的发展保持同步甚至超前，才能对系统进行更好的保护。

四、隐私保护

随着物联网系统的连接扩展到家庭、办公室和城市中的设备，隐私比以往任何时候都要危险。隐私保护是指保护个人或组织等实体不愿意被外人知道的信息不受侵犯。物联网系统常用的隐私保护方法包括数据扰乱、加密、身份认证和安全通信等。

第二节　系统优化方案编制

考核知识点及能力要求：

- 掌握系统故障信息收集的范围和要点。
- 能够根据要求分析系统故障的根本原因。
- 能够根据要求定位系统优化需求。
- 能够根据要求设计系统优化方案。

一、系统优化需求分析

物联网系统经过长时间使用后可能出现内存不够、数据处理延时和安全无法得到保障等问题，为了保证系统高效运行，需对系统进行优化。系统优化从需求分析开始，需求分析则应从了解当前系统面临的问题开始。

（一）系统面临的问题

由于物联网系统中配置了大量的联网硬件设备，所以网络架构极其复杂。不同应用类型的服务又导致系统中存在多种用户端和数据类型。上述特点导致物联网系统随着运行时间的延长面临不稳定、高并发、数据量大、不安全等问题。

（二）系统故障信息收集

物联网技术的迅速发展使各领域对物联网系统的要求逐渐提高，因而系统故障信息的及时收集显得至关重要。

1. 系统故障信息收集的范围

在系统故障信息收集中，收集的信息应能明确帮助后期维修人员快速分析出故障原因。系统故障信息需要包含以下内容。

（1）故障基本信息。故障基本信息主要包括故障发生的时间和地点、故障的具体现象、故障的严重程度、故障点网络拓扑结构以及故障发生后采取的措施和结果等重要信息。

（2）设备日志信息。故障发生时产生的设备日志信息往往是故障处理时的重要参考对象。

（3）运行状态信息。系统运行时的状态信息主要包括启动配置、接口信息、当前配置以及系统版本的状态信息。

（4）智能诊断信息。智能诊断信息是智能诊断工具对当前故障进行诊断产生的相关信息。

2. 系统故障信息收集的要点

在明确系统故障信息收集的范围之后，用何种方法进行信息收集以及如何处理这些信息同样至关重要。在故障基本信息的收集中，对于故障时间的记录至少要精确到分钟，对于故障现象的记录应详细完整，细节之处更要着重标记。记录好故障的严重程度和影响的业务范围。根据组网信息画出组网图，主要包括对接接口、上下行设备等。记录发生故障后已采取的措施和结果，包括完整的配置过程和输出的信息等。

（三）系统故障根本原因分析

在系统发生故障以后，系统管理人员需要在最短时间内找到问题的症结所在。在进行故障判断与定位时，按照一定的逻辑顺序和方法进行操作往往会收到事半功倍的效果。不同系统故障的根本原因要根据具体情况进行判定，以下是系统故障的常见根本原因。

（1）系统文件损坏，无法进入操作系统。

（2）各种垃圾文件增多，使得系统运行变慢。

（3）系统需要更换为其他版本的系统才能正常运行。

（4）更换的新硬件导致系统无法运行，如硬盘、显卡等。

（5）系统遭遇了高危病毒，杀毒软件也无法处理。

（四）系统优化需求定位

系统优化需求定位是指物联网系统设计人员通过分析当前系统的问题和限制，对系统优化需求进行分类的过程。根据需求定位提出相应的改进、优化方案，最终达到提高系统性能或管理能力的目的。优化需求成果分为有形成果和无形成果，见表 8–4。

表 8–4　　优化需求成果

成果类型	成果内容
有形成果	优化方案及相关评审记录 变更和发布报告 优化改善交付过程中的其他报告
无形成果	设备和系统等运行性能的提升 组织和流程等管理水平的提升

二、系统优化方案设计

在进行系统优化需求分析之后需要设计一套完整的与之相对应的系统优化方案，对已经老化的系统进行修复。系统优化应分别针对系统面临的问题（即软件层面）和设备故障（即硬件层面）进行优化，并给出相应的优化方案。

（一）系统服务端优化方案

系统服务端优化方案是针对系统软件层面面临的问题进行修复并优化。系统服务端优化的目标是缩短整个系统请求处理的时间，如果系统所有的请求处理都在理想时间内，那么就不存在系统优化问题。在系统运行过程中，当出现内存不足、数据存储空间不足或网络传输不佳等情况时，系统就无法及时响应部分请求，从而导致整个系统的响应时间增加。系统服务端优化可采取如下措施。

1. 优化数据库

系统处理的请求最后大多会由数据库进行处理，随着数据量的增加，数据库的读写速度就会受到影响，从而增加整个系统的响应时间。以 MySQL 数据库为例，当数据量增大时，必须根据实际业务数据量对数据库进行重新分区分表、优化查询语句和增加索引等措施来提高整个数据库的访问速度，从而提升系统的整体性能。另外，可通过应用与数据分离、读写分离、前后端分离来避免冲突。

2. 使用管理工具

系统的优化需要大量的管理工具，管理工具可以提高系统管理效率，也可以避免服务器出现不必要的故障，有效延长正常运行时间。例如，管理人员可以通过工具时刻监控服务器中央处理器、内存等的利用率，及时分析故障报告并设置阈值，如果对应参数超过阈值将自动预警。

3. 使用多核处理策略

现在系统的主流机器配置的都是多核中央处理器，物联网系统可以利用多核特点，根据系统的实际需求采用多进程或者多线程的框架。

（二）系统故障优化方案

系统故障优化方案应从发现故障开始，然后识别故障现象、对故障现象进行详细描述、列举可能导致故障的原因、缩小搜索范围、定位错误、进行故障分析并制订具体的优化措施。

1. 发现故障

物联网系统可能出现的故障有很多，按照系统故障的功能进行分类，物联网系统的故障可以进一步分为硬件故障、软件故障、通信故障，见表 8–5 ~ 表 8–7。

2. 针对故障优化

有了故障的具体现象和发生的位置，就可以实施具体的优化方案。对于不同的故障，系统优化方案是不同的。对于硬件故障，应对相应的设备进行维修与更换；对于软件故障，应对软件进行更新与安装补丁。系统优化的原则注意以下两个方面。

表 8-5　硬件故障

故障现象	导致故障的可能原因
有线链路不通	链路断开，链路超过限定长度
无线链路不通	距离太远，超出信号覆盖范围；干扰严重；障碍物阻挡
不能收发数据	网卡故障，网卡连接协议配置错误，地址配置错误
数据收发不稳定	链路连接不牢，无线干扰严重，网络攻击
交换机不转发数据	VLAN 配置错误，ACL 配置错误，设备损坏
路由器不转发数据	路由配置错误，地址错误，设备损坏，流量过载

表 8-6　软件故障

故障现象	导致故障的可能原因
物联网系统死机	系统负载过高、内存不足或其他硬件问题
数据丢失	存储媒介损坏、文件系统错误或编程错误
系统网络连接问题	网络连接不稳定、网络带宽瓶颈或设备配置错误
安全漏洞	未修补漏洞、密码泄露或其他安全问题

表 8-7　通信故障

故障现象	导致故障的可能原因
驱动程序错误	版本错误，软件不兼容，多个程序之间冲突
通信软件错误	协议未正确安装，协议版本不正确，协议配置错误
系统软件错误	权限设置不当，软件版本不兼容，软件配置错误
应用软件运行错误	数据异常，软件程序错误，用户操作错误
结果错误	软件错误，网络攻击

（1）应保证所有修复操作可恢复。为了保障所有具有潜在价值的数据，需要备份当前配置，以便应对优化可能带来的故障进一步恶化的情况，或在优化成功后进一步针对原始故障数据研究分析，从而找出故障的深层次原因。

（2）应重视故障排查全过程的记录。系统优化人员需要详细记录故障观察结果及尝试过的故障排查操作步骤，防止运维人员一再尝试无效的修复工作，便于进一步针对故障现象和修复措施进行统计分析。

第三节　系统巡检与修复

考核知识点及能力要求：

- 了解系统巡检人员管理的方法。
- 掌握系统巡检制度管理。
- 能够根据要求对系统实施巡检。
- 能够根据要求修复日常故障。
- 掌握特殊故障修复的流程和关键点。

一、系统巡检

系统巡检是定期检测、查找系统中的各种问题和数据错误。定期巡检可以提前发现安全漏洞和故障，也可以及时发现日常管理的不足，为系统平稳运行做好基础。系统巡检应尽可能覆盖不能直接观察到的内容，如系统服务、系统账户和权限、防火墙、防病毒系统、操作系统补丁和磁盘权限等。系统巡检主要包括系统巡检人员管理、系统巡检制度管理和系统巡检实施。

（一）系统巡检人员管理

只有确保参与物联网系统运维的相关人员具备应有的执行能力，才能保障系统巡检的有效执行，应从人员管理、岗位结构以及知识、技能和经验等方面对系统巡检人员管理进行衡量。

（二）系统巡检制度管理

系统巡检制度规定了物联网系统使用、运行和维护期间系统的检查管理的相关要求。为了保证系统巡检全面，及时发现各种问题并进行维修，就必须明确制定系统巡检的各项规章制度，建立和健全系统巡检制度管理体系，保证系统巡检工作环境和系统的安全。

（三）系统巡检实施

系统巡检实施根据巡检内容可分为网络中心巡检实施、运行管理巡检实施与日常巡检实施三个方面。

二、系统修复

物联网系统在运行过程中不可避免地都会遇到发生故障的情况，硬件故障、软件故障和人为操作失误都会导致系统遭到破坏。这些故障可能导致物联网系统运行中断，影响系统数据的正确性，甚至破坏系统的数据库，导致数据的丢失。因此，系统修复对于系统的可靠性起到决定性作用，是衡量物联网系统性能优劣的一项重要指标。系统修复技术的选择应根据具体故障来确定，系统故障可以分为日常故障和特殊故障，所有修复分为日常故障修复和特殊故障修复。

（一）日常故障修复

系统需要提供 7 × 24 h 不间断的服务，长时间的运行导致软硬件方面都可能发生日常故障。

1. 电源故障修复

系统故障最常见的情况是由电源电压不稳定或经常断电引起的故障。解决办法是使用电源稳压器或不间断电源，使系统更安全地工作。

2. 部件接触不良修复

系统的硬件部件之间接触不良引起的故障也是常见故障之一。接触不良主要反映在各种服务器硬件主板的接触不良或电源线、数据线的连接不良。解决办法是更换相应的插槽或轻轻擦一擦接口卡或内存条，即可排除故障。

3. 应用程序非法操作修复

有时系统在执行应用程序时可能会提示非法操作的错误信息。这种故障可能是由于两个程序同时使用了同一段内存区域而发生冲突。解决办法是恢复备份或者使用文件修补工具、下载并安装软件的补丁、卸载并重新安装特定程序或者避免同时运行某些程序等。

4. 网络设备故障修复

网络设备故障是指网络设备本身出现问题，如网线使用中出现问题造成网络故障。解决办法是直接更换损坏的设备。

5. 系统资源耗尽

各种程序的运行都需要消耗不同的系统资源。系统在程序打开和关闭之间都会消耗相应资源，由于有些程序关闭后并不会自动恢复被占用的资源，导致系统的资源被耗尽从而出现各种故障。解决办法就是定期清理，或者系统运行一段时间后重新启动一次以释放资源。

Ubuntu 操作系统在使用过程中经常会因为内存被占满而死机，所以在服务器的使用和维护过程中要考虑加入内存自动刷新脚本。使用 free 命令可以查看当前机器内存和交换区的使用情况，如图 8-1 所示。

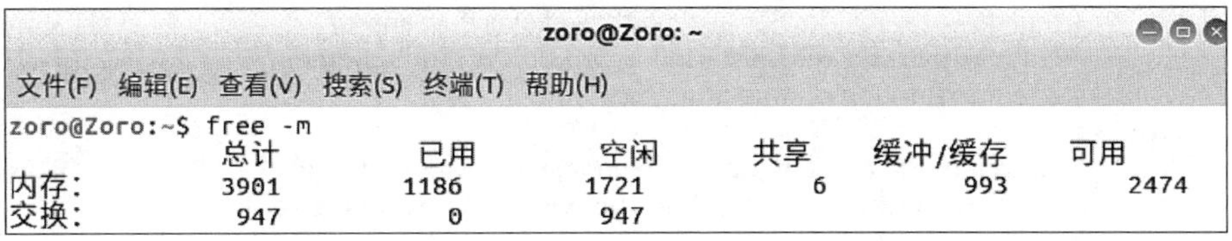

图 8-1　查看内存使用情况

使用命令“sudo gedit /freemem.sh”创建脚本，脚本内容如图 8-2 所示。

保存关闭之后，使用 crond 创建定时任务，使用“sudo gedit /tmp/crontab.zjfXwo/crontab ”命令打开文件，如图 8-3 所示。

根据上述命令，每隔 10 min 会执行一次清理内存的脚本。

（二）特殊故障修复

特殊故障发生的可能性相对较小，但修复方法也相对复杂，主要包括病毒故障修复、网络故障修复和磁盘故障修复等。

```
打开(O) ▾            *freemem.sh            保存(S)
#!/bin/bash

used=`free-m  | awk 'NR==2'  |  awk '{print $3} '
free =`free-m  | awk 'NR==2'  |  awk '{print $4} '

echo "====================" >> /var/log/mem.log
date >>/var/log/mem.log
echo "Memory usage | [Use: ${used}MB][Free: ${free}B]" >> /var/log/mem.log
if[ $free -le 100 ] ; then
            sync && echo 1 > /proc/sys/vm/drop caches
            sync && echo 2 > /proc/sys/vm/drop caches
            sync && echo 3 > /proc/sys/vm/drop caches
            echo "OK" >> /var/log/mem.log
else
            echo "Not required" >> /var/log/mem.log
fi
```

图 8–2　脚本内容

```
打开(O) ▾            *crontab            保存(S)
# Edit this file to introduce tasks to be run by cron.
#
# Each task to run has to be defined through a single line
# indicating with different fields when the task will be run
# and what command to run for the task
#
# To define the time you can provide concrete values for
# minute(m),hour(h),dayof month(dom),  month(mon),
# and day of week(dow)or use'*'in these fields (for 'any').#
# Notice that tasks will be started based on the cron's system
# daemon's notion of time and timezones.
#
# Output of the crontab jobs(including errors)is sent through
# email to the user the crontab file belongs to(unless redirected)
#
# For example, you can run a backup of all your user accounts
# at 5 a.m every week with:
# 0 5 * * 1 tar -zcf /var/backups/home.tgz /home/
# For more information see the manual pages of crontab(5)and cron(8)
#
# m h  dom mon dow command
* /10 * * * * sudo sh /freemem.sh
```

图 8–3　自动释放脚本

1. 病毒故障修复

病毒故障修复主要采取预防为主的策略，例如安装防病毒软件、病毒实时监控软件、杀毒软件等。由于系统病毒一直在更新变化，所以应及时更新系统病毒数据库，以达到防范新型系统病毒的目的。

2. 网络故障修复

网络故障的原因有很多种，要解决这些网络问题必须具备丰富的软件、硬件知识。对网络故障测试和调试的方法是解决网络故障的关键。解决办法是首先要确定故障问题所在，查找网络故障的原因，之后将可能的故障点隔离出来，对每个故障点进行定位、测试和排除，最终对故障问题进行修复。

3. 磁盘故障修复

系统中所有数据都存储在硬盘上，硬盘故障会带来严重损失。系统硬盘一旦出现问题，系统将会立即中断运行，而且该物理硬盘上的数据能够恢复的可能性极小。对于这种情况可以采用磁盘冗余阵列技术以提高服务器对硬盘的容错性，或者通过存储子系统的设计，将数据存储系统从主机系统中完全分离出来。

第四节　安全事件分析与评审

考核知识点及能力要求：

- 掌握网络安全保护等级的划分。
- 了解网络安全定级的流程。
- 能够分析安全事件。
- 掌握物联网系统安全现状的分析。

一、安全事件分析

安全事件是指尝试改变系统安全状态的任何事件，包括改变访问控制措施、篡改数据、破坏设备安全等。尤其是在物联网系统与云计算、互联网和大数据等高新技术相结合的形势下，物联网系统面临的安全挑战更加复杂。根据发生安全事件的位置，可以将物联网系统安全事件分为应用层安全事件、网络层安全事件和感知层安全事件。

1. 应用层安全事件分析

应用层安全事件涵盖了车联网、智慧城市、智能交通、智慧医疗等大多数物联网应用领域。物联网系统在应用层向用户提供个性化服务、数据管理和处理等应用。

2. 网络层安全事件分析

网络层安全事件主要来自对各网络节点的攻击。网络层由各种私有网络、互联网、有线和无线通信网等组成，负责将感知层获取的信息安全可靠地传输到应用层。

3. 感知层安全事件分析

感知层安全事件主要来自对物联网系统终端设备的攻击。根据物联网感知层的功能和应用特征，感知层面临的安全事件包括物理捕获、拒绝服务、木马病毒、数据泄露等。

二、网络安全等级保护测评

同样的安全攻击事件发生在不同的物联网系统平台上，产生的后果差异很大，因此，针对不同的物联网系统，需采取的安全防护措施也大不相同。网络安全等级保护测评是指测评机构依据国家网络安全等级保护制度规定，按照有关管理规范和技术标准，对非涉及国家秘密信息的系统安全等级保护状况进行检测评估的活动。

（一）网络安全保护等级划分

根据网络系统在国家安全、社会秩序、经济利益等方面的重要程度，《计算机信息系统　安全保护等级划分准则》（GB 17859—1999）将网络安全保护等级分为用户自主保护级、系统审计保护级、安全标记保护级、结构化保护级和访问验证保护级。系统安全保护能力随着安全保护等级的增高逐渐增强。

（二）网络安全定级流程

网络安全定级首先需要确定定级对象，之后初步确定安全等级，紧接着编制相应定级报告。如果确定安全等级为一级，也就是用户自主保护级，就可以直接完成网络安全定级流程；如果安全等级高于一级，则需要交由专家评审，确定最终的网络安全等级。最后交由公安机关备案，并向相关主管部门进行报备，从而完成整个网络安全定级的流程。网络安全定级流程如图 8–4 所示。

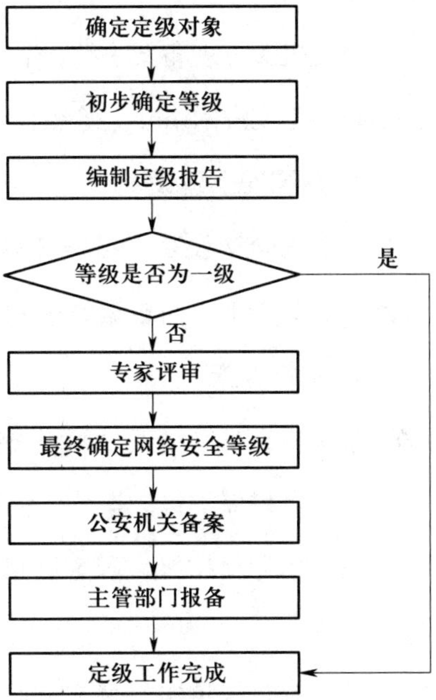

图 8–4　网络安全定级流程

（三）网络安全等级保护流程

网络安全等级保护是确保一个系统安全性的重要标准，是对网络系统进行全面检测，从而全面发现系统内部安全隐患与不足之处的重要过程。完整的网络安全等级保护流程如图 8–5 所示。

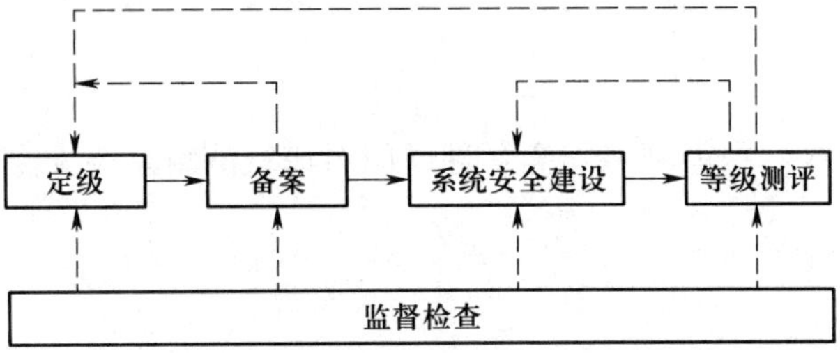

图 8–5　完整的网络安全等级保护流程

1. 定级

定级是网络安全等级保护流程中的首要环节。企业按照定级指南和等级保护管理办法判别网络系统的安全保护等级。通常情况下，区县系统、地市级及省级单位不涉及敏感信息的一般系统和网站定为二级。地级市及省级单位的门户网站，重要行业的门户网站以及信息泄露等情况会引起社会秩序混乱、危害国家安全的网站和系统均需定为三级或以上。

2. 备案

备案是网络安全等级保护工作的核心。定级在二级以上的系统需在所在地所设市级以上公安机关办理备案手续，省级单位到省公安厅网络安全总队备案，对定级结果进行备案有助于推进网络安全等级保护工作有序高效地进行，为后期等级测评做好准备。

3. 系统安全建设

系统安全建设是网络安全等级保护工作的关键。系统安全的建设和整改建立在等级测评的基础上，需根据定级和等级测评展开和推进。

4. 监督检查

监督检查是网络安全等级保护工作的重要保障。

（1）自护保护级。运营、使用单位依据国家管理规范和技术标准进行保护。

（2）指导保护级。国家网络安全管理部门对该级网络系统安全等级保护工作进行指导。

（3）监督保护级。国家网络安全管理部门对该级网络系统安全等级保护工作进行监督、检查。

（4）强制保护级。国家网络安全管理部门对该级网络系统安全等级保护工作进行强制监督、检查。

（5）专控保护级。国家网络安全管理部门对该级网络系统安全等级保护工作进行专门的监督、检查。

5. 等级测评

等级测评是网络安全等级保护工作结果的检验方法，也是网络系统是否满足投入使用要求的重要检测。原则上，定级环节中级别在二级以上的都需要进行网络安全等级测评。

《信息安全技术　网络安全等级保护基本要求》（GB/T 22239—2019）规定，在保护物联网系统等级保护对象时要重点考虑终端设备、移动应用和数据，具体要求如图 8–6 所示。

《信息安全技术　网络安全等级保护基本要求》（GB/T 22239—2019）对物理和环境安全、网络和通信安全、设备和计算安全以及应用和数据安全提出具体的技术要求，如图 8–7 所示。

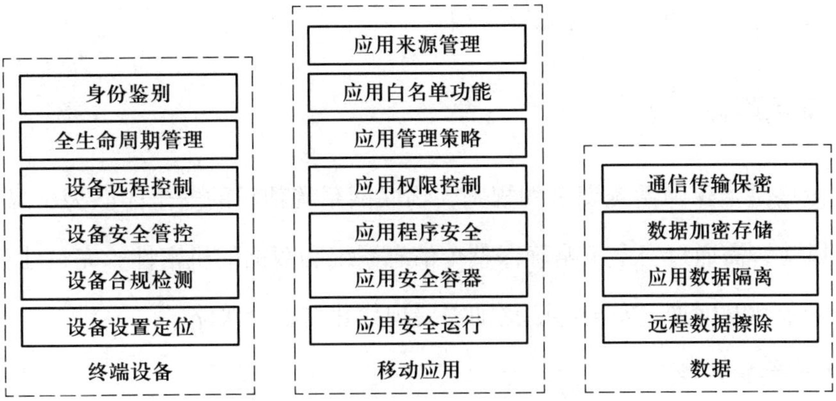

图 8–6　网络安全等级保护基本要求

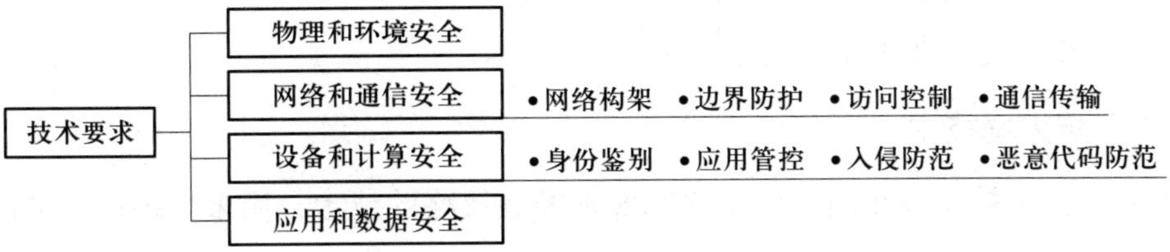

图 8–7　技术要求

第五节　安全策略调整

考核知识点及能力要求：

- 了解常见安全策略的分类。
- 掌握统一威胁管理的内容。
- 掌握常用的访问控制策略。

- 掌握访问控制的要素和实施流程。
- 掌握基于信任模型的动态访问控制。

一、安全策略

安全策略是指保障系统安全的规则，物联网系统项目的安全团队为了降低系统遭受攻击的风险，需通过安全策略确保整个信息系统和数据的机密性、完整性和可用性。随着系统复杂性的增加，安全团队更加需要现代化的安全策略。

（一）安全策略概述

安全策略是致力于解决如何有效进行接入控制以及如何保证数据安全性的安全技术手段。综合运用各类安全技术进行有机组合，可以有效形成系统安全防护的解决方案，应对千变万化的各类系统安全需求。

（二）防火墙技术

防火墙技术是一种在两个网络之间实现控制策略的技术，用来保护内部的网络不易受到侵害。通过监控内网和外网之间的任何信息交互活动，控制进出网络的信息包和信息流，尽可能地对外屏蔽内部网络的信息、结构以及运行状况，从而实现对内部网络的保护。防火墙的位置与功能模型如图 8–8 所示。

实际上实现一个有效的防火墙远比给计算机安装防病毒软件复杂得多，简单地将一个防火墙产品置于网络中，并不能给用户提供需要的数据保护。为了选择最符合要求的技术并正确创建防火墙，应该掌握防火墙技术安全作用。

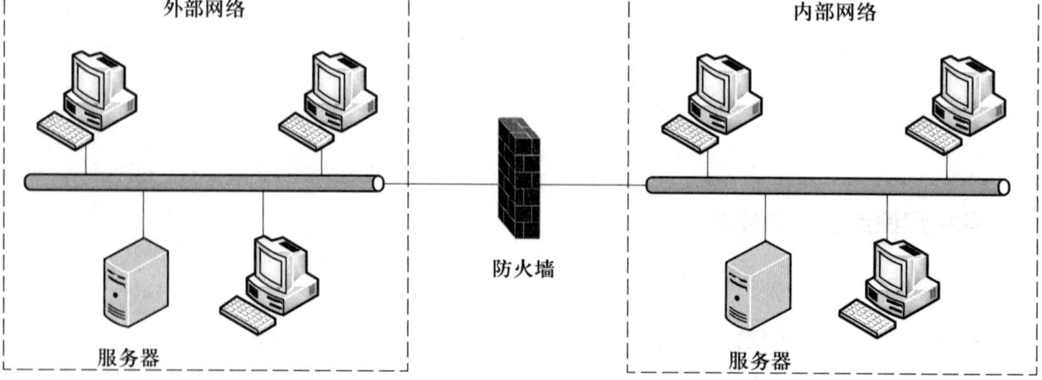

图 8–8　防火墙的位置与功能模型

（三）入侵检测技术

入侵检测技术是一种对系统或者网络事件进行监测并分析这些入侵事件特征过程的安全性技术，它的检测原理是对从物联网系统网络或系统若干关键点收集的信息进行分析，从中发现网络或者系统中是否有违反安全策略的行为和被攻击的迹象。与防火墙技术相比，入侵检测技术更多的是发现问题，而不能代替防火墙对网络的访问控制。

入侵检测技术需要对得到的数据进行分析，并得出有用的结果。入侵检测技术的综合使用可以部署一个入侵检测系统，入侵检测系统处于防火墙之后对网络活动进行实时监控，不仅能检测来自外部的入侵行为，同时也能监督内部用户的未授权活动。

（四）入侵防御技术

入侵防御技术是对防火墙技术的补充，通过分析网络流量，检测外来入侵，并通过一定的响应方式实时终止入侵行为，保护物联网系统和网络架构免受侵害的一种安全防御技术。

（五）统一威胁管理

在物联网系统中，统一威胁管理是指将多种安全功能或服务整合到单一设备中的安全技术。统一威胁管理能够最大限度地使网络用户得到多种不同功能的保护，从而起到简化安全保护的作用。统一威胁管理大多包括安全防护技术。

二、访问控制

物联网系统是多用户、多任务的工作环境，经常发生非法使用系统资源的情况，因此，需要通过采取有效的安全策略来进行防护。安全策略是指根据系统风险和安全目标制订的行动策略，由系统的安全管理部门建立，并由安全控制机构来实施。安全策略通常建立在授权的基础上，未经适当授权的实体，不允许访问、修改系统的设备或信息。物联网系统中的安全策略主要通过访问控制技术来实现。具体来说，访问控制是指在鉴别用户的合法身份之后，通过某种途径限制用户对设备或信息的访问范围及操作权限，最大限度地阻止未经授权的资源访问。

（一）访问控制概述

访问控制是在为用户提供最大限度共享系统资源的基础上，对用户的访问权限进行管理，防止对信息的非授权篡改和滥用的行为。访问控制包括三个要素：主体、客体和控制策略。访问控制是指主体依据某些控制策略对客体本身或其他资源进行不同权限的访问。访问控制的实施流程如图 8–9 所示。

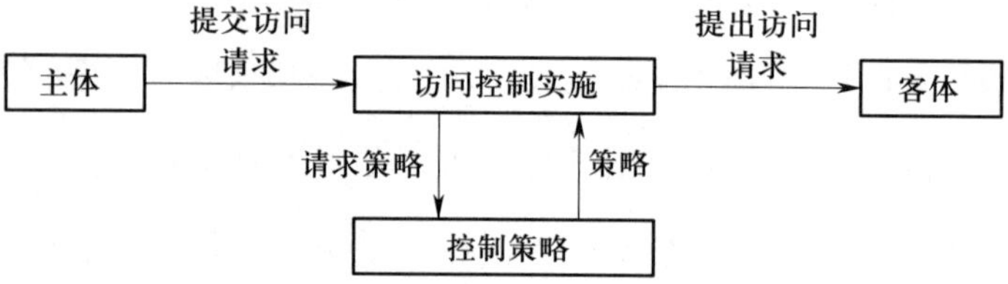

图 8–9　访问控制的实施流程

（1）主体是指一个发出请求或者要求的实体，其在信息客体间流动。在物联网系统中，主体可以是某个用户，也可以是用户启动的进程、服务或设备。

（2）客体是指接受其他实体访问的被动实体。凡是可以被操作的信息、对象、资源都可以看作客体。客体不受它所依存的系统的限制，可以是记录、数据块、存储页、存储段、文件、目录、目录树、邮箱、信息、程序等，也可以是位、字节、字、域、处理器、通信线路、时钟、网络节点等。

（3）控制策略是指主体对客体的控制规则集，主要就是通过限制主体对客体的访问权限来进一步保护系统。该规则集定义了主体对客体可以进行的作用行为和客体对主体的条件约束。

（二）访问控制策略

访问控制具备身份认证、授权、文件保护和审计等主要功能，面向不同的功能和场景，有相应的访问控制策略。传统的访问控制策略包括自主访问控制和强制访问控制，随着物联网分布式应用环境的发展，又出现了基于角色的访问控制和基于属性的访问控制等新的访问控制策略。

1. 自主访问控制

自主访问控制策略只针对用户对自身创建的访问对象的权限控制情况。用户可以按自己的意愿，有选择地与其他用户共享文件或收回其他用户的访问权限。典型的例子是 Ubuntu 操作系统默认情况下的文件权限机制，其优点是根据主体的身份和访问权限进行决策，灵活性高，可以被大量采用；缺点是安全性有所欠缺。根据定义一个用户或一组用户具有相同的访问控制权限，自主访问控制可分为基于个人的自主访问控制和基于组的自主访问控制。

2. 强制访问控制

强制访问控制是由系统安全管理员对用户所创建的对象进行统一的强制性控制，按照规则决定用户类型、访问对象类型和访问操作类型，即便是创建者用户，其在创建一个对象后，也可能无权访问该对象。每当主体尝试访问客体时，都会由操作系统内核强制施行授权规则并决定是否可进行访问。任何主体对任何客体的任何操作都将根据一组授权规则（也称策略）进行测试，决定操作是否允许。其优点是保密性高，可以有效防止信息泄露，缺点是灵活性不高。

3. 基于角色的访问控制

基于角色的访问控制将访问权限分配给对应的角色，用户通过获取不同的角色来得到角色所对应的访问权限，如图 8–10 所示。角色是可执行操作的集合，不同的角色对应不同的操作集。例如，智能供电系统包含供电公司管理员、企业用户、个人用户、抄表员、审核人员等角色。其具有便于授权管理、便于职责分离、便于客体分类等特点，同时可以减少授权规则的数量，配置复杂度低，灵活性高。

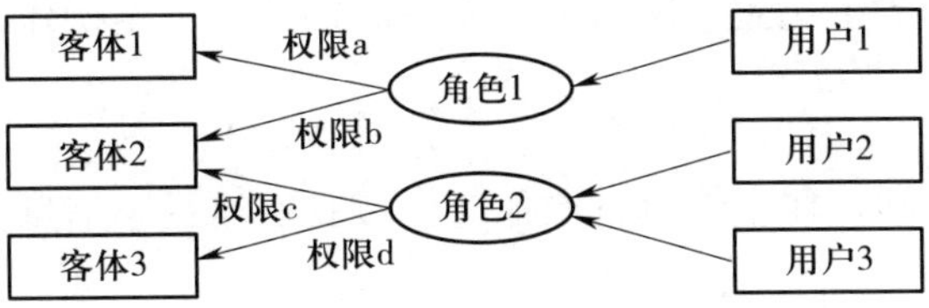

图 8–10　基于角色的访问控制

4. 基于属性的访问控制

基于属性的访问控制主要针对面向服务的体系结构和开放式网络环境，在这种环境中，能够基于访问的上下文建立访问控制策略，处理主体和客体的异构性和变化性。其不直接在主体和客体之间定义授权，而是将它们关联的属性作为授权决策的基础，并利用属性表达式描述访问策略；能够根据相关实体属性的变化，适时更新访问控制决策，从而提供一种更细粒度的、更加灵活的访问控制方法。例如，P5（职级）的研发（职位）人员在公司内网（环境）中可以查看和下载（操作）代码，这条访问控制规则就可以通过对主体的属性进行对比判断来实现，如图 8-11 所示。在需要根据环境属性和操作属性来动态计算权限时，使用其他的授权模型可能不太能满足需求，这时就只能使用基于属性的访问控制策略。

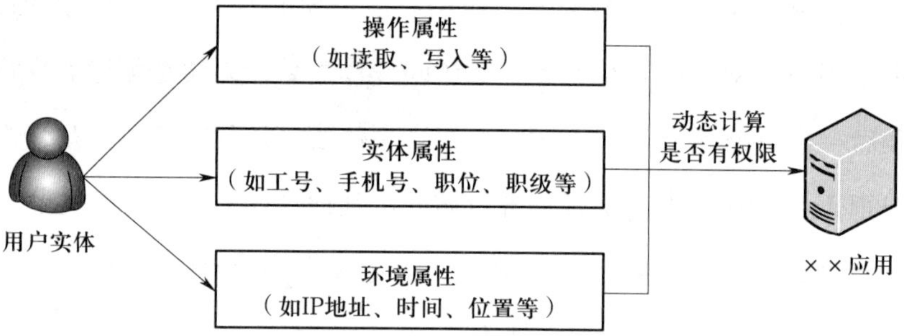

图 8-11　基于属性的访问控制

（三）访问控制策略优化

访问控制策略的优化主要围绕主体、客体和安全控制规则集之间的关系展开。遇到安全事件或发现安全风险后，应按以下原则调整、优化访问控制策略。

（1）最小特权原则。在主体执行操作时，按照主体所需权利的最小化原则进行分配。最大限度地限制主体的授权行为，可避免来自突发事件、操作错误和未授权主体等意外情况的发生。为了达到一定目的，主体必须执行一定操作，但只能做被允许的操作。

（2）最小泄露原则。在主体执行操作时，按其所需最小信息分配权限，以防额外信息的泄露。

（3）多级安全策略。主体和客体之间的数据流向和权限控制应按照安全级别进行划分，包括绝密、秘密、机密、限制和无级别。通过安全分级避免敏感信息扩散。具有安全级别的信息资源，只有高于安全级别的主体才可访问。

物联网系统中设备和用户数量都相当大，且用户可以自由地加入或退出网络，为每个用户定义访问控制策略并不现实，基础的访问控制策略不能动态地适应物联网系统环境。可以通过在基础访问控制策略的基础上结合信任评估方法进行优化，即将安全策略调整为基于信任评估的动态访问控制策略，更好地保障系统安全。

在对用户信任度进行评估的基础上，根据用户的信任度对用户进行分组，对用户集合进行角色的分配和访问控制。该策略的模型综合了信任管理和访问控制的优势，通过对用户进行信任评估，确定用户的信任度，进而可根据其信任度和获得的角色对用户进行访问授权。该策略扩展了基于角色的访问控制策略，增加了用户会话监控、用户信任度评估、根据用户信任度对用户角色进行权限指派等功能。同时通过将角色分为禁止状态、允许状态和激活状态，使得模型具有更高的灵活性，方便用户的职责分离，其模型如图 8–12 所示。

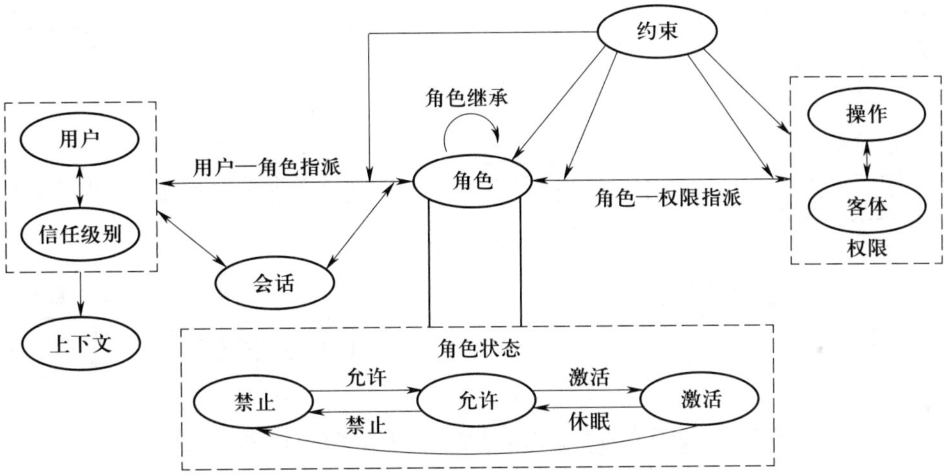

图 8–12　基于信任评估的动态访问控制策略模型

若角色处于禁止状态，则用户不能获得分配给该角色的任何权限。若角色处于允许状态，则在满足条件时用户可以激活该角色，只要有一个用户激活了该角色，该角色就变为激活状态。处于激活状态的角色表示至少一个用户激活了该角色，若只有一个用户使用该角色，则执行一次休眠操作后，该角色就会转变为允许状态。角色处于激活状态时，重复激活不改变其状态。若有禁止事件发生，则角色会转变为禁止状态，不管其原来处于允许状态还是激活状态。

基于信任评估的动态访问控制策略可以在一个适当的粒度下控制访问请求和计算资源。信任作为一个计算参数，反映了用户行为的可信度。在物联网系统中，用户的每次访问请求都由访问认证中心进行信任度检查，以判断用户是否满足允许访问的条件。在该模型中，信任度被作为用户的一个属性进行综合认证。

用户登录系统后，根据用户的身份为其分配相应的角色，此时的角色没有被指派任何属性，角色处于禁止状态时没有任何权限，因此，用户不能进行任何操作。通过信任评估模块获得用户的信任度后，将其和其他属性作为角色属性赋予角色，然后查询策略库中的角色权限表，为角色分配相应的操作权限，此时，角色的状态转变为允许状态，可被激活，用户可通过事件激活角色以进行相应的操作。基于信任评估的动态访问控制策略的访问控制过程如图 8–13 所示。

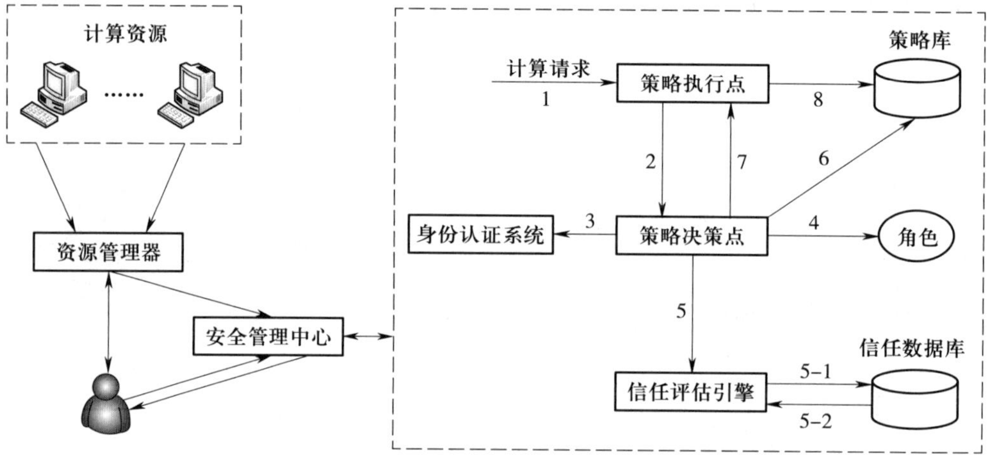

图 8–13　基于信任评估的动态访问控制策略的访问控制过程

用户向安全管理中心发送访问请求，包含用户身份标识、密码等用于认证的基本信息。

安全管理中心收到请求后对用户进行身份认证和信任评估，根据访问控制策略生成用户的访问授权策略并将其返回用户。步骤如下：①用户的计算请求提交给策略执行点。②策略执行点向策略决策点发出访问决策请求，该请求包括用户的身份信息及服务类型信息。③策略决策点向身份认证系统提交用户的安全凭证，以验证用户身份是否合法，如果认证失败，则生成访问终止警告并执行步骤。④若认证通过，则策略决策点会根据用户身份为该用户分配相应的角色，此时的角色处于禁止状态。⑤策略决策点向信任评估引擎发出信任评估请求，后者通过查询信任数据库评估用户的行为信任度，并将评估结果返回前者，同时更新信任数据库。⑥策略决策点查询策略库中的角色属性表。⑦策略决策点将步骤⑤中获得的用户信任度和步骤⑥中获得的角色属性指派给该用户的角色，然后查询策略库中的权限分配表，获取角色当前对应的权限。策略执行点检查该权限与用户请求的权限，若二者相同或该权限包含用户请求的权限，则允许该次访问请求，并生成允许访问的信息；若该权限小于用户请求的权限，则拒绝该次访问请求，并生成拒绝访问的信息。⑧策略执行点执行策略决策点的决定，如果收到允许访问的信息，则激活用户的角色，如果收到拒绝访问的信息，则将其返回用户并更新策略库。

用户向资源管理器请求访问资源。资源管理器启动资源调度算法，为用户分配相应的服务供应者，然后使用分发程序将用户任务分发到相应的服务供应者进行执行。调度时，将服务供应者的信任作为调度算法的参数可以更有效地进行资源调度控制，提高资源利用率。

在此次交互结束时，用户可以基于资源的性能等特性计算服务供应者的信任度，并将计算结果发送给安全管理中心以进行服务供应者的信任更新。同时，服务供应者也会对用户进行同样的信任更新。

第六节　安全审计管理

考核知识点及能力要求：

- 了解 AAA 访问控制。
- 了解身份鉴别。
- 掌握安全审计的标准功能。
- 能够对 Windows Server 2019 操作系统的安全日志进行审计。

一、AAA 访问控制

认证、授权和计费（authentication，authorization，accounting，AAA）是进行访问控制的一种安全管理机制。首先对用户进行身份认证，然后再根据不同的用户授予不同的权限，同时还可以进行物联网系统的安全审计和监控工作，检测用户对系统的攻击企图。AAA 访问控制包括以下三种功能。

（1）认证。对网络用户身份进行识别，认证通过后才允许远程登录访问网络资源，同时也能防止非法用户对网络进行破坏。

（2）授权。确认用户身份后，根据用户开户时申请的服务类别，系统可以授予用户相应的权限，如一次性授权或给予特定命令或服务的鉴权。

（3）计费。在用户使用系统资源时，需要有相应的设备来统计用户对资源的占用情况，据此向用户收取相应的费用，并用于审计和制作报表。

AAA 采用用户端 / 服务器结构，便于集中管理用户信息，其基本框架如图 8–14 所示。AAA 的实现流程如下：用户访问网络前，首先与 AAA 用户端建立连接；AAA 用户端负责把用户认证凭据传递给 AAA 服务器；AAA 服务器根据用户认证凭据进行认证和授权，并将认证和授权结果返回 AAA 用户端；AAA 用户端根据服务器的返回结果判断是否允许用户接入。

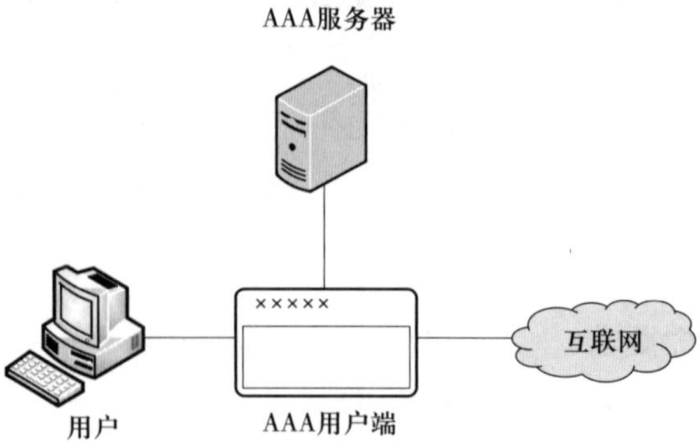

图 8–14　AAA 基本框架

二、身份鉴别

身份鉴别是指在物联网系统网络中确认用户身份的过程，从而确定该用户是否具有对某种资源的访问和使用权限，进而使物联网系统的访问策略能够可靠、有效地执行，防止攻击者假冒合法用户获得资源的访问权限，保证系统和数据的安全，以及授权访问者的合法利益。常见的身份鉴别技术包括用户名－密码、动态口令和生物特征认证。

三、安全审计

安全审计通过对网络安全进行实时监控，及时发现整个网络上的变化，察觉网络入侵和违规行为，提供取证手段。它是评判一个系统是否真正安全的重要尺码，是保证网络安全的重要手段。

（一）安全审计的标准功能

安全审计包括识别、记录、存储、分析与安全相关行为有关的信息。国际标准化组织和国际电工委员会发表了信息技术安全评估准则 4.0 版（ISO IEC 15408），广泛地用于评估一个系统的安全性。在这个准则中对安全审计定义了一套完整的功能，包括安全审计自动响应、安全审计数据生成、安全审计分析、安全审计浏览和安全审计事件存储等。

（二）审计日志

日志是物联网系统、设备、软件等在各种情况下记录的信息，是用于安全事件分析和安全审计的重要资源。具体内容取决于日志的来源，例如，操作系统会记录用户登录和注销等操作记录，防火墙会记录访问控制协议通过和拒绝等控制记录，系统在用户异常登录或者预测出故障时发出告警等告警记录，磁盘会在存储不足时发出磁盘储量不足警告等日常监控记录。

审计日志就是对物联网系统中的系统安全事件、用户访问记录、系统运行日志、系统运行状态等各类信息，进行规范化、过滤、分类和告警分析等处理之后，以统一格式的日志形式进行集中的存储和管理，结合丰富的日志统计汇总及关联分析功能，实现对信息系统日志的全面审计。通过审计日志，物联网系统安全管理人员可以了解系统的运行状况和安全状况，或者针对某个安全事件进行归因分析。

（三）日志审计的流程

日志可以通过很多方式进行记录，可以由操作系统完成，也可以通过专门的应用或者专用记录系统完成。以 Windows Server 2019 操作系统为例，事件查看器负责日志记录，记录 Windows Server 2019 操作系统中硬件、软件和系统的安全信息，同时还可以监视系统中发生的安全事件以及计算机在特定时间的安全状态，能够分析用户的各种操作行为。以 Windows Server 2019 操作系统的日志为例，其日志审计流程如下。

1. 打开事件查看器

选择“开始 – 运行”命令，输入 eventvwr，单击“确定”按钮，就可以打开事件查看器。

Windows Server 2019 操作系统事件日志文件本质上是数据库，其中包括系统、安全、应用程序的记录，记录的事件包含日期 / 时间、事件级别、用户、计算机、事件 ID、来源、任务类别、描述和数据 9 个元素。Windows Server 2019 操作系统事件日志包含五个级别：信息、警告、错误、审核成功和审核失败。

（1）信息。信息事件指应用程序、驱动程序或服务的成功操作的事件。

（2）警告。警告事件指不是直接的、主要的，但可能导致将来发生安全事件的潜在威胁。例如，当磁盘空间不足时会记录一个“警告”事件。

（3）错误。错误事件通常指功能和数据的丢失，是用户应该知道的重要问题。例如，如果一个服务不能作为系统引导被加载，那么它会产生一个“错误”事件。

（4）审核成功。审核成功是记录尝试安全访问获得通过的事件，这些记录是安全日志的重要组成部分。它记录着用户登录 / 注销、对象访问、特权使用、账户管理、策略更改、详细跟踪、目录服务访问等事件，例如，所有的成功登录系统都会被记录为“审核成功”事件。

（5）审核失败。审核失败是对失败的审核安全访问尝试的记录，例如，用户试图访问网络驱动器失败，则该尝试会被作为“审核失败”事件记录下来。

2. 日志查看

Windows Server 2019 操作系统日志文件分为系统日志、应用程序日志和安全日志三种。

（1）系统日志。记录操作系统组件产生的事件，主要包括驱动程序、系统组件和应用软件的崩溃以及相关数据。

（2）应用程序日志。包含由应用程序或系统程序记录的事件，主要记录程序运行方面的事件。

（3）安全日志。存储安全事件的审计信息，包括用户验证（登录、远程访问等）和行为，是安全管理人员关注的重点，调查取证过程在安全日志中找到线索的可能性最大。

默认情况下，Windows Server 2019 操作系统日志文件可以在 C：\Windows\System32\winevt\Logs 文件夹中进行查看，其中安全日志为 Security.evtx，如图 8–15 所示。

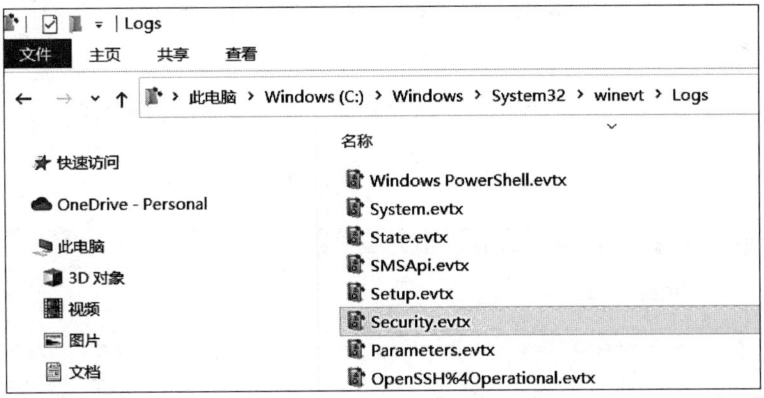

图 8–15　Windows Server 2019 操作系统安全日志

3. 安全日志审计示例

Windows Server 2019 操作系统日志内容冗杂繁多，对安全日志的审计主要是利用筛选器，可以通过手动单击进行筛选，也可以通过编辑 XML 进行筛选，然后通过查找选项进一步筛选出事件信息。以审计本地计算机安全日志为例，选择“Windows 日志”下的“安全”选项，可以看到相应的安全事件的详细信息，以用户登录审核失败的安全事件为例，其安全日志如图 8–16 所示。从事件属性的常规界面可以看到，提示信息为 Windows 筛选平台阻止了数据包；日志的来源是 Microsoft Windows security；记录时间是 2022 年 11 月 15 日，其中还包括事件 ID 等详细信息。此类日志记录事件发生的原因是筛选平台检测到潜在的风险，触发阻止网络连接的操作。

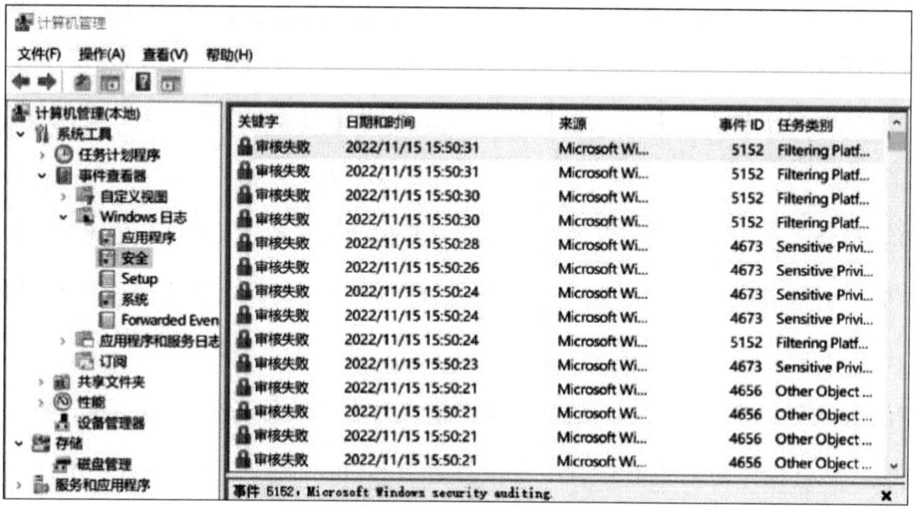

图 8–16　用户登录审核失败的安全日志

选择其中一条具体的安全日志查看对应安全事件的详细信息，其详细信息如图 8–17 所示。

图 8–17　安全日志的详细信息

安全日志具体指令见表 8-8。

表 8-8　安全日志具体指令

字段	含义	示例
Event ID	事件 ID	4957
Version	版本	0
Level	级别	0
Task	任务	13571
Opcode	指令	0
Keywords	关键字	0x8010000000000000
Created Time SystemTime	创建时间 系统时间	2021-03-02T23: 57.116532300Z
Execution Process ID	执行进程 ID	4
Security User ID	安全用户 ID	S-1-5-18
Channel	事件通道	System

另外，如果要单独审计某类安全事件的日志信息，可通过以下步骤完成。以 Windows Server 2019 操作系统的安全日志为例，首先要确定登录事件的 ID，通过查询常见事件 ID 表找出 ID，常见事件 ID 见表 8-9。

表 8-9　常见事件 ID

事件 ID	事件类型	描述
4608，4609，4610，4611，4612，4614，4615，4616	系统事件	本地系统进程，例如系统启动、关闭和系统时间的改变
4624	登录成功	所有用户登录成功事件
4625	登录失败	所有用户登录失败事件
4634	成功用户退出	所有用户退出事件
4656，4658，4659，4660，4661，4662，4663，4664	对象访问	访问给定的对象（文件、目录等）的类型（例如读、写、删除），访问是否成功，谁实施了这一行为
4719	审计政策改变	审计政策的改变

续表

事件 ID	事件类型	描述
4720，4722，4723，4724，4725，4726，4738，4740	用户账号改变	用户账号的改变，包括用户账号创建、删除、改变密码等
4727~4737，4739~4762	用户组改变	对一个用户组的所有改变，如添加或移除一个全局组或本地组，从全局组或本地组添加或移除成员等
4768，4776	成功用户账号验证	当一个域用户账号在域控制器认证时，生成用户账号成功登录事件
4771，4777	失败用户账号验证	失败用户账号登录事件，当一个域用户账号在域控制器认证时，生成用户账号不成功登录事件
4778，4779	主机会话状态	会话重新连接或断开

由表 8–9 可知成功登录的事件 ID 为 4624，通过“筛选当前日志”选项对日志内容进行筛选，筛选出所有事件 ID 为 4624 的成功登录事件进行查看。

单击其中一个日志查看常规或者详细信息，详细信息可以选择友好视图或者 XML 视图显示，在常规界面有详细的登录日志信息，如图 8–18 所示。

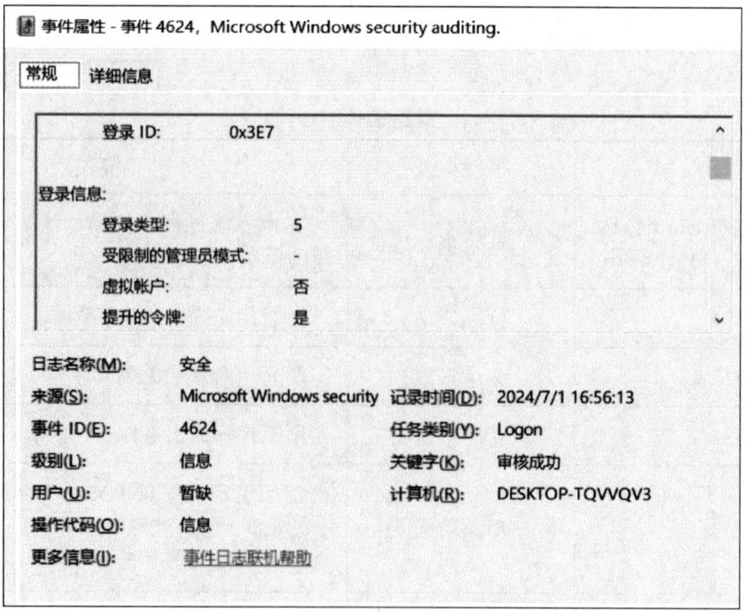

图 8–18　事件 4624 的常规界面

思考题

1. 简述感知层安全事件的攻击手段。

2. 访问控制要素有哪些?

3. 常用的访问控制策略有哪些?

4. 安全审计的标准功能有哪些?

5. 简述日志审计的流程。

第五篇 物联网技术咨询与服务

物联网技术咨询与服务包括各种提供咨询和解决方案的服务，以满足用户在物联网系统使用中可能遇到的技术需求，这种服务通常包括技术咨询、培训指导和解决方案咨询。在技术咨询方面，专业人员可提供关于物联网系统的设计建议、技术选择和最佳实践等方面的帮助，根据用户的具体需求评估不同的物联网平台、设备和传感器，并为用户提供合适的解决方案。培训指导是企业为用户提供物联网系统的培训课程和指导，帮助用户了解物联网系统的基本概念、技术原理和操作流程，并指导用户如何使用和管理物联网系统。解决方案咨询则涉及企业针对特定需求提供定制化的物联网系统解决方案，包括招投标文件的编写、解决方案的制订和相应的方案宣讲。物联网技术咨询与服务的目标是通过提供相应的咨询、培训和解决方案，帮助用户更好地理解和应用相关物联网系统，从而带来更好的用户体验。

第九章
技术咨询和培训指导

物联网系统的设备和传感器收集的数据可以产生连续的数据流，而对大量数据进行分析、处理后可根据相关性反过来指导设备的操作。但是，大多数用户不知道如何使用物联网去改善业务，并且他们在使用物联网系统时往往需要借助相关的技术咨询和培训指导。技术咨询可以帮助分析解决用户的需求，提供使用户满意的解决方案和售后服务方案，可以帮助用户了解物联网技术，提供技术指导以降低企业成本、优化流程并改进产品和服务。培训指导是对物联网系统设备和软件的使用进行规范引导，以保证系统长期稳定地运行，并且减少出现故障的可能。

- **职业功能：** 物联网技术咨询与服务。
- **工作内容：** 技术咨询、培训指导。
- **专业能力要求：** 能与业务部门合作，挖掘用户需求，主导项目交付；能根据用户需求，提供远程产品线相关的技术咨询；能根据培训方案，制订培训资源；能根据培训方案，进行技术培训。
- **相关知识要求：** 项目交付知识、技术支持知识、资源制作知识、培训知识。

第一节　用户需求挖掘

考核知识点及能力要求：

- 了解需求挖掘的概念。
- 掌握需求获取的途径和方法。
- 能够根据要求获取用户的需求。
- 了解需求管理的概念。
- 能够根据要求管理用户的需求。

一、需求挖掘

在万物互联的当下，人们在工作生活中与物联网技术的联系日趋紧密。这必然引发用户对于物联网系统不同程度的主观需求，需求挖掘就是通过各种方式收集用户需求信息并进行梳理的过程。收集用户需求应在明确调查方案、调查内容和调查人员的前提下对项目单位进行实地考察，调查过程中需对用户进行访谈，以此为依据设置问卷调查。同时应对正在进行的项目开展行业咨询，并进行多角度的信息分析，梳理得到最终的需求结果。

（一）需求获取

需求获取是物联网系统项目正式启动前开展的需求收集活动，主要是收集用户对于系统功能的需求。由于物联网系统服务供应商和用户的立场不同，所以需求获取具有一定的难度，必须通过多种方式得到用户对物联网系统项目的真实感受和详细需求。

在用户具体需求的基础上进行相应的物联网系统功能梳理，进而设计出符合用户要求的物联网系统。本部分主要包括需求获取的难点、对象、途径、方法和流程。

1. 需求获取的难点

需求获取是物联网系统设计前的必要步骤，由于用户群体的自身特性，需求的获取具有一定难度。

（1）物联网系统的搭建缺乏用户参与。

（2）用户与开发人员背景立场不同，对于需求调查的积极性不高，对待调查内容较为随意，开发人员无法得出用户的真正需求。

（3）用户对于生活中的事物往往采取接受和适应的态度，难以用专业的目光评定物联网系统功能的优劣，且不易提出建设性建议。

（4）普通用户缺乏具有概括性和综合性的表述能力，即使认真对待需求调查，也难以真正表达出自身需求的重点。

2. 需求获取的对象

在进行物联网系统的需求获取之前需要对用户的背景进行了解并整理成用户资料，这些资料可以使需求获取的准备工作做得更加充足。物联网系统项目的服务对象往往是企业、单位或组织，可以通过以下途径了解用户的背景。

（1）互联网。可以在相关网站快速获取一些公开的用户基本信息。

（2）宣传资料。用户的各类宣传资料会涉及正在营业的内容、规模、未来的发展需求等信息。

（3）人员沟通。通过媒体和网络获得的都是相对过时的信息，通过与用户直接沟通可以获得用户的当前状况和待解决的问题。若物联网系统项目的服务对象为个人，只能通过人员沟通的方式了解用户。

3. 需求获取的途径

需求获取的方式是多种多样的，获取需求的主要途径有用户、网络、专业人员、竞品分析和行业动态等。

（1）用户。用户是物联网项目的直接接触人，对于物联网系统项目的设计是否符合需求最有发言权。在调查过程中，他们可以通过语言、动作、情绪等表达自己真实的态度和想法。

（2）网络。可以根据相关系统中用户的历史操作记录，总结出用户客观上的需求，且网络平台作为极便利的沟通渠道，有助于开展各种方式的调查。

（3）专业人员。专业人员指用户中与该项目相关的专业人员或用户邀请的第三方专业人员，他们在技术层面对于拟开展项目有全面、深度的理解，能够为用户提供部分需求的直接解答，提升用户对于物联网系统项目的接受度。用户各部门人员对于项目本身有着不同的理解和思考，对他们的想法进行调查能够得到专业、全面的需求规划。

（4）竞品分析。物联网系统项目必然存在诸多竞争者，对于已经存在的项目进行数据分析，通过用户浏览时长、点击量等公开数据分析项目应注意的细节问题。竞品分析能够帮助项目设计人员获得不同的思考角度，深入理解物联网系统功能背后的逻辑和思想，降低试错成本，充分比对后得出哪些功能是用户最迫切需要的，从而找到自身产品的突破口。

（5）行业动态。行业背景也是需要充分了解的，当前的政策变化、市场环境、业内信息等能够帮助项目设计人员抓住机遇，把握时机，保障物联网产品方向的正确性和创新性。

4. 需求获取的方法

了解用户的基本信息之后就可以对用户的需求进行获取。需求获取的意义在于物联网系统是面向用户的，需要将用户需求作为集成和管理方向，使物联网系统在用户视角下成为一个可靠、经济、有效的整体。获取信息是需求梳理和管理的基础，需求获取就是对用户需求开展调查的过程，包括以下四种方法：实地考察、用户访谈、问卷调查和子系统行业咨询。

（1）实地考察。对物联网系统项目开展需求调查应从实地考察项目环境开始，专业的实地考察立足实际，有助于对用户需求进行客观分析。在实地考察过程中，调查员应详细记录项目现场情况，了解整个物联网系统的建设环境，调查网络中心位置，网络结构和涉及的街区分布、人员构成、电路结构等基础信息。

（2）用户访谈。用户访谈是较为灵活的收集用户主观需求的方式，主要访谈对象为用户（企业或组织）的内部人员。大型企业人员数量较多，一一访谈需要投入大量的时间成本和人力物力，因此，需要事先进行访谈对象的选择。根据用户对物联网系统的依赖程度设置不同的访谈人数和具体访谈对象，根据访谈对象可以分为一对一的单独访谈和一对多的集中访谈。单独访谈多出现在管理层，以便搜集更多有部门特点的问题；集中访谈多出现在员工层面，主要访谈共性问题，搜集能与用户达成的共识和用户的个性化想法，进一步了解业务应用需求。对于物联网系统的管理者，需要进行细致商讨，了解物联网系统的网络性能、可靠性等信息需求和网络服务平台、传输平台等平台需求。

（3）问卷调查。在客观条件受限的情况下，问卷调查是一种高效的调查方式，通过一定量的用户访谈，可以分析出用户的主要需求，进而制定合理的问卷内容，再通过问卷对各个需求的关键点进行广泛检验。问卷调查流程包括问卷调查整体方案的拟定、问卷内容的设计、问卷表的推广和问卷表的收集整理。

（4）子系统行业咨询。根据物联网系统涉及的子系统特点开展咨询，可以获得更多的专业信息，能够补充网络工程师对于物联网系统集成项目的认知，更利于了解行业特点，提高需求梳理的效率。

5. 需求获取的流程

物联网系统服务供应商的产品经理与用户进行沟通讨论，就开发类型、开发平台、功能需求、页面设计、开发周期、开发预算等问题进行沟通讨论。同时，产品经理应通过各种途径获取用户未提及的需求并加以补充。之后将这些需求进行梳理和分类，整理出大致的物联网系统功能框架。如果功能框架不符合用户要求，则需要进一步修改，直到功能框架符合要求。需求获取流程如图 9–1 所示。

（二）需求梳理

1. 需求梳理分类

物联网系统涉及较多领域，通过各种途径获取的需求内容往往是粗糙的。物联网系统设计者要进行需求梳理，将原本杂乱的需求梳理成可用于物联网系统设计的信息，有助于更高效地开展设计工作，并减少后期不必要的返工。需求梳理首先需要将用户的需求进行分类，包括用户基本需求、用户高级需求和用户其他需求。

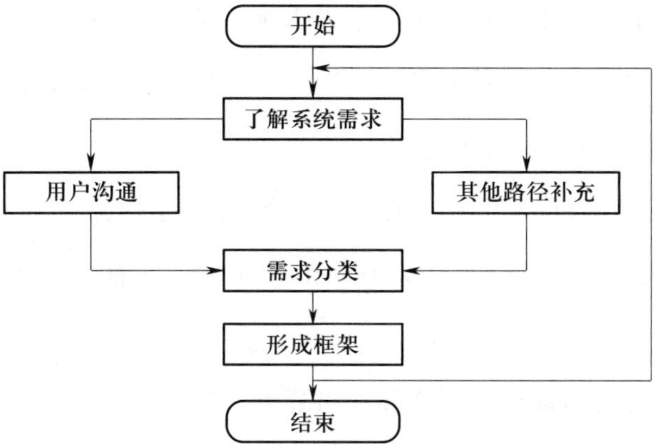

图 9–1　需求获取流程

（1）用户基本需求。用户基本需求是指用户在使用过程中为保证各平台正常运行的需求，主要包含对设备平台、传输平台、应用平台等需求。设备平台是对应物联网系统的感知层，包括各种传感器和执行器。传输平台对应物联网系统的网络层，管理各种形式的网络传输。应用平台对应物联网系统的应用层，包括各种实际的应用和服务，如图 9–2 所示。

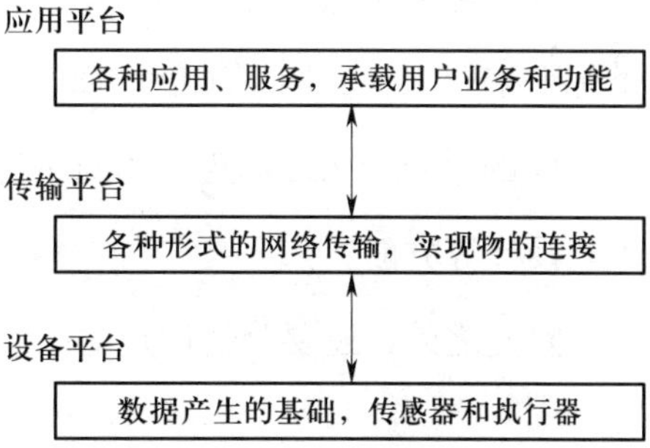

图 9–2　用户基本需求

（2）用户高级需求。用户高级需求是指在物联网系统能够正常运行的基础上对其各项性能优质程度的进一步要求，主要包括安全性需求、扩展性需求、管理需求等。安全性需求是维护用户产品安全和经济利益的需求；扩展性需求是对用户业务系统进行功能扩展；管理需求包括服务器管理、售后管理等。

（3）用户其他需求。用户其他需求是指除去物联网系统功能外用户对于物联网系统自身要求的需求，包括用户对于整个系统的价格需求、工程时间需求和设备采购要求等。

2. 需求梳理应考虑的要素

在对需求做完分类后，要从用户各种需求中筛选出真正的合理需求，再将需求进行进一步的归纳梳理，以便物联网设计人员针对用户行业特点、业务应用类型等进行需求分析。用户需求梳理不仅提供了一个需求细分的思考维度，还增加了一个项目开发后期对需求满足绩效进行评估的维度，通过加权更有效和科学地为需求管理提供参考数据。需求梳理时应考虑以下要素。

（1）价格。该要素反映了用户为一个满意的产品愿意支付的价格。用这个标准来要求物联网系统供应商时，要从实际和感觉这两方面来考虑用户能接受的购买价格。

（2）保证。该要素通常反映了产品在可靠性、安全性和质量方面的保证。用这个标准来要求物联网系统供应商时，要考虑用户在产品质量、售前服务、售后保障等方面的需求。

（3）性能。该要素描述了对产品所期望的功能和特性。用这个标准来要求物联网系统供应商时，要从实际和感觉这两方面来考虑有关功能和特性的产品性能。该要素包括物联网系统的运行情况、系统具备的所有必须的和理想的特性等。同时，还要从速度、功率、容量等方面为用户需求进行考虑。

（4）包装。该要素描述了用户对设计质量、特性和外观等视觉特征的需求。用这个标准来要求物联网系统供应商时，要考虑用户对物联网系统的用户界面、美学设计等方面的意见。关于包装的需求应包括样式、模块性、集成性、结构、颜色、图形、工艺设计等方面。

除此之外，还要分析用户对于产品的易用程度、可获得性等因素的需求。

二、需求管理

需求管理是指以用户的实际需求为出发点，通过管理用户需求信息来制订生产决策，以实现用户效用最大化。在物联网系统中，用户的初始需求信息往往是模糊的，对于物联网系统设计和搭建来说是抽象的信息。需要在需求获取和分析的基础上，结合物联网工作原理、系统集成原理、系统管理理论等知识进行分析，得出真正的需求结果。需求管理是物联网系统设计和搭建中的难点，是获取和确定项目发展方向的重要基础。在需求挖掘的基础上，需要根据用户需求的整体与零碎思维、精确与混杂思维、记忆思维以及用户需求与项目主导进行系统设计。

（一）用户需求的整体与零碎思维

从思维的内容上来看，用户需求的思维分为整体思维和零碎思维。

整体思维又称为系统思维，强调以关联的眼光将整件事物看作有机的整体，注重对整体的把握，即以系统、全面的眼光看待某件事物。在物联网系统的使用过程中，整体思维是用户的主要思维方式，用户在物联网系统使用过程中的思维与个人生活方式息息相关。

零碎思维也是用户思维中的重要组成部分。相较于整体思维，零碎思维更加自由，更加碎片化，也更有发展空间。用户的零碎思维虽然没有整体思维系统的完整性特点，但在物联网系统中具有巨大的挖掘潜力和挖掘价值。充分利用用户的猎奇心理，在物联网系统平台制造亮点，吸引用户关注，可以进一步诱发用户零碎思维。

（二）用户需求的精确与混杂思维

从思维的针对性来看，用户需求的思维分为精确思维与混杂思维。

精确思维主要体现在用户有计划的、主观性极强的需求，在物联网系统中的具体表现形式有关键词搜索、定向操作等。在此思维下的需求更多地体现在物质生活和精神世界中对于必需品的选择，对于用户精确思维的认知和调查分析可以为物联网系统构建提供更加明确的方向。

混杂思维是在各项客观引导下被各种复杂的主观认知扰乱的思维，这种思维来源于人固有的好奇心和探索欲，表现形式为易受外界因素引导，无意识地接收各种不同类型的信息。在物联网系统的固有功能无法改变的情况下，可通过物联网系统的平台优势和在生活中无处不在的特点以吸睛的方式诱发用户的混杂思维，为物联网系统创造更多机会。

（三）用户需求的记忆思维

记忆思维是一种思考时对于曾经有过的思维模式的印象。在物联网系统中，考虑到安全性和自身适应性等因素，用户总是更倾向于定向地对多次选择过的系统进行选择，对于选择过的领域，会留存上一次选择的相关记忆。因此，记忆思维对于用户选择有一定先入为主的影响，把握用户需求的记忆思维既能够应用于保留用户，又能够反向思维，打破记忆定式，为物联网系统创造更多的可能性。

（四）用户需求与项目主导

用户是物联网系统的直接接收人，物联网系统的所有统筹与运营都是为了服务用户。了解用户思维更有利于在进行项目设计、项目推广、项目实施等过程中满足用户需求，受到用户欢迎。

在进行完整、深入的需求挖掘和需求管理后制定需求分析报告，项目主导需要立足于需求报告，充分考虑用户需求，在展现物联网系统的功能、优点的同时最大限度地满足用户基本需求、高级需求和其他需求，充分考虑用户需求中的多种思维，为用户提供优质服务。以某物联网系统项目的需求分析报告为例，一个完整的需求分析报告如图 9–3 所示。

某物联网系统项目的需求分析报告

图 9–3　某物联网系统项目的需求分析报告

第二节　产品技术咨询

考核知识点及能力要求：

- 了解需求分析的概念。
- 掌握问题分析的步骤。
- 能够根据要求完成用户的需求分析。
- 了解远程技术咨询的概念。
- 能够根据要求完成远程技术咨询。

一、需求分析

物联网需求分析是分析与整理用户对物联网产品提出的“要求”或“需求”，一般通过远程诊断先确认需求，再根据需求分析得出解决方案。需求分析在产品技术咨询中起着决策性、方向性、策略性的作用，具有举足轻重的地位。物联网系统中的需求分析包括远程诊断、需求确认和问题分析。

（一）远程诊断

物联网系统的远程诊断是指通过远程方式与用户交流来确认用户的具体需求，这是一种计算机技术与通信技术相结合的需求分析诊断方式。远程诊断打破了时间、空间上的限制，能够较好地解决与用户距离过远、出行不便的问题，可以在短时间内与用户取得实时联系，具有方便灵活的优点。

（二）需求确认

需求确认是对用户实际诉求的重复了解。物联网系统服务供应商应设有专门负责技术咨询的部门，作为代表为用户提供技术咨询。需求确认需要双方达成共识，明确用户需求和咨询方工作内容，这有利于形成一个持续良好的用户与咨询方的关系，并为咨询的成功奠定坚实基础。

（三）问题分析

问题分析是指根据解决问题的思维过程，找出问题所在，并确定问题发生原因。问题分析包括以下步骤。

（1）确定问题。根据与用户达成共识的需求确定待解决的问题。

（2）问题分类。首先对问题进行分类，并将每个复杂问题分解为多个子问题。可以按紧急性、严重性进行分类，并制订研究、解决这些问题的先后顺序。

（3）分析问题。针对问题的突出特点进行分析。对于物联网系统要能够分析出现常见问题的原因，包括系统管理问题、硬件问题、软件问题等，以快速找到相应的技术人员。

（4）解决问题。针对具体问题提出详细的解决方案。

（5）与用户沟通。将问题的解决方案交给用户，与用户沟通该方案是否能够解决问题。

二、远程技术咨询

远程技术咨询是指咨询方和用户通过网络进行沟通，咨询方根据用户的要求使用远程沟通工具为用户提供技术咨询。

（一）远程沟通工具

远程沟通工具是指通过网络连接，使用户与咨询方互相通联的一种工具或途径。通过远程沟通工具，咨询方可以将用户的设备连接到自己的计算机上，查看、操作用户设备，或者远程登录用户的系统，对用户提出的产品问题进行深一步的了解。

（二）远程技术咨询要素

远程技术咨询服务是为用户提供远距离技术咨询服务的活动，用户提出问题或疑难，咨询方给出相应的建议或解决方案。远程技术咨询具有及时性、方便性和隐秘性，有助于提高用户对咨询方的信赖度。为了给用户提供优质的技术咨询，远程技术咨询的咨询方需要具备以下要素。

1. 良好的知识储备

咨询方要具备系统、全面的物联网系统项目相关的理论知识，对产品有较深刻的理解，具有丰富的实战经验。

2. 良好的沟通能力

咨询方需要有效地聆听用户的问题，快速抓住要点，在适当时候缓和用户拘谨不安的情绪。

3. 较强的分析能力

咨询方要透过现象看本质，抓住根本问题。要提出针对性强的解决方案，其基础是抓住问题的本质。

4. 出色的表达能力

咨询方要与用户充分互动，并在与用户的互动中获取信息，表达观点，达成共识。

（三）远程技术咨询效率

远程技术咨询效率是指咨询投入与效果之比，也是取得的结果与所用时间之比。远程技术咨询效率作为咨询方对咨询结果的考量标准，可以充分体现咨询的速度与质量，咨询方可以以此做出相应的战略性绩效体系方案，用以提高自身的远程技术咨询效率。

第三节　培训资源制作

考核知识点及能力要求：

- 了解物联网系统常用的培训资源类型。
- 了解培训资源的技术要求。
- 能够使用 PPT 制作文本培训资源。

一、培训资源的技术要求

培训作为信息、知识和技能的传递，能够使用户全面了解整个系统。培训资源是开展培训工作的首要条件，为了针对不同用户提供各种深度、广度的技术培训，需要制作不同类型的培训资源。培训资源往往既有书籍、手册等平面媒体资源，也有论坛、语音、视频等网络媒体资源。现在常用的培训资源包括文本资源、音频资源、视频资源和动画资源，培训资源需满足相关的技术要求。

1. 文本资源

文本资源主要使用文字记录并传播培训技能和知识，培训常用的技术手册等都是文本资源。例如，设备操作规程是针对某一具体设备的操作要求，应包含适用范围、操作规程、维护保养和注意事项等基本要素。设备作业指导书是针对一项需要一人或多人配合操作多个设备、工具、装置等作业活动所提出的操作要求，包含规范性引用文件（可选）、作业前的准备、作业过程、作业结束（含作业现场的清理）、注意事项等基本要素。文本资源应保持字体清晰，逻辑合理，有固定格式，文章从上到下风格一致，正文中的图像、图形应清晰，图形要符合国家相关绘制标准。

2. 音频资源

音频资源要求无电流声或其他杂音等缺陷，录制的声音清晰、饱满、圆润，无失真、噪声和杂音干扰或音量忽大忽小现象。音频资源的录制尽量使用无线麦克风或领夹式麦克风，建议音频采样频率不低于 44 kHz，音量大小适宜。播放时能进行实时监控（如静音、暂停等）。培训使用的音频资源应保证声音完整、清晰，以便用户进行学习。

3. 视频资源

视频资源的制作应按照行业相关知识，依据培训的要求，与培训内容密切融合，以视频的形式展现物联网系统培训内容，起到对培训内容的深化和强化作用。由于视频资源具有直观展示性，所以它在内容展示方面对画面的协调性、稳定性、一致性、色彩等都有较高要求。在保证培训内容流畅的前提下，应剪去多余的内容，视频资源中只保留和培训内容相关的画面，不添加任何形式的片头片尾、字幕、署名、录制日期等与培训无关信息。具体技术要求如下。

（1）协调性。画面取景比例协调，观感舒适。

（2）稳定性。全片图像同步性能稳定，画面和音频需要对应和同步；图像无抖动、跳跃，色彩无突变，编辑点处图像稳定。

（3）一致性。视频画面在长宽比例、视觉风格、清晰程度（分辨率）等方面保持一致。

（4）色彩。白平衡正确，无明显偏色，多机拍摄的镜头衔接处无明显色差。

4. 动画资源

动画资源是视频资源的拓展，可以将复杂的理论和场景形象化，能依据培训内容合理设定动画内容。技术上应选用优质视频源，以保证得到较好的视频信号质量。视频播放速率不低于 20 帧 /s，文件格式通常采用 AVI、MPEG 和 WMV，推荐使用 MPEG 流媒体格式。动画资源应在造型、色彩、动作节奏等方面体现模拟对象的真实性，以保证演示效果。

二、培训资源制作

在培训过程中，为了更为清晰地展示一个过程、更好地阐释某一问题、更准确地表达一个观点，通常会使用演示文稿、视频、动画等制作工具来展示内容。

（一）演示文稿的制作

PPT是Microsoft Office PowerPoint的简称，是Office软件系列重要组件之一。Microsoft Office PowerPoint是功能强大的演示文稿制作软件，也有很多人称演示文稿为幻灯片。幻灯片的作用是以文字、图形及动画的方式将需要表达的内容直观、形象地展示给用户，让用户对软件要表达的意思印象深刻。制作幻灯片的技巧包括以下几个方面。

（1）确认幻灯片的尺寸大小。幻灯片主要有宽屏（16：9）和标准屏（4：3）两种尺寸。尺寸的选择主要和投影屏幕有关，如果幻灯片尺寸为16：9，而投影屏幕尺寸恰好是4：3，那么投影出来的页面就会上下有黑边。同理，如果幻灯片尺寸为4：3，则幻灯片在宽屏计算机上显示时，也会在左右两侧出现黑边。

（2）精简幻灯片文字稿。幻灯片内容属于阅读型，一定要用言简意赅的文字信息传递给用户，而不是一大串密密麻麻的文字内容。在不影响幻灯片内容展示和整体美观度的基础上，删减不必要的文字，利用图形、形状、线条来代替部分文字或结合文字达到文案效果。

（3）确认幻灯片风格。幻灯片风格主要根据企业所在的行业和所做的设计类型来确定。例如，物联网行业适合蓝色系背景图，背景可以使用天空、大海和宇宙等元素。

（4）梳理内容。幻灯片制作最重要的是内容展示，幻灯片不仅需要设计感，更需要条理清晰，将观点一一展示。可以使用一些思维导图工具对整个演示内容进行梳理，以项目计划为例，使用XMind工具对内容逻辑进行整理，如图9-4所示。

（5）合理使用各种插件。iSlide是一款基于Microsoft Office PowerPoint的插件工具，可以简单、高效地创建各类专业幻灯片；OneKeyTools是一款免费开源的第三方综合性设计插件，其功能涵盖形状、图片、调色、表格、图表、音频、辅助等领域，可以跨文件快捷调用特殊动画效果。各种插件的合理使用能够提高幻灯片质量，有利于幻灯片的制作。

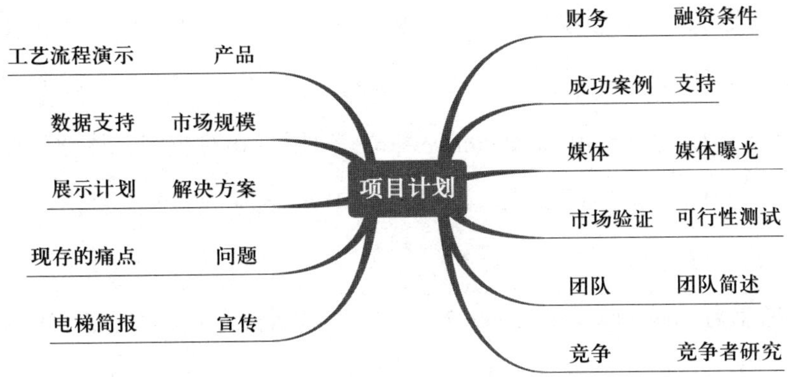

图 9–4　项目计划示例

（二）视频资源的制作

制作视频资源的基础是做好视频的拍摄，要确保成片中的演示及板书内容完整、清晰。制作一个完整视频资源通常包括以下步骤。

1. 拍摄前的准备

视频制作需要进行详细构思和精心设计。以物联网系统培训为例，不同模块的技术培训需要有不同的特色，在传授技术的同时可提出问题或抛出一些新奇的时事引申来吸引用户的兴趣。培训视频应提出能引发进一步思考的问题，将培训所传授的知识转化到实际应用中。

拍摄视频时应合理布置拍摄环境。培训视频尽可能选择在专业的录影棚中拍摄，或对现场环境进行补光处理，以保证视频的画面质量。

对于实操类型和场景类型的视频需要在注意内容完整性的同时突出重点，适当给出特写，给用户留下更深刻的印象，完整的实操类型和场景类型视频更有利于培训。

2. 拍摄中的改进

在拍摄过程中通过调整摄像机设置中视频的帧率来减少视频画面的闪烁感。当镜头进行变焦时，需适当调节光圈大小和快门速度来改变画面亮度。

3. 后期制作

在后期制作中可通过视频编辑软件对视频进行剪辑，在保证培训内容流畅性的基础上为整个培训视频增加亮点。视频剪辑软件的选择比较丰富，如爱剪辑、会声会影、Adobe Premiere Pro 等，这些软件可以对视频资源进行二次加工，加入图片、背景音乐、特效、场景等素材与原视频混合，同时可以对视频进行切割、合并及编码等操作，使培训内容更为生动形象，激发学员学习兴趣。通过视频剪辑软件可以将视频资源的表现力进一步优化。其中 Adobe Premiere Pro 的使用者相对较多，该软件提供了采集、剪辑、调色、美化音频、字幕添加、输出、DVD 刻录的一整套流程，并和其他 Adobe 软件高效集成，功能强大。

图 9–5 所示为 Adobe Premiere Pro 2020 的界面。工作区包括学习、组件、编辑、颜色、效果、音频、图形、库。菜单栏包含 9 个主菜单：文件、编辑、剪辑、序列、标记、图形、视图、窗口、帮助。同时还有时间线面板、项目面板、调音台，此外工具面板中还包含 12 个工具。

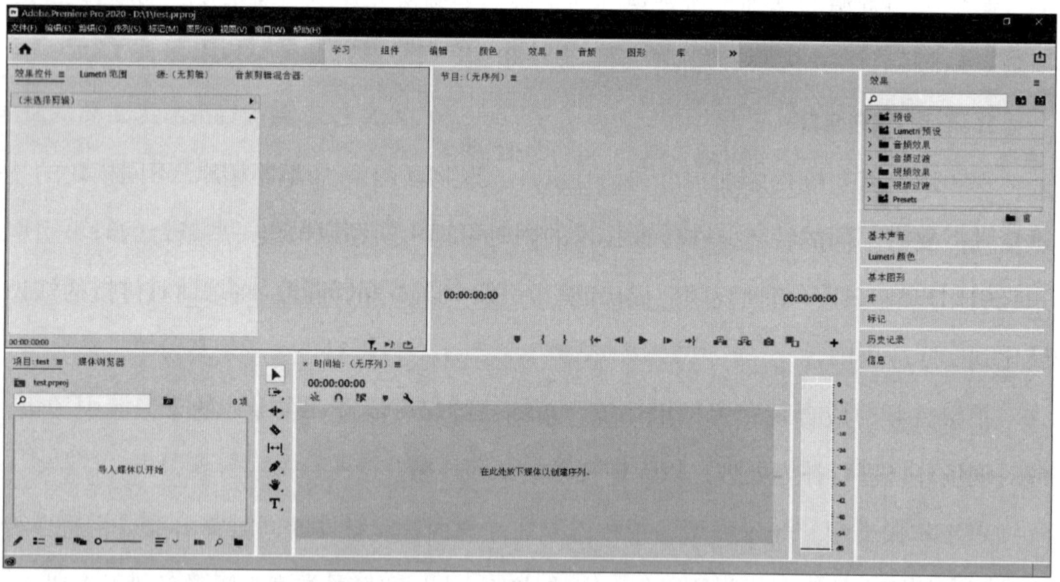

图 9–5　Adobe Premiere Pro 2020 的界面

（三）动画资源的制作

动画制作工具可以将培训内容制作成生动形象的卡通形式，更容易吸引学员的注意。常用的动画制作工具包括平面动画制作工具和三维动画制作工具。

1. 平面动画制作工具

常见的平面动画制作工具有 Adobe Flash、Adobe ImageReady、Adobe Premiere 等。Adobe Flash 能创建可改变尺寸且结构紧密的导航界面、技术说明等。Adobe ImageReady

与 Adobe Premiere 基本相似，是通过在不同时间显示不同的图层来实现动画效果，相对 Adobe Flash 操作更为直观、简便，只要掌握图层的编辑方法和不同帧的控制要领就能轻松编辑动画。

2. 三维动画制作工具

三维动画制作工具主要是 3ds Max 和 Maya，它们所制作的模型和场景都是三维立体的。在动画编辑方面，软件提供了大量的相关功能，如空间扭曲、粒子系统、反动力学等各种不同类型效果的制作功能，通过关键帧的控制、时间控制器的应用以及场景渲染的效果，可制作出各种类型的复杂动画。

第四节　技术培训

考核知识点及能力要求：

- 了解培训需求分析。
- 掌握培训计划的制订。
- 掌握培训方案的制订与实施。
- 掌握培训的方法与技巧。
- 能根据培训方案进行技术培训。

一、培训需求分析

培训需求是指用户对培训内容的需求，一般应满足相应的学习规律。培训需求分析是指在规划与设计每项培训活动之前，由培训部门采取各种办法和技术，对培训对象的目标、知识、技能等方面进行系统的鉴别与分析，从而确定培训必要性及培训内容的过程。它具有很强的指导性，是确定培训目标、设计培训计划的前提，也是有效实施培训的重要保障。

（一）培训需求分析的框架

明确培训需求是有效实施培训方案的基础，面向用户组织定向的、有针对性的培训是不可或缺的。培训需求分析可分为组织分析和人员分析两部分。

1. 组织分析

组织分析是面向企业用户的需求分析，具体包括企业的整体目标、企业的明确要求、效率的提升期望等内容。既要分析企业现有的系统需求、发展方向、发展前景，更要察觉企业现有的矛盾、困难以及造成这些现象的原因，以此来把握培训的实施方向并确定培训的内容。组织分析是确立培训长远目标以及最终效果的宏观分析，应明确培训的总体要求。

2. 人员分析

人员分析是对用户的具体工作内容进行分析，对用户在工作中需要的知识、技术和能力进行分解罗列，分析岗位员工的工作能力、思想状态等综合因素之间的差距，以此作为依据来确定在工作层面的具体需求，从而确定在培训中优先或重点培训的事项。

对于某些关键岗位的个体用户进行全面综合的剖析和界定以及最为关键的技术指导。在组织分析的基础上，结合人员岗位，得出个体用户的技能需求，确定对用户进行培训的学习方向、学习内容和学习方式。

（二）培训计划制订

培训计划是在客观条件基础上对培训时间、培训者、培训方式以及培训内容的提前设计，有利于整个培训过程的平稳进行。培训计划的制订主要包括如下几个方面。

（1）分析培训需求，确认培训的目的和目标。

（2）确定培训对象。

（3）确定培训方法。

（4）确定培训形式。

（5）确定培训时间。

（6）确定培训内容具体安排。

下面以某物联网系统为例，展示了一个完整的设备培训计划，如图 9–6 所示。

设备培训计划

1．培训目的

为了使本系统所涉及的现场操作和维护人员能全面地了解设备，增强维护和使用设备的技能，我们除了向用户提供整个设备的技术说明、操作说明和相关技术文档之外，还负责组织对现场设备进行操作、对维护人员进行全面高质量的培训。本次培训的目的主要是使操作和维护设备的人员不仅对设备有足够的认识，而且能完全胜任所承担的工作，确保设备安全可靠地运行。

2．培训对象及目标

现场设备操作、维护人员，设备管理维护人员是指对项目中的设备进行管理和维护的人员。相关人员经过培训，主要能达到以下目标：

➢了解设备结构、运行工作原理、设备控制工艺等内容。

➢掌握设备操作规程、设备维护保养方法、设备运行参数调整方法等。

➢掌握设备一般性故障的诊断、定位和排除方法。

➢指导一般操作人员的现场工作等。

3．培训形式

为了使培训达到最佳效果，使用户获得尽可能多的知识和经验，我们将采用多种形式对用户进行培训：

➢现场授课：由专业的技术服务人员在现场对用户进行培训。通常以设备的操作说明书作为资料支持，以现场设备操作为辅助。

➢现场指导：在项目执行过程中，工程师在实际操作中会详细讲解操作步骤、指导用户操作，并解答用户的问题。

4．培训时间及内容

培训时间	培训内容	培训形式	培训场所
1~5 天	根据先理论后实践的原则，开展物联网系统设备结构、工作原理等理论培训	现场授课及资料学习	根据培训现场情况而定
6~7 天	设备操作规程、现场操作、设备的维护保养工作、设备安装调试、设备运行参数调整、设备故障排除、事故应急措施等内容	现场授课及资料学习	设备安装现场
8~10 天	物联网系统设备的联调培训	现场指导	设备安装现场

图 9–6　某物联网系统的设备培训计划

二、培训方案的设计与实施

培训是为了帮助用户巩固维护和使用系统的技能，针对不同岗位人员的工作性质，对不同职责的工作人员进行分类培训，帮助他们掌握系统管理技能或开发技能。以物联网为例，培训内容可分为设备培训和软件培训。

（一）培训方案的制订

1. 培训目标的确定

明确的培训目标可用于培训后的效果对照评估，能直观地体现培训效率。首先确定总体的培训目标，然后进行培训目标的细化，目标越具体越具有可操作性，越有利于总体目标的实现。通过培训能够提高用户的知识、技能和素质。

2. 培训内容的选择

对前期收集的培训需求进行细致分析，选择对用户进行单独的设备培训、软件培训或者两者同时培训。

（1）物联网系统设备培训。物联网系统中设备的正确操作是系统正常运行的基础。设备培训由物联网系统服务供应商为用户提供设备培训服务，普及设备的正确操作规范要求，提升员工的操作水平。设备培训最终要实现包括提高设备准确性与利用率、延长设备使用寿命的目标。

（2）物联网系统软件培训。物联网系统软件是交付用户使用的，软件培训应包括软件运行环境、软件平台、操作系统、数据库、Web 服务器、用户端运行环境的介绍，详细讲解软件初始化和主要参数的设定方法，并对软件的所有功能进行操作展示。培训时应列举常见软件故障的表现、原因、测试方法和解决方法，告知软件日常维护、数据清理的方法和标准，以便物联网系统软件能够长期稳定运行。

3. 培训对象的确定

培训对象由培训目标、培训内容确定。培训对象一般是刚接触物联网系统的员工或即将转换工作岗位的员工。

4. 培训日期和时间的选择

通常情况下，有以下情况之一时就需要进行培训：物联网系统正式运行前，新员工加入或岗位轮换导致系统操作或维护人员出现更替；系统设备更新或软件升级等要求培训老员工。具体培训时长由培训内容的多少决定。

5. 培训方法的选择

培训方法有很多种，如讲授法、演示法、案例分析法、讨论法、视听法、现场指导法等。各种培训方法都有其自身的优缺点。为了提高培训质量，完成培训目标，往往需要将多种方法配合起来灵活运用。

6. 培训资源的制作

培训资源包括文本资源、音频资源、视频资源等，需要根据培训对象和培训方法进行培训资源的制作。

图 9–7 以某物联网系统培训为例，展示了一个完整的培训方案。

（二）培训方案的实施

培训方案的实施需要物联网系统服务供应商与企业用户之间配合，从而顺利完成整个培训的过程。以接受系统资源培训为例，物联网系统服务供应商与企业的方案实施内容如下。

1. 企业工作实施内容

企业配合物联网系统服务供应商完成培训调研工作。培训期间，配合物联网系统服务供应商派专人负责学员沟通及协调工作，负责培训场地准备、培训会议室布置，培训设施设备准备，并保证其正常运行，配合完成培训期间相关工作。

2. 物联网系统服务供应商工作实施内容

物联网系统服务供应商负责企业、讲师等各方的沟通和协调工作，负责拟定并牵头实施培训方案，负责组织培训具体工作，配合完成培训学员食宿、管理和场地安排等工作，负责培训效果评估，完成培训各项后续服务工作。

某物联网系统培训方案

根据物联网系统项目建设的需求，为了使操作和维护人员独立地进行系统管理、运行、故障处理及日常测试维护等工作，确保整个物联网系统能正常地运行。我单位在总结以往培训经验的基础上，对培训课程和教材方面进行了更改和完善。我单位为用户方实际情况制订详细培训方案。

1. 培训目标

为用户系统维护人员提供周到详细的技术培训服务，保证通过本次培训后，其可以具备熟练应用、配置、修改物联网系统及处理故障等技能。

2. 培训内容

培训的内容主要包括：①应用软件的培训，包括应用软件的使用操作、基本的数据配置；②物联网系统的日常维护和管理，包括数据备份、系统优化、安全管理等。

3. 培训指导者

本单位的专业技术培训人员：现场工程师两名、维护工程师一名。

4. 培训对象

培训对象是用户方物联网系统的现场操作和维护人员。参与培训的人员应了解系统日常运维的工作并具备基础 IT 系统操作能力。具体培训名单如下：

现场培训人员名单

高级培训人员名单

5. 培训计划

培训包括软件培训和高级培训，高级培训应在具备合同设备培训条件的场地进行。培训内容及培训时间见下表。

培训时间	2022.11.23—2022.11.25	2022.11.26—2022.11.27
培训内容	应用软件使用操作	高级系统管理维护
培训地点	会议室	系统安装处
培训方法	现场授课、资料学习、案例分析、讨论	现场指导、演示

培训地点以及每次培训的具体开始日期及培训人员根据用户需求可协商调整。

××单位（盖章）

2022.11.10

图 9–7　某物联网系统培训方案

三、培训方法与技巧

培训是将培训人员的知识或技能分享给用户的过程，培训人员应该掌握丰富的培训方法和灵活的培训技巧。培训方法是培训前按一定的规则提前设置好培训整体框架，让培训人员去选择使用。培训技巧是在培训人员掌握方法的基础上，通过生动的表达来活跃氛围，给学员留下深刻印象，对学员行为起到引导作用。

（一）培训方法

培训方法是多种多样的，不同的形式适用于不同的培训内容。不同培训方法产生的效果、花费的成本也各不相同，常见的培训方法有课堂演讲法、操作示范法和案例研讨法等。

（二）培训技巧

在进行培训时，培训人员需要掌握一定的培训技巧，才能完成生动精彩的授课，提升学员的水平。

1. 语言语调的技巧

在对用户进行相关培训时，语言应清楚流畅、精练朴实、通俗易懂，语调要抑扬顿挫、绘声绘色。物联网系统的相关知识较多，对重点内容应加重语气，力求集中学员的注意力。另外，语速要适中，要始终与学员的思维协调合拍。

2. 时间分配的技巧

在物联网系统培训过程中，各部分内容大致需要多长时间应心中有数，重点和难点需要的时间要长些，讲的力度要大些，切忌主次不分、重点不清。时间分配要讲究科学，前松后紧或前紧后松都会影响效果。

3. 培训资源设计的技巧

培训资源是培训内容的实体表现，培训资源的设计要本着“结构要全、重点要偏”的原则，既要有广度，又要有深度。培训的内容需系统、完善、条理清晰、脉络分明。

4. 培训后总结性发言的技巧

当一场物联网系统培训结束后，带领学员进行总结与提升是培训过程中不可或缺的部分。在理论知识的总结上，为学员答疑解惑，总结知识点；在现场操作的总结上，梳理每一个步骤，强调需要注意的地方。

四、培训的有效性评估

培训的有效性评估主要是参考柯氏四级评估模型，柯氏四级评估模型是应用最为广泛的培训评估工具，在培训评估领域是比较全面的评估方法。柯氏四级评估模型主要包括以下内容。

1. 反应评估

作为评估的第一级，评估学员的满意程度，可以通过问卷的形式进行。例如培训结束后，为了评估培训的有效性，向学员发放满意度调查表，对学员的感受进行调查，从而了解整个培训的效果。

2. 学习评估

学习评估是测定学员的学习获得程度，是评估的第二级。通过测试的形式，确定学员在培训结束时个人能力是否有所提升，该阶段的评估比较注重学员在培训前后发生的变化，以了解学员是否在培训中学到新知识。

3. 行为评估

行为评估用于考查学员的知识运用程度，是评估的第三级。这一阶段主要评估学员在参加培训后行为上的变化。通过同事、领导与培训相关的人员对学员的工作进行多方面分析。

4. 成果评估

成果评估是计算培训创造的经济效益，是评估的最后一级工作。这一阶段的评估主要是部门总结由培训带来的效益，如对系统的运行效率、产品的质量和直接的经济效益等宽泛范围进行评估，该层次的评估需要大量时间成本。成果评估相对比较困难，但是对企业来说却是最有意义的评估阶段。

思考题

1. 培训分析的框架包括哪几个方面？
2. 简述培训计划的制订应包含哪些内容。
3. 简述培训方案的组成部分及内容。
4. 常用的培训方法包括哪几种？
5. 培训评估应从哪几个方面展开？

第十章 解决方案咨询服务

各个行业的企业都在寻找从物联网获益的途径，然而，一个完整的物联网解决方案不仅包含各种各样的设备，还需要运用各种最先进的信息技术，需要利用专业的物联网系统服务供应商提供解决方案咨询服务。物联网系统的解决方案咨询服务业也将迎来一个新的发展浪潮。

- **职业功能：** 物联网技术咨询与服务。
- **工作内容：** 解决方案咨询服务。
- **专业能力要求：** 能负责招投标技术文件的撰写、技术应答、软硬件配置及报价、应标；能根据市场需求，设计并编写项目或服务的通用解决方案；能与用户进行技术交流，完成定制化解决方案的编写及宣讲。
- **相关知识要求：** 招投标知识、解决方案知识。

第一节　招投标文件的编写

考核知识点及能力要求：

- 掌握招投标流程。
- 了解政府采购方式和特点。
- 掌握撰写投标书的要素。
- 了解投标书基本要素。

一、招投标流程

招投标是指由若干单位参与项目投标，招标单位择优选择合适的合作单位并签订合同的过程。招投标是项目开展与合作中不可或缺的一项流程，要处理好招投标之间的联系，就必须了解并掌握招投标过程。招标单位公开招标的需求和条件后，投标单位应按照招标文件的规定编制投标文件，开标时应按照招标文件规定的时间、地点和程序进行，评标时要按照招标文件的规定进行，最后确定中标单位并签订合同。具体的招投标过程包括招标、投标、开标、评标和中标。

（一）招标

招标由物联网系统项目需求单位在一定范围内公开项目在规模、质量、工期和技术等方面的要求，以遵循项目需求单位管理规定为前提，邀请物联网系统服务供应商在规定的时间和地点参加投标，按照规定程序从中选择交易。从形式上来看，招标分为公开招标和邀请招标。

招标工作中最重要的就是编制招标文件。招标单位需根据项目特点和需求编制招标文件。招标文件需包括相关的技术要求、对投标单位资格审查的标准、投标报价要求和评标标准等所有实质性要求和条件，还要清楚列出拟签订合同的主要条款。如果政府对招标项目的技术、标准有特殊规定，招标单位需要在招标文件中明确相应的规定。招标单位应当合理划分项目的标段、确定工期，并在招标文件中阐明。招标文件禁止要求或者标明具体投标单位，也不得存在倾向或者排斥潜在投标单位的内容。

（二）投标

投标是在招标单位发出公开招标信息后，投标单位根据招标单位规定的条件，在规定的时间和地点向招标单位提交标书，争取中标的行为。投标的意义在于项目的供需双方能有更好的相互选择，使得项目的工程价格更加合理。投标的过程包括编制标书、递交标书和签收标书。

（三）开标

开标是在投标单位提交投标文件后，招标单位依据招标文件规定的时间和地点，开启投标单位提交的投标文件，公开宣布投标单位的名称、投标价格及其他主要内容。开标是招标活动中的一项重要程序，也是招标投标活动中公开原则的重要体现。

开标前要确认投标单位数量、投标书是否符合要求，并在确认表上签字。投标单位按一定顺序进行唱标，当场评标或暗评。

（四）评标

评标是招标投标活动中不可或缺的阶段，具体指按照规定的评标标准和特定的评标方法对各投标单位的投标文件进行评价、比较和分析，从中选出最佳投标单位。评标是否真正做到公开、公平、公正，决定着整个招标投标活动的规范性，因此必须以招标文件为依据。评标的质量决定着能否从众多投标竞争者中选出最能满足招标项目要求的中标者。

评标的要点除价格条件外，技术质量、工程进度以及投标方所提供的服务等条件都将影响投标的优劣，评标委员会会将这几个因素结合起来进行分析。招标单位需对投标进行审核、比较，择优确定中标人选。

（五）中标

中标是指在招标和投标过程中选定最优的投标单位，如果从投标单位一方来说，就是投标成功，争取到了招标项目合同。《中华人民共和国招标投标法》对确定中标人的程序、标准和中标人应当切实履行义务等方面做出了一系列明确的规定，在保证竞争公平公正的基础上，维护了竞争的成果。

二、投标书

（一）投标书的组成

投标书是投标单位根据招标书的条件和要求，向招标单位提交报价并填具标单的文书。投标书在项目合作和招投标流程中至关重要，能否正确区分投标书的各项文件也是招投标能否成功的一大因素。投标书包含商务文件、技术文件和价格文件。

1. 商务文件

商务文件是证明投标单位履行了合法手续及招标单位了解投标单位商业资信及合法性的文件，一般包括投标保函、投标单位的授权书及证明文件、联合体投标单位提供的联合协议及投标单位所代表的公司资信证明等。如果有分包商，还应出具相关资信文件，供招标单位审查。

2. 技术文件

如果是建设项目，技术文件包括全部施工组织设计内容，用以评价投标单位的技术实力和经验。技术复杂的项目对技术文件的编写内容及格式均有详细要求，通常情况下，招标单位需将其一一列出，投标单位需依据规定完成填写。

3. 价格文件

价格文件是投标书的核心，全部价格文件必须完全按照招标文件的规定格式编制，不允许有任何改动。招标单位会进行相应检查，如果存在某项漏填，则视为该项价格已经包含在其他价格报价中。

物联网系统项目中有较大一部分的招标单位是政府相关部门或事业单位，这类招标单位对于物联网系统的选择往往通过政府采购方式进行。

（二）政府采购方式及特点

《中华人民共和国政府采购法》规定政府采购方式有公开招标、邀请招标、竞争性谈判、单一来源采购、询价、国务院政府采购监督管理部门认定的其他采购方式。货物和服务项目单次采购金额达到公开招标限额以上的，应当采用公开招标的方式进行采购，因特殊情况需采用公开招标方式以外的其他方式进行采购，应在采购活动开始前，报经同级政府采购监督管理部门批准。

1. 公开招标

公开招标是指招标单位以招标公告的方式，邀请不特定的法人或者其他组织投标。其优点是有利于开展真正意义上的招标，能够充分地展示公开、公正、公平竞争的招标原则，防止垄断现象的发生。公开招标能更有效地促使承包商增强竞争实力和提高效率，在原料购买和运营中建立优势，以求创造合理的利益回报，还有利于防范招标投标活动操作人员和监督人员的舞弊现象。

2. 邀请招标

邀请招标又称有限竞争招标，招标单位选择若干特定的法人或其他组织，向其发出投标邀请，对方根据自己的意愿选择是否参与投标竞争，招标单位最后从中择优。邀请招标不使用公开的公告形式，只有受到邀请的单位才是合格投标单位，且投标单位的数量有限。

3. 竞争性谈判

竞争性谈判是指采购方代表或采购代理机构直接邀请三家及以上供应商就采购的相关事宜进行一系列谈判的方式。其特点是可以极大程度地缩短准备期，使采购项目更快地实行，节省大量的投标、开标工作和采购成本，极大程度地提高工作效率。供求双方能够根据自身需求进行更为灵活的谈判，也有利于保护和支持民族工业。这样不仅能够激励供应商自觉将高科技应用到采购产品中，还能降低采购的一系列风险。

4. 单一来源采购

单一来源采购最大的特点就是只能从唯一供应商处采购，主要用来解决不可预见事件导致出现异常紧急情况和商品不具备一致性等问题。这种采购方式采购的商品由于来源渠道单一，可能缺乏竞争性。

5. 询价

询价是指同时对多家供应商的报价进行比较，以确保价格具有竞争性的一种采购方式。其特点为邀请报价的供应商数量至少为三家，且每一供应商或承包商只许提出一个报价，不可更改，不得同某一供应商或承包商就其报价进行谈判。报价的提交形式可以采用电传或传真形式。报价的评审应按照买方公共或私营部门的良好惯例进行。采购合同一般授予符合采购实体需求的最低报价的供应商或承包商。

6. 国务院政府采购监督管理部门认定的其他采购方式

这里主要介绍竞争性磋商采购方式，该方式与询价不同，竞争性磋商就是通过与采购人、政府采购代理机构组成的磋商小组进行磋商，供应商按照磋商文件的要求提交文件和报价，采购人根据磋商小组的评审结果确定准备合作的供应商。

（三）投标书要素

投标书是对招标文件的响应，投标单位应在其中提出具体的投标方案、项目报价、投标方的各种有利条件，争取中标。在项目投标过程中，投标书至关重要，也是项目能否开展的首要准则，需要进行周密的编写及确认。投标书需包含以下要素：

（1）招标项目邀请函。

（2）投标设备、材料数量和价目表。

（3）招标项目相关的技术要求及其附件。

（4）投标单位须知。

（5）投标单位资格证明的相关文件。

（6）投标企业法人代表授权书。

（7）投标保证文件。

（8）合同条件包括合同的一般条款和特殊条款。

（9）招标文件要求的其他需要说明的事项。

投标书的有效期一定要符合招标文件的要求，其期限应能满足评标和定标的要求。在投标书编写完后，应由投标单位的法人代表或其代理人签字，并加盖单位公章，密封后递送给招标单位。投标单位投标后可以在招标文件规定的期限内以补充文件的形式对投标内容进行修改或补充，补充文件可以作为投标文件的一部分，具有同等效力。

（四）投标函示例

投标函作为投标书的组成部分，是投标人向招标人提供的有关报价和质量目标承诺等信息的文件，其格式和内容需严格遵循招标文件的规定。物联网系统投标函示例如图 10–1 所示。

致:×× 市政府选购中心

依据贵方为 ×× 市 ×× 物联网设备政府选购招标工程的招标公告(XXGP2022- 00)，法人代表 ×× 董事长（全名、职务）正式授权 ××× 并代表投标方 ×× 物联网有限公司、×× 市 ×× 路 ×× 号(投标方名称、地址)提交下述文件文本(正本一份和副本四份)。

(1)投标报价明细表

(2)资格证明文件

据此函,签字代表宣布同意如下:

1.所附“投标报价明细表”规定的应供应设备投标总价为(注明币种)，人民币 ××× 万元整(大写)即 ×××××× 元 (小写)。

2.投标方将按招标文件的规定履行合同责任和义务。

3.投标方已具体审查全部招标文件，包括修改文件(如有的话)以及全部参考资料和有关附件。我们完全理解并同意放弃对这方面提出疑问和产生误解后进行申诉的权利。

4.其投标自投标截止之日起有效期为 30 天。

5.当贵方受理投标文件后，假如投标方撤回投标，其投标保证金同意被贵方没收。

6.我方同意供应贵方可能要求的与其招标有关的一切数据或资料，理解贵方最低报价不是中标的唯一条件，并敬重评标委员会有选择或回绝任何投标人中标的可能。

电话:××××-××××××× 传真:××××-×××××××

投标方名称:×× 物联网有限公司　　(公章)

代表人签字:

日期:20×× 年 × 月 × 日

图 10–1　物联网系统投标函示例

第二节　物联网项目通用解决方案的制订

考核知识点及能力要求：

- 了解物联网项目通用解决方案的相关概念。
- 了解物联网系统的岗位职责分析。
- 掌握物联网项目通用解决方案的结构要求。
- 掌握物联网项目通用解决方案的用户场景分析。
- 了解物联网项目通用解决方案的制订。

一、通用解决方案内容

物联网的核心和基础是互联网，物联网项目的通用解决方案在结构上需要解决网络搭建和软硬件设备的管理问题以及项目的应用场景、供电与安装等因素。

（一）结构要求

一个完整的物联网体系结构一般由感知层、网络层和应用层三部分组成，对应到物联网系统的结构要求是设备、网络和具体的应用。物联网项目通用解决方案的结构可以具体到物联网系统中的网络搭建、设备管理、协议设计、应用场景布置以及供电与安装问题等。

1. 网络搭建

物联网是建立在网络基础上的，物联网系统平台的搭建是解决方案中结构搭建的第一步。从网络覆盖范围的角度出发，网络布局可以分为局域物联网和广域物联网。

局域物联网通常是以蓝牙和 Wi-Fi 作为连接中心。而广域物联网网络覆盖范围较大，往往建立在信号放大器的基础上，通过运营商的接入服务或虚拟专用网络服务建立可靠性高、宽带稳定的物联网广域网络。

2. 设备管理

设备主要分为采集数据的物联网感知设备和根据控制信号进行相应操作的物联网终端控制设备。对于物联网感知设备的要求主要分为现场状态监测灵敏度要求、数据的采集和记录要求、数据分析能力要求等，对于物联网终端控制设备的要求主要分为物联网系统接口要求、节点网络连接要求、物联网设备控制要求等。

3. 协议设计

物联网协议是使用物联网系统时必须遵守的协议，从设备管理需求出发，主要包括数据通信协议、安全协议、诊断协议、系统升级协议等。

数据通信协议的作用是保证数据通信网中的每一层通信都能够准确、有效、可靠的通信，提高传输效率。安全协议是保证物联网系统安全稳定的前提，全面细致的安全协议能够减轻维修成本和意外损失。诊断协议能够保证物联网系统运行过程中高效地解决网络部署和设备状态等问题，诊断协议的存在能够更好地提高系统可靠性。系统升级协议需要保证在设备安装和系统安装结束后，能够通过软件的升级来实现系统的更新。

4. 应用场景布置

应用场景布置即物联网系统所需设备的位置部署。物联网系统采用的设备大多为固定位置，此类设备的移动需要耗费一定时间、人力、财力成本。因此，设备位置的部署需要考虑精准定位与长远部署。

5. 供电与安装问题

（1）供电问题是物联网系统运行过程中的重要实际问题，物联网领域的持续拓展使得对于电力等基础设施的要求逐渐增加，而电力基础设施建设进度与网络系统的飞速发展之间的不匹配会极大阻碍物联网系统的运行。因此，在设计物联网解决方案时需重点考虑供电问题。

（2）安装问题是物联网系统运行过程中的另一个难点问题。物联网系统中的设备需要结合其耐用性等因素进行合理部署，通过合理的安装使物联网设备能够发挥其最大功效。

（二）方案要点

物联网系统以互联网为基础，集成了射频识别技术、传感器技术、智能嵌入技术和无线通信技术等多种信息技术，物联网解决方案的要点在于设计、开发物联网解决方案，充分利用物联网系统。方案的目的是开发出满足未来需求的解决方案，找到与方案完美契合的兼容技术，实现物联网的最大价值。通用解决方案制订还需注意方案要点，如对应技术选择、对互联网生态系统的合理利用、准确的技术测试等。

二、通用解决方案制订

物联网项目解决方案是物联网系统构建的基础，由于其应用范围广泛，所以通用解决方案的制订就显得尤为重要。通过用户访谈能够得出用户需求，明确物联网项目总体解决方案，如果出现物联网系统问题，则可以根据具体的系统用户分析和用户场景分析来完善通用解决方案。

（一）用户访谈

用户访谈是获得用户需求的有效途径之一，物联网系统的设计人员在做好充分的准备后，现场询问用户对于物联网系统的使用要求、性能需求等问题。通过访谈可以深入了解用户对物联网系统的看法，了解用户的使用习惯，从而确定物联网系统的改进方向。

用户访谈应以用户为主体，不局限于问题角度，给用户更多发挥的空间，更有利于设计人员了解用户的真实想法和真正需求，从而总结出一个物联网方案需要解决的主要问题。

（二）系统用户分析

系统用户以企业为主要群体，对于系统用户的分析主要从企业运行模式和行业痛点入手分析。通过合理的系统用户分析，有利于进行通用解决方案的制订。

1. 企业运行模式

常见的企业运行模式主要分为市场渗透和市场开发。

（1）市场渗透是指企业在现有的市场基础上，充分利用已取得的经营优势和竞争对手的弱点，进一步推广项目，增加市场占有率。

（2）市场开发是指企业尽力为现有的项目寻找新的市场，满足新市场对项目的需要。

2. 行业痛点

当今物联网行业存在诸多短板，行业痛点正是系统用户的需求，物联网行业痛点主要包括设备安全、用户隐私安全、架构僵化、多主体协同、通信兼容五个方面。

（1）设备安全。随着物联网在制造业、家居、医疗等各个领域的普及，物联网系统中，不同类型的设备和数据量都在快速增长，物联网设备面临的安全挑战日趋严峻。

（2）用户隐私安全。物联网从业者需重点思考数据的归属问题、数据变现的边界以及智能安防产品的良性生长模式问题。《通用数据保护条例》的正式生效，体现出隐私权作为基本人权愈发受到关注和保护。

（3）架构僵化。由于部分物联网方案的架构采用中心化的服务器模式，所以随着设备量的迅速增长，成本与规模的矛盾逐渐凸显，中心化的服务成本难以负担。同时，对于数据的处理往往缺乏深入分析与决策提炼，难以与实际价值挂钩。

（4）多主体协同。物联网应用场景的增多使得物联网方案需跳出单一公司或组织，进行跨主体、多个实体的协作，可能包含供应商、制造商、经销商、平台方、服务商、最终用户等众多主体，因此建立信任的时间成本与沟通成本较高。

（5）通信兼容。物联网设备往往兼容不同的通信协议，既涵盖近距离通信，还需兼顾远距离通信。针对不同应用场景，数据模型、网络协议等各类标准较多，导致互联互通较为困难，易形成信息孤岛，影响通信效率。

（三）用户场景分析

系统真实的应用场景即用户的生活场景领域，对用户场景的分析能够帮助了解用户的需求，进而更有针对性地完善物联网项目的系统构造。用户场景包括物流领域、家庭生活领域、农业领域、智能电网领域等。

1. 物流领域

在消费水平不断上升的时代背景下，人们对于物流行业的要求逐渐提高。由于物流对人力、物力资源的需求量较大，因此，物流企业需要打破单一的货物运输模式，根据用户对物流的要求进行调整创新，充分考虑时间成本，进一步优化资源配置。在此基础上，运用物联网系统进行管理能够高效地规划货物运输路线，为用户查询运输信息提供便利。

2. 家庭生活领域

随着经济水平的普遍提升，家庭生活中对于生活舒适感和安全感的要求逐渐增加，人们需要对于家庭生活领域全部系统的控制调节和科学有序的管理来提升生活便利性。物联网技术运用到浴室的温度调节系统、客厅的灯光控制系统、防盗门的安保系统、衣帽间的自动升降系统等方面。

3. 农业领域

农业是国民经济中一个重要产业部门，以土地资源为生产对象，通过培育动植物产品从而生产食品及工业原料。中国作为人口大国，更新农业生产模式以提高生产率最为重要。为节约人力、财力，提高工作效率，传统农业生产模式的转型升级势在必行。

4. 智能电网领域

电网需建立在集成的、高速双向通信网络的基础上，电网的优化对于我国经济社会的发展意义重大。电网实际运行中应及时发现电路故障，注重电路安全性和稳定性，保障用户安全。电网中对用户用电信息的收集需要对不同时间、不同群体的利用率进行分析，提高电能运输安全性和效率。

（四）需求分析

需求分析指的是出于各种外界因素和自身需求引发的需求，是物联网项目通用解决方案制订的重要活动，需求分析需要根据用户的需求进行针对性的描写，在通用解决方案中需要对其进行针对性的描述。

1. 功能需求

功能需求分析是指在项目启动初期，通过对用户需求的深入挖掘和市场趋势的研究，明确系统应具备的各项功能特性。这包括识别传感器种类、数据处理需求、远程控制能力及用户界面设计等，旨在定义一套全面且具体的功能集合，作为方案设计与开发的基石，确保解决方案能够精准解决行业痛点，提升服务或产品的市场竞争力和用户体验。

2. 性能需求

性能需求是指用户在系统使用过程中对于物联网系统软件运行速度、数据精度与准确性、运行时的能源消耗量等的要求。性能需求一般在需求文档内需要有单独模块对性能做说明。需求文档是获得项目需求后，对需求进行理解、梳理和定义描述后的产物。它传达了用户对该项目功能需求的构想与预期，是项目研发工作流程中至关重要的依据。

3. 可靠性需求

可靠性需求是指用户在软件故障频率、故障影响程度、易恢复性等方面的要求。可靠性需求反映了物联网系统在一定条件下稳定运行的能力。

4. 适用性需求

适用性需求是一个变化的因素，必须在相关的生产力水平条件下才可能有具体明确的指标，产品的适用性需求包括用户对于系统界面的易用性、美观性的要求，以及对系统使用教程方面的要求。

5. 外部接口需求

外部接口需求明确了物联网系统与外部软硬件、数据库的交互内容，包括用户对于系统间及系统与硬件设备间的接口匹配要求，以及由该接口引起的格式、时间或其他因素的限制。

6. 安全性需求

安全性需求是有关防止对人员、财产、环境发生意外危险或者把此类危险降至最低的物联网系统需求，这是从软件的角度考虑某些功能无法正常运行而造成意外危险的情况。除此之外，还可以从软件安全属性来分析软件的安全性需求。软件安全性的核心包括保密性、完整性和可用性。

（五）通用解决方案编写

通过编写通用解决方案能够在出现问题时及时提供标准解决方案，这对于物联网系统来说极为重要。

1. 通用解决方案解决的问题

物联网项目的通用解决方案主要是为了解决终端问题、网络问题和应用程序问题。

（1）终端问题。指终端的传感设备和执行器设备，物联网系统设备如何进行测量，物联网系统又如何控制这些设备。

（2）网络问题。指选用何种方式连接设备，保证物联网系统的信息传输。

（3）应用程序问题。指传输的数据处理程序，可以对系统进行智能分析与深度控制，包括计算、存储、应用等。

2. 通用解决方案的构成

通常情况下，完整的通用解决方案需包括背景、适用范围、需求分析和解决方案。

（1）背景。解决方案的背景可以方便用户快速了解该解决方案的作用，哪怕是对物联网系统技术不了解的用户也可以通过这部分内容了解方案的意义及前景，引起用户的兴趣。

（2）适用范围。物联网系统的设计一般是针对具体的项目，适用范围是每个物联网系统解决方案都必须涉及的问题，在通用解决方案中必须对适用范围进行描述。

（3）需求分析。需求分析是指在通用解决方案中针对性能需求、可靠性需求等用户需求进行梳理和具体分析，能够增强系统适用性，提高用户满意度。

（4）解决方案。解决方案是整个方案的重点，包括网络搭建、设备管理、协议涉及、应用场景和供电与安装问题等。

第三节　物联网系统解决方案的宣讲

考核知识点及能力要求：

- 了解物联网项目解决方案的宣讲。
- 掌握宣讲前的准备工作。
- 了解功能演示的注意事项。
- 能够根据物联网项目的解决方案进行宣讲。

一、产品演示

产品演示是将空泛的物联网系统解决方案通过系统工具的形式进行落地展示，物联网系统解决方案的产品演示应充分展示其性能和优势，用户能够根据专业人员的操作引导观看产品的现场演示，以此更直观地认识该解决方案。作为产品面向用户的第一次全面展示，物联网系统解决方案的产品演示不仅要让用户了解产品内容，更要突出项目特色，才能达到吸引用户的效果。

（一）事前准备工作

宣讲中产品演示是极为重要的环节，宣讲演示前需要对宣讲的整体环境和演示中的细节进行充分的准备，包括确定参会人员、布置会议环境、准备软件环境、演示方案的制订和应急预案的制订等。

1. 确定参会人员

产品演示前首先应确定参会人员，明确区分项目用户和潜在用户。确定演示对象有利于制作有针对性的宣讲方案，安排产品演示流程。参会人员需要包括会议宣讲人、出席者、列席者、记录人员等。

2. 布置会议环境

确定参会人员后，会场布置应根据参会人数和参会人员身份安排观众席。正式宣讲前需提前调试好音响设备、投影装置等硬件设施，确保无误。宣讲环境布置的同时需要考虑到产品演示的现场环境，包括灯光、展示台等。

3. 准备软件环境

物联网系统解决方案的演示很大程度是建立在网络平台的基础上，软件环境非常重要，准备工作中需要将解决方案需要的软件进行安装和调试，确保软件环境的安全、稳定。

4. 演示方案的制订

产品演示需要制订完备的演示方案，演示方案中应体现完整的物联网系统解决方案，突出项目特点。演示应兼顾整体和细节，并在演示中展示常见的系统异常状况并给出相应的解决方法。

5. 应急预案的制订

演示中可能存在文档格式问题、断网等多种意外情况，在演示前应做好充分准备，包括备份和应急预案。针对断网情况，可打开手机热点连接，但需通过提前演练记录网速对演示过程各个环节的影响，避开影响严重的环节。演示前应提前录制完整的演示视频，若网络问题无法解决，可通过录制视频补救。

（二）开场白

开场白是宣讲活动中必不可少的环节，开场白的成功与否一定程度上影响着接下来的宣讲效果。开场白的要求是简洁而富有吸引力，主要目的就是赢得现场观众的注意，通过开场白将观众带入物联网系统解决方案的真实应用场景中。

（三）功能演示注意事项

功能演示的实时性可能导致许多突发状况，在环境布置的基础上，现场演示还应当注重演示数据的准确性、观众互动的积极性、物联网系统解决方案的特点以及整场演示的时间安排等。

（四）如何回答用户提问

解决方案包含的技术方向众多，会导致用户产生各种各样的问题。对于用户的提问，优秀的解答会带来很多好处。例如，提高用户对解决方案的满意度，可以通过解答问题切实了解用户的需求，有利于维系用户关系。如何回答用户的提问，这需要宣讲人全面深入地掌握宣讲内容、提前预设好用户可能会提出的问题并做好准备，还需要在宣讲过程中注意现场的各种细节。

1. 全面掌握项目信息

用户提问的主要方向是物联网，宣讲人必须确保自身对物联网系统的解决方案充分了解，对于相关信息全面详细掌握，才能应对用户的提问。

2. 提前预设用户问题

根据物联网系统解决方案，结合用户需求等信息，针对不同角度提前预设用户问题并对其进行解答，做好充分准备。

3. 注重细节

宣讲人需要认真倾听，礼貌确认用户疑问的重点，然后从用户的角度出发为用户答疑解惑。在某些方面无法满足用户需求时需耐心解释原因，例如，由于网络系统的某些限制，无法满足用户需求，应尽可能给出其他后续解决方案，表现出愿意为用户服务的态度。

（五）产品演示后的跟进

物联网系统解决方案的产品演示可以让用户亲自体验到产品的亮点，提高用户的兴趣。但如果没有后续的跟进，会导致宣传效果大打折扣。后续跟进需要联系用户、及时回复用户，在得到回应后进一步跟进。

二、提高宣讲能力

宣讲是物联网系统解决方案面向大众的展示和推广，在完整展示解决方案的操作和基本性能基础上，通过语言介绍最大限度地展现出项目的优势和特色。宣讲作为吸引用户的重要手段，也是与对手竞争的过程，对项目的后续发展有着极为重要的作用。提升宣讲能力需要从多个方面进行，从进程上来看，分为做好宣讲前的准备工作和宣讲中注意的细节两方面。

（一）宣讲前的准备工作

宣讲前除做好产品演示的事前准备之外，还需充分做好宣讲的准备工作。规划详细的宣讲方案，撰写宣讲脚本，对于设置好的操作演示脚本和宣讲文本，需要提前熟悉并演练，确保宣讲自然顺利地进行。

除正常宣讲演示流程外可能会遇到突发状况，宣讲人需具备灵活处置意外情况的能力，在宣讲前还需针对物联网系统解决方案和用户进行突发状况的预测和解决方案的制订。

（二）宣讲中注意的细节

物联网系统解决方案的宣讲对宣讲人的能力要求很高，宣讲的注意事项大多围绕宣讲人状态进行考虑。为了保证宣讲人的宣讲状态，一般建议在宣讲前一晚，宣讲人必须睡眠充足，且保证喉咙得到良好的休息。重要的是注意缓解自身紧张的状态和宣讲过程中观众的反馈。

思考题

1. 招标的流程可以分为哪几个步骤？
2. 简述开标的含义。
3. 物联网项目通用解决方案的结构要求是什么？
4. 简述用户访谈的意义。
5. 产品演示包括哪些工作？

参考文献

[1] 谭志彬，柳纯录 . 系统集成项目管理工程师教程 [M] . 2 版 . 北京：清华大学出版社，2016.

[2] 解相吾，等 . 物联网工程项目管理 [M] . 2 版 . 北京：清华大学出版社，2022.

[3] 黄传河，等 . 物联网工程设计与实施 [M] . 北京：机械工业出版社，2022.

[4] 黄传河，涂航，伍春香 . 物联网工程设计与实施 [M] . 北京：机械工业出版社，2015.

[5] 刘天华，孙阳，陈枭 . 网络系统集成与综合布线 [M] . 北京：人民邮电出版社，2016.

[6] 邓映晖 . 智能小区中的网络规划与组建研究 [J] . 移动信息，2017（3）：21–22.

[7] 何利，等 . 网络规划与设计实用教程 [M] . 北京：人民邮电出版社，2018.

[8] 姜妮，张宇，赵志军 . 基于 MQTT 物联网消息推送系统 [J] . 网络新媒体技术，2014（6）：31–32.

[9] 王新良，等 . 计算机网络 [M] . 北京：机械工业出版社，2020.

[10] 李辉，等 . 数据库系统原理及 MySQL 应用教程 [M] . 北京：机械工业出版社，2020.

[11] 石繁荣，黄玉清，任珍文 . 基于 ZigBee 的多传感器物联网无线监测系统

［J］. 电子技术应用，2013（3）：14–16.

［12］魏震，李胜东. 物联网安全问题技术分析［J］. 无线互联科技，2013（4）：2–4.

［13］张吉圭. 基于开源 AIoT 物联网平台的智慧牧场仿真实现［J］. 智慧农业导刊，2021（9）：41–45.

［14］秦效宏，李蕾. 项目管理［M］. 北京：清华大学出版社，2021.

［15］李建华，陈秀真. 网络信息系统安全管理［M］. 北京：机械工业出版社，2021.

［16］江林华. 5G 物联网及 NB–IoT 技术详解［M］. 北京：电子工业出版社，2018.

［17］余德润. 信息技术基础［M］. 北京：电子工业出版社，2021.

［18］陈铁明. 网络空间安全通识教程［M］. 北京：人民邮电出版社，2019.

［19］陈忠文，麦永浩. 信息安全标准与法律法规［M］. 3 版. 武汉：武汉大学出版社，2017.

后 记

2022年1月12日，国务院正式发布《“十四五”数字经济发展规划》（以下简称《规划》）。根据《规划》，到2025年，数字经济迈向全面扩展期，数字经济核心产业增加值占GDP比重达到10%。而作为未来数字经济重要底座支撑的物联网新型基础设施建设，《规划》也做了重点布局。伴随国家政策大力支持以及技术逐渐成熟，物联网产业发展的驱动力愈发强劲，发展势头越来越好。据IoT Analytics统计数据显示，2025年中国物联网连接数将增长至309亿。可以预见我国物联网领域会迎来新时代、新态势、新征程。

在“十四五”规划中，物联网被划定为七大数字经济重点产业之一。我国的物联网产业链及市场发展拥有广阔的发展前景，产业正处于蓬勃发展的阶段，需要大量的专业人才提供支撑。

人力资源社会保障部、国家市场监督管理总局、国家统计局在2019年4月正式发布13个新职业，这是自2015年版国家职业分类大典颁布以来发布的首批新职业。这批新职业主要集中在高新技术领域，既有时下热门的物联网工程技术人员、云计算工程技术人员、电子竞技员等，也有适应传统行业变化需求的工业机器人系统操作员、农业经理人等。

以《人力资源社会保障部办公厅 市场监管总局办公厅 统计局办公室关于发布人工智能工程技术人员等职业信息的通知》（人社厅发〔2019〕48号）为依据，在充分考虑科技进步、社会经济发展和产业结构变化对物联网工程技术人员专业要求的基础上，以客观反映物联网技术发展水平对其从业人员的专业能力要求为目标，根据《物联网工程技术人员国家职业技术技能标准（2021 年版）》（以下简称《标准》）对物联网工程技术人员职业功能、工作内容、专业能力要求和相关知识要求的描述，人力资源社会保障部专业技术人员管理司指导工业和信息化部教育与考试中心，组织有关专家开展了物联网工程技术人员培训教程（以下简称教程）的编写工作，用于全国专业技术人员新职业培训。

物联网工程技术人员是从事物联网架构、平台、芯片、传感器、智能标签等技术的研究和开发，并加以利用、管理、维护和服务的工程技术人员。其共分为三个专业技术等级，分别为初级、中级、高级。其中，初级、中级分为三个职业方向：物联网嵌入式开发方向、物联网应用开发方向、物联网系统集成与管理方向；高级不分职业方向。

与此相对应，教程也分为初级、中级、高级，分别对应其专业能力考核要求。另外，本系列教程单独设置《物联网工程技术人员——物联网基础知识》，对应其理论知识考核要求。《物联网工程技术人员——物联网基础知识》一书涵盖《标准》中从事本职业人员所需具备的基础知识和基本技能，是开展新职业技术技能培训的必备用书。

使用本系列教程开展培训时，应当结合培训目标与受众人员的实际水平和专业方向，选用合适的教程。在物联网工程技术人员培训中涉及的基础知识是初级、中级、高级工程技术人员都需要掌握的；初级、中级物联网工程技术人员培训中，可以根据培训目标与受众人员实际，选用物联网嵌入式开发、物联网应用开发、物联网系统集成与管理三个职业方向培训教程。培训考核合格后，获得相应证书。

中级教程包含《物联网工程技术人员（中级）——物联网嵌入式开发》《物联网工程技术人员（中级）——物联网应用开发》《物联网工程技术人员（中级）——物联网系统集成与管理》。《物联网工程技术人员（中级）——物联网嵌入式开发》一书内容对应《标准》中物联网中级工程技术人员嵌入式开发职业方向应该具备的专业能力要求；《物联网工程技术人员（中级）——物联网应用开发》一书内容对应《标准》中物联网中级工程技术人员应用开发职业方向应该具备的专业能力要求；《物联网工程技术人员（中级）——物联网系统集成与管理》一书内容对应《标准》中物联网中级工程技术人员系统集成与管理职业方向应该具备的专业能力要求。

本教程读者为大学专科学历（或高等职业学校毕业）以上，具有较强的学习能力、计算能力、表达能力及分析、推理和判断能力，参加全国专业技术人员新职业培训的人员。

物联网工程技术人员需按照《标准》的职业要求参加有关课程培训，完成规定学时，取得学时证明。初级 128 标准学时，中级 128 标准学时，高级 160 标准学时。

本教程编写过程中，得到了人力资源社会保障部、工业和信息化部相关部门的正确领导，得到了张光南、陈穆珩、林智华、王维虎、马永涛、刘俊杰、邓立、林世舒等一些大学、科研院所、企业的专家学者的大力帮助和指导，同时参考了多方面的文献，吸收了许多专家学者的研究成果，在此表示由衷感谢。

受编者水平、经验与时间所限，本书的不足与疏漏之处在所难免，恳请广大读者批评与指正。

本书编委会